KB137938

디지털 식생활 관리

–웹 기반 컴퓨터 프로그램을 활용한
식단 작성 솔루션(유아식단, 성인식단, 학교식단, 영양상담)–

강현주 · 강희정 · 송진선 · 최영택 · 정일향 · 유갑석 공저

머리말

인터넷 · 디지털시대에 부응하는 식생활 관리를 하기 위해서는 영양 및 조리지식뿐 아니라 식생활과 관련된 정보관리 능력과 총체적인 의사결정 능력이 요구됩니다.

특히 영양적이고 합리적인 식단을 제공하기 위해서는 식단 작성 도구의 선택이 중요한데, 대표적인 식단 작성 도구로는 '식사구성안' 활용 방법과 '식품교환군' 활용 방법이 있습니다.

이 책에서는 '2015년 한국인 영양소 섭취기준' 에 맞추어 각 개인의 영양필요량을 산출하고 그에 맞는 식단을 작성하는 '식사구성안' 과 '식품교환군' 을 활용한 수작업 작성방법을 구체적으로 제시하였습니다. 이를 다시 저자가 개발한 디지털 도구인 'WCAFS 웹기반 컴퓨터 프로그램' 을 활용하여 손쉽게 식단을 작성하고 영양상담도 가능하게 하였습니다. WCAFS 프로그램은 열량에 따라 생애주기별 식품교환단위 수가 제시됩니다. 식단 작성 시 일반 프로그램에서 사용하는 '식품양 입력 방법' 과 병원에서 많이 사용하는 '식품교환단위 수 입력 방법' 중 사용자가 선호하는 방법을 선택할 수 있고, 식품 DB에 식품 양과 교환단위 수가 서로 연동되도록 프로그램을 만들었기 때문에 사용하기 편리합니다. 또 PUFA, MUFA, SFA n-6 및 n-3 지방산, 콜레스테롤 함량 등 전문적인 영양자료도 제시하고, 최근 첨가당 위해성에 대한 경각심이 고조되고 있는 사회적 분위기에 맞추어서 식품DB에 첨가당 섭취추정량도 나타나게 하였습니다.

한편 예전에는 낯설었지만, 현대 식생활 관리에서는 빠질 수 없는 '식공간 및 테이블 코디네이션' 기초 내용도 같이 수록하였습니다.

새로운 영양소 섭취기준에 맞추어 WCAFS 프로그램과 영양 및 식품 데이터베이스를 업그레이드하고 이를 교재에 적용하는 작업에도 많은 시간과 노력이 들었습니다. 혹시 미진한 부분이 있으면 사용자들의 의견에 귀 기울이면서 앞으로도 계속 보완해 나가겠습니다. 많은 관심과 성원을 부탁드립니다.

감사합니다.

저자일동

Contents

Digital Meal Management

Chapter

01

식생활 관리의 의의와 목적

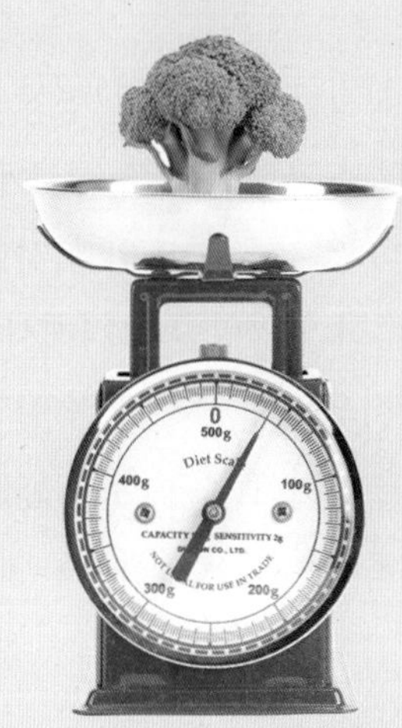

1 식생활 관리의 의의

올바른 식생활을 하면 우리 몸은 좋은 영양 상태를 유지할 수 있으며, 지적 능력도 충분히 발휘할 수 있고 여러 가지 긴장이나 자극에 의한 스트레스에도 적절히 대처할 수 있으므로 건강한 삶을 영위할 수 있다. 올바른 식생활을 하기 위해서는 합리적인 식사계획과 관리를 할 수 있어야 한다. 영양과 식품에 관한 지식과 기술을 기본으로 하여 한정된 자원을 적절히 활용하여 사람들의 요구와 기호를 충족시킬 수 있어야 한다. 따라서 식생활 관리란 식생활 전반에 관계되는 여러 요소에 관한 의사를 결정하는 행위라고 볼 수 있다.

원시시대의 식생활 관리란 먹을 수 있는 식품과 먹을 수 없는 식품을 구분하고, 맛있는 식품과 먹기 좋은 식품을 결정하며 얻은 식품을 배분하고 저장하는 수준에 지나지 않았다. 그러나 오늘날 식품공업의 발달과 산업, 교통 및 매스컴의 영향이 급속도로 확대되어 식생활 관리의 대상이 엄청나게 확대되었다. 그리고 식생활 관리에 관련된 설비와 장비의 지속적인 개발과 보급으로, 이를 적절하게 다루는 전문적인 지식과 기술이 필요하게 되었다. 더불어 학교, 병원, 산업체, 복지기관 등 급식과 외식의 빈도가 늘어남으로써 현대 식생활 관리의 역할은 더 중요해졌으며, 사회적 요구에 따라 테이블 코디네이션, 서빙방법의 다양화, 식당 인테리어 등을 비롯한 식사 분위기가 강조되는 추세이다.

2 식생활 관리의 목적

식생활 관리의 목적은 다음의 네 가지로 나누어 생각해 볼 수 있다.

(1) 영양

식생활 관리의 첫 번째 목적은 식사를 통한 좋은 영양 공급이다. 적정한 영양 공급은 일생 동안의 건강을 좌우하므로 영양상 균형을 이룬 식사계획을 통해 좋은 영양을 공급하는 것이 중요하다. 우리의 체력유지나 건강은 평소의 식사내용에 달려 있다. 그러나 영양상 균형을 이룬 식사계획이라도, 단순히 영양양만 고려해서 필요한 식품을 배합하여 만든 식단만으로 이루어질 수 없다. 영양적으로는 제 아무리 이상적인 식사계획이라 하더라도 먹는 사람이 즐겁게 받아들이지 않는다면 결국 소용이 없다. 따라서 식생활 관리자는 매일의 식사내용이 영양상 균형을 이룰 수 있도록 식품을 배합하여 식단을 계획하고, 조리과정에서 영양소가 크게 손실되지 않도록 하는 등의 여러 가지를 고려하여, 피급식자가 즐겁게 식사함으로써 매일의 식사에서 적정한 영양을 공급받을 수 있도록 해야 한다.

(2) 경제

식생활 관리의 두 번째 목적은 한정된 식비 예산으로 좋은 식사 계획을 세우는 것이다. 이 때 식품을 선정하는 것이 가장 중요하다. 식품의 영양상 가치와 기호상 가치는 식품의 가격과 항상 일치하는 것은 아니므로 같은 비용을 들이더라도 식생활 관리자의 노력과 정성에 따라서 실제로 차려진 음식의 질은 크게 달라질 수 있다. 그러므로 식생활 관리자는 경제적인 식사 관리를 위하여 물가와 시장에 대한 정보, 시판식품에 대한 신선도의 감별법, 가공식품 상표의 감식 등에 관한 지식과 경험을 갖추어야 한다.

식품비 예산을 계획할 때는 흔히 세 가지 방법이 활용된다. 첫째는 식품을 구입하기 위해 얼마를 소비할 것인가를 객관적으로 결정하는 방법이고, 둘째는 식품 계획의 1인당 예산을 기초로 하여 수입에 맞는 소비 계획을 하는 것이고, 셋째는 현재의 식사 관리 상황을 분석하여 어떤 식품을 얼마나 소비하고 있는지 살펴보고 결정하는 방법이다.

식비 예산은 각 가정이나 급식소마다 제한되어 있으므로 예산 한도 내에서 좋은 식사 계획을 세울 수 있어야 한다. 가족 구성원이 다르면 영양필요량이 달라지고 총 식품의 필요량도 달라진다. 일반적으로 가족 수가 많으면 가족 수가 적은 가족보다 총 식품비가 많이 필요하지만 일인당 식품비는 적어진다.

(3) 기호

식사의 세 번째 목적은 기호에 맞는 음식을 즐거운 마음으로 먹는 것이다. 아무리 영양이 풍부한 음식이라도 맛이 없거나 먹는 사람의 기호에 맞지 않으면 음식으로서의 가치가 없어진다. 식품을 섭취하는 궁극적인 목적은 영양에 있지만 먹고 싶다는 동기를 일으키는 것은 기호이다. 경제성장으로 인해 음식에 대한 기호도의 기대치가 더욱 높아졌다. 음식을 먹고 싶다고 느끼는 것은 영양이 풍부해서가 아니라 그 음식이 친숙하게 느껴지거나 좋아하기 때문에, 맛이 있거나 맛있게 보이므로, 또는 좋은 냄새가 나기 때문에 라는 이유 등의 여러 가지 개인의 기호 때문이다. 모든 사람들은 식품에 대한 각자의 기호를 가지고 있으며, 이러한 기호는 민족적 배경, 가족의 식습관, 살고 있는 지역, 사회·경제적 배경, 교육, 종교, 경험 등에 의하여 얻어지게 된다. 즉 기호는 생활환경에서 굳어진 것으로 쉽게 바뀌지 않는다. 그러나 같은 사람이라도 연령에 따라서 기호적 성향이 바뀌기도

하고, 심리상태에 따라 받아들이는 성향이 달라 질 수도 있다. 따라서 평소에 좋은 식습관을 갖게 하면 음식에 대한 수용도가 넓어질 수 있는데, 영양상 합리적인 식습관을 갖는 데에는 부모의 식습관이나 어머니의 합리적인 식생활 관리 태도가 직접적인 요인으로 작용한다고 한다. 어린이의 경우는 어머니가 가정에서 여러 가지 음식을 경험할 수 있도록 변화 있는 식단을 꾸며 음식에 대한 기호를 좋은 방향으로 갖추도록 해야 한다.

(4) 시간과 에너지

식생활 관리의 네 번째 목적은 시간과 에너지 소비가 적절히 조화된 식사 관리이다. 식사 관리에 소요되는 시간과 에너지 문제는 식단의 계획, 식품의 구입, 식사 준비, 식사 뒤처리 단계까지 모두 관련된다. 식사 준비에 소요되는 시간은 가족의 수, 식사의 수준, 식품을 위한 예산, 식품에 대한 기호, 주방의 동선과 기구의 효율성, 식생활 관리자의 지식·기술·능력 등에 의해 결정된다. 식생활 관리의 시간사용을 제한하는 것은 복잡한 문제이며, 현재 어느 정도의 시간이 어떻게 이용되고 있는지를 분석하는 일이 필요하다. 식사 준비의 시간을 단축하여 효율적인 식사 관리를 하기 위해서는 여러 가지 방법이 있다. 첫째, 가공식품이나 시판 조리식품을 이용할 수 있는데, 시간·가격·가족들의 수용도 등 여러 조건을 검토한 뒤에 결정하는 것이 좋다. 둘째, 영양적정량의 결정이나 식품의 구성 및 음식 종류 결정 등에 관한 지식과 경험이 많으면 식단 계획이나 식사 준비 시간을 단축할 수 있다. 또 식단 계획과 식품 구입에 대한 지식과 정보, 조리기술, 합리적인 작업 순서, 능률적인 주방설비 등에 의하여 식생활 관리의 시간과 에너지는 크게 절약된다. 맞벌이부부가 점차 늘어나고 있는 현대사회에서는 식생활 관리를 위한 시간과 에너지에 대한 종합적인 연구가 더욱 요구된다.

Chapter

02

식생활 관리의 기본

식생활 관리(meal management)란 식사와 관련된 모든 행동과 그에 관련된 의사결정 등을 말하며 식생활 관리의 책임을 맡은 사람을 식생활 관리자(meal manager)라고 한다. 식생활 관리자는 영양면을 깊이 고려하여 식단 계획을 세우고 식품 구입 시에 식품 종류와 그 양을 결정한다.

모든 가정과 단체에는 반드시 식생활 관리자가 있어야 한다. 식생활 관리 방법은 많은 지식과 기술을 요하며 식생활 관리자의 책임은 막중하다. 식사와 식생활 관리에 영향을 주는 것은 여러 가지이나 특히 경제적인 여유는 식사와 식생활 관리에 많은 변화를 가져왔다. 풍부해진 경제력은 식품 구입에 있어서 좀 더 많은 비용을 소비할 수 있게 하며 비싼 식품의 구입을 가능하게 하였다. 가족의 식사를 계획하는 영양사, 식품구매자, 식생활비를 조정하는 의사결정자, 여러 가지 일을 조직적으로 실천하도록 하는 경영자, 때로는 영양을 지도하는 영양교육자로서 일하게 되며, 주방에서 조리장, 감독자, 식당의 관리인이 된다. 또한 식사를 대접할 때는 식탁을 꾸미는 예술가가 되기도 한다. 식생활 관리자의 의사결정은 여러 면에서 변화가 일어남에 따라 점점 더 복잡하게 되었다. 이러한 복잡성은 소비성향으로 표현되기도 한다.

합리적인 식사계획은 다음과 같은 이점을 준다.

- 시간과 에너지를 절약해 준다.
- 식품비 지출을 감소시켜 준다.
- 영양관리를 원활히 할 수 있다.
- 식품을 다양하게 이용할 수 있다.
- 좋은 식단 계획의 습관을 형성한다.

1 식생활 관리의 기본 요소

식생활 관리의 기본 요소는 다음과 같다.

(1) 의사결정

의사결정이란 선택까지 도달하는 연속적인 과정에 대한 계획을 세워 실천하는 것을 말한다. 먼저 선택해야 할 대상을 인식하고 선택방법을 발견해야 한다. 그러고 나서 최종적으로 하나를 선택해야 한다. 식생활 관리의 모든 의사결정은 목표 달성을 위해 합리적인 방법으로 해야 한다. 합리적인 결정은 깊이 생각하고, 경험과 지식을 충분히 이용해야 한다. 인간은 여러 가지 욕구를 가지고 있으며 한 가지 욕구가 충족된 후에도 계속 무엇인가를 추구한다. 모든 욕구를 다 만족시킬 수는 없으며 어떤 목표를 위해 노력할 것인가를 결정하는 것이 중요하다. 의사결정은 한정된 자원 내에서 우리가 원하는 것이 무엇이며 얻어야 하는 것이 무엇인가를 합리적으로 신속하게 해내는 것이라고 말할 수 있다.

(2) 자원

식생활 관리자가 자원을 어떻게 사용할 것인가는 그들의 목표와 가치에 달려 있다. 자원은 물적 자원, 인적 자원, 운영적 자원 등으로 분류한다. 물적 자원은 재료(식품), 장비, 시설·설비 등이며, 인적 자원은 지식, 기술, 노동력 등이다. 또한 운영적 자원은 시간, 돈, 정보가 이에 속한다. 식생활 관리자가 가지고 있는 인적 자원을 식사 준비에 어떻게 활용하느냐에 따라 물적 자원과 운영적 자원이 절약될 수 있다.

또 식생활 관리자가 식사의 의미 부여를 어떻게 하느냐에 따라 가족 영양의 과부족과 건강상태가 결정된다. 이처럼 자원의 사용은 서로 상호관련이 있으므로 각각의 자원을 얼마만큼 식사준비에 활용할 것인지를 결정해야 한다.

2 가정과 시스템

가정은 시스템의 하나이다. 식생활관리는 물적, 인적, 운영적 자원을 투입해서 일련의 변형과정을 통해 좋은 식사를 창출해내는 오픈 시스템 과정이라고 볼 수 있다.

기본적인 시스템 모형은 투입, 변형, 결과로 나타낼 수 있으며 [그림 2-1]과 같다.

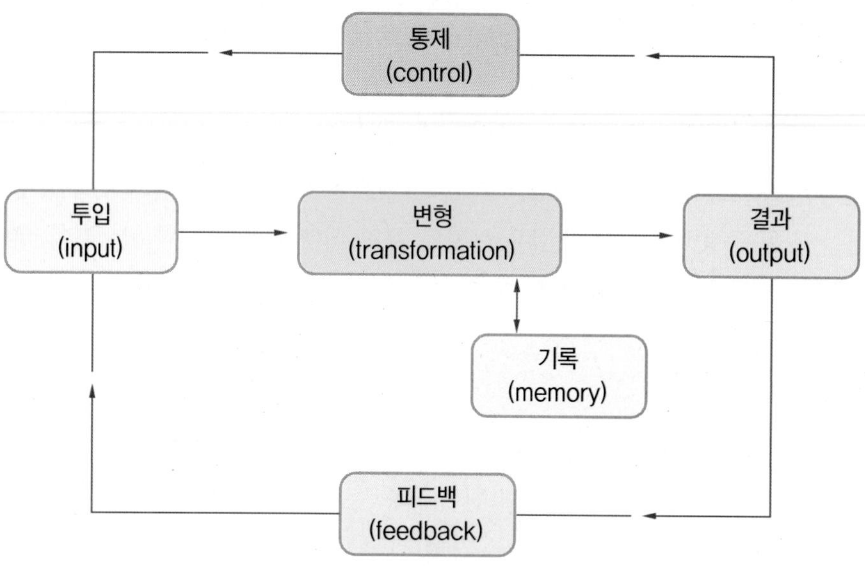

[그림 2-1] 시스템 모형

- 투입: 결과를 위해 필요한 자원을 뜻한다.
  - 물적 자원(physical resource): 재료(식품), 장비, 시설 · 설비
  - 인적 자원(human resource): 지식, 기술, 노동력
  - 운영적 자원(operational resource): 시간, 돈, 정보
- 변형: 투입을 결과로 변화시키는 작용이나 활동을 말한다.
- 결과: 소비자의 욕구를 위해 만족시킬 수 있는 여러 형태의 서비스를 뜻한다.
- 통제: 계획과 이행 결과에 서로 차이가 있을 때, 검토하고 조정해 주는 것을 말한다.
- 피드백: 결과를 투입에 반영하여 더 좋은 결과를 얻으려고 하는 과정을 말한다. 만약 피드백이 없으면 시스템이 닫히고 퇴보한다.

- 기록: 기록이나 저장된 정보를 뜻한다. 과거 기록의 분석은 새로운 계획을 세우고 실패를 줄이는 데 도움을 준다.

3 오픈 시스템의 특성

식생활 관리자는 오픈 시스템의 특성을 잘 이해하고 통합하여 합리적인 의사결정과 소통을 이끌어내야 한다.

- 상호의존성: 조직의 한 부분이 다른 부분의 성취를 위해서 방법이나 수단을 제공하는 것을 뜻한다. 이들 세부 조직들은 서로 연관되어 있으며 서로 의존하고, 시너지 효과를 창출한다.
- 역동적인 안정성: 오픈 시스템은 환경과 상호작용을 하면서 안전성을 유지한다.
- 합목적성(이인동과성): 투입의 내용을 종전과 다르게 하거나 변형 과정을 거쳐도 비슷한 결과가 나올 수 있다.
- 경계의 유연성: 모든 시스템은 경계를 가지고 있다. 오픈 시스템은 경계의 투과성이 높아 다른 시스템과 활발하게 교류하며, 환경과 상호작용도 가능하다.
- 공유 영역: 서로 다른 시스템들이 공통의 관심이나 이익을 추구하기 위해 상호작용이 이루어지는 영역을 뜻한다. 한편 긴장과 갈등이 발생할 가능성도 있으므로 주의한다.
- 시스템의 위계질서: 한 시스템은 여러 가지 하위시스템으로 구성되기도 하고, 더 큰 상위시스템의 하위시스템이 되기도 한다.
- 연결 과정: 조직 전체의 목적을 달성하기 위해서 여러 세부 조직들의 활동을 통합할 수 있는 과정을 뜻한다. 예) 의사결정, 의사소통, 균형

Digital Meal Management

Chapter

03

영양과 식생활

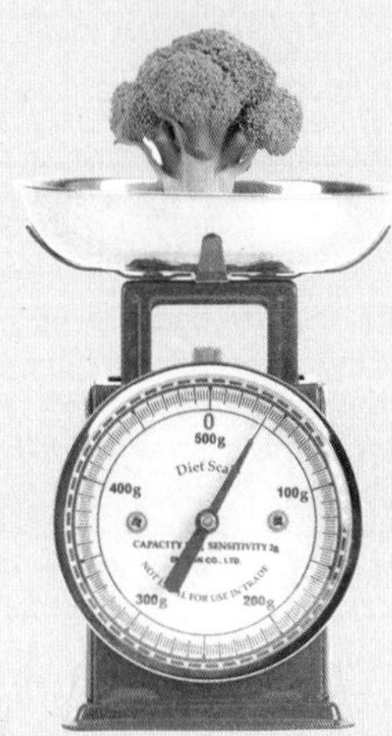

1 한국인 영양소 섭취기준과 에너지 및 다량영양소

우리나라는 2015년에 성별, 연령별로 한국인 영양소 섭취기준을 새로 제시하였다[표 3-1].

에너지는 필요추정량으로 나타내었고, 탄수화물과 지방, n-6계 지방산, n-3계 지방산의 경우, 영아만 충분섭취량으로 설정되었고 다른 연령대는 에너지적정비율로 제시되었다. 식이섬유는 1세 이상에서 충분섭취량이 제시되었고, 포화지방산과 트랜스지방산은 3세 이상에서 제한 에너지적정비율이 설정되었고, 콜레스테롤은 19세 이상에서 목표섭취량이 설정되었다. 특히 총당류섭취량을 총에너지섭취량의 10~20%로 제한하였으며, 첨가당은 10% 이내로 섭취하도록 하여 설탕, 액상과당, 물엿, 탄수화물, 꿀, 시럽, 농축과일주스 등 섭취를 자제하도록 권고하였다.

[표 3-1] 2015 한국인 연령별 체위 기준

연령	2015 한국인 연령별 체위 기준					
	신장(cm)		체중		BMI(kg/m²)	
0~5(개월)	60.3		6.2		17.1	
6~11(개월)	72.2		8.9		17.1	
1~2(세)	86.4		12.5		16.7	
3~5(세)	105.4		17.4		15.7	
	남자	여자	남자	여자	남자	여자
6~8(세)	126.4	125.0	26.5	25.0	16.6	16.0
9~11(세)	142.9	142.9	38.2	35.7	18.7	17.5
12~14(세)	163.5	158.1	52.9	48.5	19.8	19.4
15~18(세)	173.3	160.9	63.1	53.1	21.0	20.5
19~29(세)	174.8	161.5	68.7	56.1	22.5	21.5
30~49(세)	172.0	159.0	66.6	54.4	22.5	21.5
50~64(세)	168.4	155.4	63.8	51.9	22.5	21.5
65~74(세)	164.9	152.1	61.2	49.7	22.5	21.5
75(세)이상	163.3	147.1	60.0	46.5	22.5	21.5

[표 3-2] 2015 한국인 영양소 섭취기준 - 에너지적정비율

영양소		1~2세	3~18세	19세 이상	비고
탄수화물		55~65%	55~65%	55~65%	
단백질		7~20%	7~20%	7~20%	
지질	총지방	20~35%	15~30%	15~30%	
	n-6계지방산	4~10%	4~10%	4~10%	
	n-3계지방산	1% 내외	1% 내외	1% 내외	
	포화지방산	–	8% 미만	7% 미만	
	트랜스지방산	–	1% 미만	1% 미만	
	콜레스테롤	–	–	300mg/일 미만	목표섭취량

[표 3-3] 2015 한국인 영양소 섭취기준 - 에너지적정비율 세부 분류(대사증후군 관련 영양소 중심)

영양소		2015 한국인 에너지적정비율 및 영양소 섭취기준								
		0~5 개월	6~11 개월	1~2세	3~5세	6~8세	9~11세	12-14세	15~18세	19세이상
탄수화물		60g (충분)[1]	90g (충분)[1]	55~65%	55~65%	55~65%	55~65%	55~65%	55~65%	55~65%
첨가당		10% 이내	10% 이내	10% 이내	10% 이내	10% 이내	10% 이내	10% 이내	10% 이내	10% 이내
식이섬유(g) (충분)		–	–	10	15	20	20	남 25, 여 20	남 25, 여 20	남 25, 여 20
단백질		10g (충분)[1]	15g (권장)[2]	7~20%	7~20%	7~20%	7~20%	7~20%	7~20%	7~20%
지질	총지방	25g (충분)[1]	25g (충분)[1]	20~35%	15~30%	15~30%	15~30%	15~30%	15~30%	15~30%
	P:M:S	1:1:1	1:1:1	1:1:1	1:1:1	1:1:1	1:1:1	1:1:1	1:1:1	1:1:1
	n-6계 지방산	2.0g (충분)[1]	4.5g (충분)[1]	4~10%	4~10%	4~10%	4~10%	4~10%	4~10%	4~10%
	n-3계 지방산	0.3g (충분)[1]	0.8g (충분)[1]	1% 내외	1% 내외	1% 내외	1% 내외	1% 내외	1% 내외	1% 내외
	포화 지방산	–	–	–	8% 미만	8% 미만	8% 미만	8% 미만	8% 미만	7% 미만
	트랜스 지방	–	–	–	1% 미만	1% 미만	1% 미만	1% 미만	1% 미만	1% 미만
	콜레스 테롤	–	–	–	–	–	–	–		300mg 미만 (목표)[2]

영양소	2015 한국인 에너지적정비율 및 영양소 섭취기준								
	0~5 개월	6~11 개월	1~2세	3~5세	6~8세	9~11세	12-14세	15~18세	19세이상
나트륨(mg)	120 (충분)[1]	370 (충분)[1]	900 (충분)[1]	1,000 (충분)[1]	1,200 (충분)[1]	2,000 (목표)[2]	2,000 (목표)[2]	2,000 (목표)[2]	2,000 (목표)[2]
칼륨(mg) (충분)[1]	400	700	2,000	2,300	2,600	3,000	3,500	3,500	3,500

- 총당류섭취량은 총에너지섭취량의 10~20%로 제한
- 조리 및 가공 시 첨가당은 총 에너지섭취량의 10% 이내로 제한(첨가당: 설탕, 액상과당, 물엿, 당밀, 꿀, 시럽, 농축과일주스 등)
- 1) (충분)은 충분섭취량 2) (목표)는 목표섭취량을 뜻함

(1) 에너지(energy)필요추정량

성별·연령 및 체중·신장, 활동정도에 따른 에너지필요추정량 계산법은 [표 3-4]에 제시한 연령별 식에 의해서 구할 수 있다. 성별, 연령별로 4가지 활동계수가 다르며, 3~5세부터 활동계수가 구분된다. 활동계수는 비활동적, 저활동적, 활동적, 매우 활동적 4가지로 구분되며, 생애주기별 부가량이 더해져서 에너지필요추정량이 계산된다.

[표 3-4] 연령별 에너지필요추정량 계산법 (단위: kcal/일)

연령		에너지필요추정량(EER)		
		총에너지소비량 (TEE)	PA(활동계수)	*생애주기별 부가량
영아 (개월)	0~5	89 × 체중(kg) – 100	–	+ 115.5
	6~11			+ 22
유아 (세)	1~2	89 × 체중(kg) – 100	–	+ 20
	3~5	〈남〉 88.5 – 61.9 × 연령(세) + PA [26.7 × 체중(kg) + 903 × 신장(m)]	비활동적: 1.0	+ 20
			저활동적: 1.13	
			활동적: 1.26	
			매우 활동적: 1.42	
		〈여〉 135.3 – 30.8 × 연령(세) + PA [10.0 × 체중(kg) + 934 × 신장(m)]	비활동적: 1.0	
			저활동적: 1.16	
			활동적: 1.31	
			매우 활동적: 1.56	
아동 (세)	6~8	〈남〉 88.5 – 61.9 × 연령(세) + PA [26.7 × 체중(kg) + 903 × 신장(m)]	비활동적: 1.0	+ 20
			저활동적: 1.13	
			활동적: 1.26	
			매우 활동적: 1.42	

연령		에너지필요추정량(EER)		
		총에너지소비량 (TEE)	PA(활동계수)	*생애주기별 부가량
아동(세)	6~8	〈여〉 135.3 – 30.8 × 연령(세) + PA [10.0 × 체중(kg) + 934 × 신장(m)]	비활동적: 1.0	
			저활동적: 1.16	
			활동적: 1.31	
			매우 활동적: 1.56	
	9~11	〈남〉 88.5 – 61.9 × 연령(세) + PA [26.7 × 체중(kg) + 903 × 신장(m)]	비활동적: 1.0	+ 25
			저활동적: 1.13	
			활동적: 1.26	
			매우 활동적: 1.42	
		〈여〉 135.3 – 30.8 × 연령(세) + PA [10.0 × 체중(kg) + 934 × 신장(m)]	비활동적: 1.0	+ 25
			저활동적: 1.16	
			활동적: 1.31	
			매우 활동적: 1.56	
청소년(세)	12~14	〈남〉 88.5 – 61.9 × 연령(세) + PA [26.7 × 체중(kg) + 903 × 신장(m)]	비활동적: 1.0	+ 25
			저활동적: 1.13	
			활동적: 1.26	
			매우 활동적: 1.42	
		〈여〉 135.3 – 30.8 × 연령(세) + PA [10.0 × 체중(kg) + 934 × 신장(m)]	비활동적: 1.0	
			저활동적: 1.16	
			활동적: 1.31	
			매우 활동적: 1.56	
	15~18	〈남〉 88.5 – 61.9 × 연령(세) + PA [26.7 × 체중(kg) + 903 × 신장(m)]	비활동적: 1.0	+ 25
			저활동적: 1.13	
			활동적: 1.26	
			매우 활동적: 1.42	
		〈여〉 135.3 – 30.8 × 연령(세) + PA [10.0 × 체중(kg) + 934 × 신장(m)]	비활동적: 1.0	
			저활동적: 1.16	
			활동적: 1.31	
			매우 활동적: 1.56	
성인 및 노인(세)	19 이상	〈남〉 662 – 9.53 × 연령(세) + PA [15.91 × 체중(kg) + 539.6 × 신장(m)]	비활동적: 1.0	임신부 1기 : +0
			저활동적: 1.11	
			활동적: 1.25	임신부 2기 : +340
			매우 활동적: 1.48	
		〈여〉 354 – 6.91 × 연령(세) + PA [9.36 × 체중(kg) + 726 × 신장(m)]	비활동적: 1.0	임신부 3기 : +450
			저활동적: 1.12	
			활동적: 1.27	수유부 +340
			매우 활동적: 1.45	

* 성장 및 대사 변화에 따른 에너지 추가필요량

예제 1

25세, 체중 56.1kg, 신장 161.5cm의 저활동적인 일을 하는 여자의 경우 에너지필요추정량은 다음과 같이 구할 수 있다.

PA: 저활동적 1.12

354 − (6.91×25) + 1.12[(9.36×56.1) + (726×1.615)] = 2,002(kcal)
이때 만약 임신 2기인 여성이라면 2,002 + 340 = 2,422(kcal)

예제 2

25세, 체중 56.1kg, 신장 161.5cm인 활동적인 일을 하는 여자의 경우 에너지필요추정량은 다음과 같이 구할 수 있다.

PA: 매우 활동적 1.45

354 − (6.91×25) + 1.45[(9.36×56.1) + (726×1.615)] = 2,337(kcal)

(2) 탄수화물

탄수화물은 총열량의 55~65%로 하고, 이에 해당하는 대부분을 복합당질에서 섭취한다.

TiP

- 탄수화물은 단순당질과 복합당질로 나누며, 단순당질에는 포도당, 과당과 같은 단당류와 자당, 맥아당, 유당과 같은 이당류가 포함되며, 복합당질에는 전분과 식이섬유가 해당한다.
- 복합당질이 체중의 과다한 증가를 방지하고 고지혈증과 당뇨병을 관리하는 데 효과적이며, 암의 발병을 낮추는 데 유용하다. 또한 복합당질의 급원인 식물성 당질 식품을 섭취하면 동시에 필수지방산, 칼슘, 아연, 철과 다양한 수용성 비타민을 동시에 섭취할 수 있는 이점이 있다.

식이섬유 충분섭취량은 60년대 말~70년대 초 한국인 평균 식이섬유 추정섭취량(12g/1,000kcal)과 2008~2013년 국민건강영양조사 자료 분석결과를 기준으로 설정하였다.

TiP

- 식이섬유는 물리화학적 성질에 따라 크게 불용성과 수용성으로 나뉘며, 불용성 식이섬유는 셀룰로오스, 헤미셀룰로오스, 리그닌으로써 식물세포의 구조성분에 해당되며, 수용성 식이섬유는 주로 점성을 나타내는 것으로 과실류의 펙틴, 식물성 검류, 해조류의 다당류 등이 이에 속한다.
- 식이섬유는 물을 흡수하는 능력, 양이온 교환능력, 젤(gel) 형성 능력 등이 있어서 변비의 완화, 혈장콜레스테롤의 저하, 내당능력의 개선효과, 유독성 유기물질의 흡수 및 희석 효과 등이 있어서 심혈관계 질환, 대장암, 당뇨병의 유병률을 낮추어 준다는 긍정적인 연구결과들이 보고되었다.

(3) 지질

지질의 권장섭취기준은 3세 이상의 경우는 총열량의 15~30%의 범위로 설정하였고, 1~2세는 20~35%로 설정하였다. 1세 미만의 영아는 충분섭취량으로 제시하였는데, 0~5개월 영아는 25g이며, 6~11개월 영아는 35g이다. 일반적으로 성장기, 임신·수유기에는 지질 섭취량을 조금 높이고 노년기에는 조금 낮게 책정하는 것이 바람직하다.

성인병 예방을 위해서 지방산 섭취를 다음과 같이 설정하였다. 1세 이상의 경우 n-6계 지방산은 4~10%, n-3계 지방산은 1% 내외로 설정하였고, 1세 미만의 영아는 충분섭취량으로 제시하였는데, 0~5개월 영아는 n-6계 지방산이 2.0g, n-3계 지방산이 0.3g이며, 6~11개월 영아는 n-6계 지방산이 4.5g, n-3계 지방산이 0.8g이다.

TiP

- 한국인의 경우 n-3계 지방산의 섭취를 강조하기 위하여 등푸른 생선, 콩 제품, 들기름 등의 섭취를 높일 것을 권장한다.
- 신경조직의 발달이 왕성한 영유아와 미숙아에 있어서 n-3계 지방산, 특히 DHA 섭취가 부족하지 않도록 하며, 임신부, 수유부에 있어서도 n-3계 지방산의 섭취가 부족하지 않도록 배려한다.

관상동맥질환의 예방을 위해서 콜레스테롤 섭취량을 1일 300mg을 초과하지 않도록 권고하였다.

[표 3-5]는 상용식품의 지방산 조성표이다.

[표 3-5] 상용식품의 지방산 조성표

(단위: g/가식부 100g)

식품분류	식품명	PUFA	MUFA	SFA	n-6계 지방산(ω6)	n-3계 지방산(ω3)
생선류	가자미	0.05	0.07	0.06	0.01	0.05
	갈치	2.47	5.84	4.87	0.28	2.19
	조기	0.57	1.43	1.04	0.06	0.52
	고등어	4.34	4.05	3.81	0.34	4.01
	꽁치	3.55	6.90	3.48	0.32	3.24
	정어리(통조림)	6.40	4.29	6.71	0.49	5.91
	참치살(참다랑어)	0.19	0.30	0.25	0.03	0.17
	참치살(황다랑어)	0.47	0.26	0.37	0.40	0.07
유지류	돼지기름	10.30	45.50	39.50	9.63	0.67
	쇠기름	3.39	46.21	45.51	3.14	0.29
	버터	2.38	23.33	49.22	2.38	0.00
	마가린	14.19	38.01	34.03	12.64	1.55
	쇼트닝	6.10	48.50	33.50	5.30	0.85
	팜유	9.40	37.60	47.60	9.08	0.28
	참기름	48.95	31.94	12.70	48.57	0.38
	면실유	53.18	19.44	23.44	53.18	0.00
	채종유	31.39	57.16	6.50	22.54	8.85
	미강유	34.50	38.80	17.60	33.27	1.27
	옥수수기름	54.43	24.73	11.89	54.04	0.39
	샐러드드레싱	15.45	16.42	3.48	12.09	3.39
	들기름	73.77	15.09	7.93	12.77	61.01
	콩기름	56.51	19.79	13.24	50.37	6.14

(4) 단백질

단백질의 섭취기준으로 6개월 이상 연령층에서는 평균필요량과 권장섭취량을 설정하였고, 영아 전반기에는 충분섭취량을 설정하였다. 성인의 경우 성별에 상관없이 질소평형유지와 소화율 90%를 반영한 체중당 일일평균필요량으로 0.73g/kg/일을 설정하고, 성별 및 연령 구간별 평균체중을 곱하여 일일 평균필요량을 산출하였다. 권장섭취량은 인구 97.5%에 해당하는 사람들의 필요량을 충족시킬 수 있도록 평균필요량에 변이계수(1.25)를 적용하여 산출하였다.

성인 단백질 평균필요량 = 평균체중 × 0.73g/kg/일
성인 단백질 권장섭취량 = 평균체중 × 0.73g/kg/일 × 1.25
= 평균체중 × 0.91g/kg/일

[표 3-6] 에너지와 다량영양소 1

성별	연령	에너지(kcal/일)				탄수화물(g/일)				지방(g/일)				n-6계 지방산(g/일)			
		필요추정량	권장섭취량	충분섭취량	상한섭취량	평균필요량	권장섭취량	충분섭취량	상한섭취량	평균필요량	권장섭취량	충분섭취량	상한섭취량	평균필요량	권장섭취량	충분섭취량	상한섭취량
영아	0~5(개월)	550						60				25				2.0	
	6~11	700						90				25				4.5	
유아	1~2(세)	1,000															
	3~5	1,400															
남자	6~8(세)	1,700															
	9~11	2,100															
	12~14	2,500															
	15~18	2,700															
	19~29	2,600															
	30~49	2,400															
	50~64	2,200															
	65~74	2,000															
	75 이상	2,000															
여자	6~8(세)	1,500															
	9~11	1,800															
	12~14	2,000															
	15~18	2,000															
	19~29	2,100															
	30~49	1,900															
	50~64	1,800															
	65~74	1,600															
	75 이상	1,600															
임신부	1분기	+0															
	2분기	+340															
	3분기	+450															
수유부		+340															

[표 3-7] 에너지와 다량영양소 2

<table>
<tr><th rowspan="2">성별</th><th rowspan="2">연령</th><th colspan="4">n-3계 지방산(g/일)</th><th colspan="4">단백질(g/일)</th><th colspan="4">식이섬유(g/일)</th></tr>
<tr><th>평균 필요량</th><th>권장 섭취량</th><th>충분 섭취량</th><th>상한 섭취량</th><th>평균 필요량</th><th>권장 섭취량</th><th>충분 섭취량</th><th>상한 섭취량</th><th>평균 필요량</th><th>권장 섭취량</th><th>충분 섭취량</th><th>상한 섭취량</th></tr>
<tr><td rowspan="2">영아</td><td>0~5(개월)</td><td></td><td></td><td>0.3</td><td></td><td></td><td></td><td>10</td><td></td><td></td><td></td><td></td><td></td></tr>
<tr><td>6~11</td><td></td><td></td><td>0.8</td><td></td><td>10</td><td>15</td><td></td><td></td><td></td><td></td><td></td><td></td></tr>
<tr><td rowspan="2">유아</td><td>1~2(세)</td><td></td><td></td><td></td><td></td><td>12</td><td>15</td><td></td><td></td><td></td><td></td><td>10</td><td></td></tr>
<tr><td>3~5</td><td></td><td></td><td></td><td></td><td>15</td><td>20</td><td></td><td></td><td></td><td></td><td>15</td><td></td></tr>
<tr><td rowspan="9">남자</td><td>6~8(세)</td><td></td><td></td><td></td><td></td><td>25</td><td>30</td><td></td><td></td><td></td><td></td><td>20</td><td></td></tr>
<tr><td>9~11</td><td></td><td></td><td></td><td></td><td>35</td><td>40</td><td></td><td></td><td></td><td></td><td>20</td><td></td></tr>
<tr><td>12~14</td><td></td><td></td><td></td><td></td><td>45</td><td>55</td><td></td><td></td><td></td><td></td><td>25</td><td></td></tr>
<tr><td>15~18</td><td></td><td></td><td></td><td></td><td>50</td><td>65</td><td></td><td></td><td></td><td></td><td>25</td><td></td></tr>
<tr><td>19~29</td><td></td><td></td><td></td><td></td><td>50</td><td>65</td><td></td><td></td><td></td><td></td><td>25</td><td></td></tr>
<tr><td>30~49</td><td></td><td></td><td></td><td></td><td>50</td><td>60</td><td></td><td></td><td></td><td></td><td>25</td><td></td></tr>
<tr><td>50~64</td><td></td><td></td><td></td><td></td><td>50</td><td>60</td><td></td><td></td><td></td><td></td><td>25</td><td></td></tr>
<tr><td>65~74</td><td></td><td></td><td></td><td></td><td>45</td><td>55</td><td></td><td></td><td></td><td></td><td>25</td><td></td></tr>
<tr><td>75 이상</td><td></td><td></td><td></td><td></td><td>45</td><td>55</td><td></td><td></td><td></td><td></td><td>25</td><td></td></tr>
<tr><td rowspan="9">여자</td><td>6~8(세)</td><td></td><td></td><td></td><td></td><td>20</td><td>25</td><td></td><td></td><td></td><td></td><td>20</td><td></td></tr>
<tr><td>9~11</td><td></td><td></td><td></td><td></td><td>30</td><td>40</td><td></td><td></td><td></td><td></td><td>20</td><td></td></tr>
<tr><td>12~14</td><td></td><td></td><td></td><td></td><td>40</td><td>50</td><td></td><td></td><td></td><td></td><td>20</td><td></td></tr>
<tr><td>15~18</td><td></td><td></td><td></td><td></td><td>40</td><td>50</td><td></td><td></td><td></td><td></td><td>20</td><td></td></tr>
<tr><td>19~29</td><td></td><td></td><td></td><td></td><td>45</td><td>55</td><td></td><td></td><td></td><td></td><td>20</td><td></td></tr>
<tr><td>30~49</td><td></td><td></td><td></td><td></td><td>40</td><td>50</td><td></td><td></td><td></td><td></td><td>20</td><td></td></tr>
<tr><td>50~64</td><td></td><td></td><td></td><td></td><td>40</td><td>50</td><td></td><td></td><td></td><td></td><td>20</td><td></td></tr>
<tr><td>65~74</td><td></td><td></td><td></td><td></td><td>40</td><td>45</td><td></td><td></td><td></td><td></td><td>20</td><td></td></tr>
<tr><td>75 이상</td><td></td><td></td><td></td><td></td><td>40</td><td>45</td><td></td><td></td><td></td><td></td><td>20</td><td></td></tr>
<tr><td rowspan="3">임신부</td><td>1분기</td><td></td><td></td><td></td><td></td><td></td><td></td><td></td><td></td><td></td><td></td><td rowspan="3">+5</td><td></td></tr>
<tr><td>2분기</td><td></td><td></td><td></td><td></td><td>+12</td><td>+15</td><td></td><td></td><td></td><td></td><td></td></tr>
<tr><td>3분기</td><td></td><td></td><td></td><td></td><td>+25</td><td>+30</td><td></td><td></td><td></td><td></td><td></td></tr>
<tr><td>수유부</td><td></td><td></td><td></td><td></td><td></td><td>+20</td><td>+25</td><td></td><td></td><td></td><td></td><td>+5</td><td></td></tr>
</table>

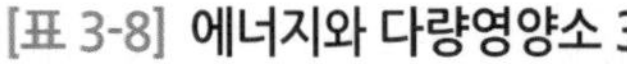

[표 3-8] 에너지와 다량영양소 3

성별	연령	수분(mL/일)					메티오닌+시스테인(g/일)				류신(g/일)			
		평균 필요량	권장 섭취량	충분섭취량		상한 섭취량	평균 필요량	권장 섭취량	충분 섭취량	상한 섭취량	평균 필요량	권장 섭취량	충분 섭취량	상한 섭취량
				액체	총수분									
영아	0~5(개월)			700	700				0.4				1.0	
	6~11			500	800		0.3	0.4			0.6	0.8		
유아	1~2(세)			800	1,100		0.3	0.4			0.6	0.8		
	3~5			1,100	1,500		0.3	0.4			0.7	0.9		
남자	6~8(세)			900	1,800		0.5	0.6			1.1	1.3		
	9~11			1,000	2,100		0.7	0.8			1.5	1.9		
	12~14			1,000	2,300		1.0	1.2			2.1	2.6		
	15~18			1,200	2,600		1.1	1.3			2.4	3.0		
	19~29			1,200	2,600		1.0	1.3			2.3	3.0		
	30~49			1,200	2,500		1.0	1.3			2.3	2.9		
	50~64			1,000	2,200		1.0	1.2			2.2	2.7		
	65~74			1,000	2,100		0.9	1.2			2.1	2.6		
	75 이상			1,000	2,100		0.9	1.1			2.0	2.6		
여자	6~8(세)			900	1,700		0.5	0.6			1.0	1.2		
	9~11			900	1,900		0.6	0.7			1.4	1.7		
	12~14			900	2,000		0.8	1.0			1.8	2.3		
	15~18			900	2,000		0.8	1.0			1.9	2.3		
	19~29			1,000	2,100		0.8	1.1			1.9	2.4		
	30~49			1,000	2,000		0.8	1.0			1.8	2.3		
	50~64			900	1,900		0.8	1.0			1.8	2.2		
	65~74			900	1,800		0.7	0.9			1.7	2.1		
	75 이상			900	1,800		0.7	0.9			1.6	2.0		
임신부					+200		+0.3	+0.3			+0.6	+0.7		
수유부				+500	+700		+0.3	+0.4			+0.9	+1.1		

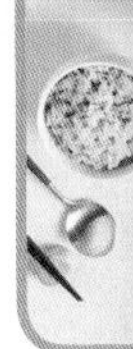

[표 3-9] 에너지와 다량영양소 4

성별	연령	이소류신(g/일)				발린(g/일)				라이신(g/일)			
		평균 필요량	권장 섭취량	충분 섭취량	상한 섭취량	평균 필요량	권장 섭취량	충분 섭취량	상한 섭취량	평균 필요량	권장 섭취량	충분 섭취량	상한 섭취량
영아	0~5(개월)			0.6				0.6				0.7	
	6~11	0.3	0.4			0.3	0.5			0.6	0.8		
유아	1~2(세)	0.3	0.4			0.4	0.5			0.6	0.7		
	3~5	0.3	0.4			0.4	0.5			0.6	0.8		
남자	6~8(세)	0.5	0.6			0.6	0.7			1.0	1.2		
	9~11	0.7	0.8			0.9	1.1			1.4	1.8		
	12~14	1.0	1.2			1.2	1.5			2.0	2.4		
	15~18	1.1	1.3			1.4	1.7			2.2	2.7		
	19~29	1.0	1.3			1.3	1.6			2.4	3.0		
	30~49	1.0	1.3			1.3	1.6			2.3	2.9		
	50~64	1.0	1.2			1.2	1.5			2.2	2.8		
	65~74	0.9	1.2			1.2	1.5			2.1	2.7		
	75 이상	0.9	1.1			1.1	1.4			2.1	2.6		
여자	6~8(세)	0.5	0.6			0.6	0.7			0.9	1.2		
	9~11	0.6	0.7			0.8	1.0			1.2	1.5		
	12~14	0.8	1.0			1.1	1.3			1.7	2.1		
	15~18	0.8	1.0			1.1	1.3			1.7	2.1		
	19~29	0.8	1.1			1.1	1.3			2.0	2.5		
	30~49	0.8	1.0			1.0	1.3			1.9	2.4		
	50~64	0.8	1.0			1.0	1.2			1.8	2.3		
	65~74	0.7	0.9			0.9	1.2			1.7	2.2		
	75 이상	0.7	0.9			0.9	1.1			1.6	2.0		
임신부		+0.3	+0.3			+0.3	+0.4			+0.3	+0.4		
수유부		+0.5	+0.6			+0.5	+0.6			+0.4	+0.4		

[표 3-10] 에너지와 다량영양소 5

성별	연령	페닐알라닌+티로신(g/일)				트레오닌(g/일)				트립토판(g/일)				히스티딘(g/일)			
		평균 필요량	권장 섭취량	충분 섭취량	상한 섭취량	평균 필요량	권장 섭취량	충분 섭취량	상한 섭취량	평균 필요량	권장 섭취량	충분 섭취량	상한 섭취량	평균 필요량	권장 섭취량	충분 섭취량	상한 섭취량
영아	0~5(개월)			0.9				0.5				0.2				0.1	
	6~11	0.5	0.7			0.3	0.4			0.1	0.1			0.2	0.3		
유아	1~2(세)	0.5	0.7			0.3	0.4			0.1	0.1			0.2	0.3		
	3~5	0.6	0.7			0.3	0.4			0.1	0.1			0.2	0.3		
남자	6~8(세)	0.9	1.1			0.5	0.6			0.1	0.2			0.3	0.4		
	9~11	1.3	1.6			0.7	0.9			0.2	0.2			0.5	0.6		
	12~14	1.7	2.2			1.0	1.3			0.3	0.3			0.7	0.9		
	15~18	2.0	2.4			1.1	1.4			0.3	0.4			0.8	0.9		
	19~29	2.7	3.4			1.1	1.4			0.3	0.3			0.8	1.0		
	30~49	2.7	3.3			1.1	1.3			0.3	0.3			0.7	0.9		
	50~64	2.6	3.2			1.0	1.3			0.3	0.3			0.7	0.9		
	65~74	2.4	3.1			1.0	1.2			0.2	0.3			0.7	0.9		
	75 이상	2.4	3.0			1.0	1.2			0.2	0.3			0.7	0.8		
여자	6~8(세)	0.8	1.0			0.5	0.6			0.1	0.2			0.3	0.4		
	9~11	1.1	1.4			0.6	0.8			0.2	0.2			0.4	0.5		
	12~14	1.5	1.8			0.9	1.1			0.2	0.3			0.6	0.7		
	15~18	1.5	1.9			0.9	1.1			0.2	0.3			0.6	0.7		
	19~29	2.2	2.8			0.9	1.1			0.2	0.3			0.6	0.8		
	30~49	2.2	2.7			0.9	1.1			0.2	0.3			0.6	0.8		
	50~64	2.1	2.6			0.8	1.0			0.2	0.3			0.6	0.7		
	65~74	2.0	2.5			0.8	1.0			0.2	0.2			0.5	0.7		
	75 이상	1.9	2.3			0.7	0.9			0.2	0.2			0.5	0.7		
임신부		+0.8	+1.0			+0.3	+0.4			+0.1	+0.1			+0.2	+0.2		
수유부		+1.5	+1.9			+0.4	+0.6			+0.2	+0.2			+0.2	+0.3		

[표 3-11] 지용성 비타민

성별	연령	비타민 A(μg RAE/일)				비타민 D(μg/일)				비타민 E(mg α-TE/일)				비타민 K(μg/일)			
		평균 필요량	권장 섭취량	충분 섭취량	상한 섭취량	평균 필요량	권장 섭취량	충분 섭취량	상한 섭취량	평균 필요량	권장 섭취량	충분 섭취량	상한 섭취량	평균 필요량	권장 섭취량	충분 섭취량	상한 섭취량
영아	0~5(개월)			350	600			5	25			3				4	
	6~11			450	600			5	25			4				7	
유아	1~2(세)	200	300		600			5	30			5	200			25	
	3~5	230	350		700			5	35			6	250			30	
남자	6~8(세)	320	450		1,000			5	40			7	300			45	
	9~11	420	600		1,500			5	60			9	400			55	
	12~14	540	750		2,100			10	100			10	400			70	
	15~18	620	850		2,300			10	100			11	500			80	
	19~29	570	800		3,000			10	100			12	540			75	
	30~49	550	750		3,000			10	100			12	540			75	
	50~64	530	750		3,000			10	100			12	540			75	
	65~74	500	700		3,000			15	100			12	540			75	
	75 이상	500	700		3,000			15	100			12	540			75	
여자	6~8(세)	290	400		1,000			5	40			7	300			45	
	9~11	380	550		1,500			5	60			9	400			55	
	12~14	470	650		2,100			10	100			10	400			65	
	15~18	440	600		2,300			10	100			11	500			65	
	19~29	460	650		3,000			10	100			12	540			65	
	30~49	450	650		3,000			10	100			12	540			65	
	50~64	430	600		3,000			10	100			12	540			65	
	65~74	410	550		3,000			15	100			12	540			65	
	75 이상	410	550		3,000			15	100			12	540			65	
임신부		+50	+70		3,000			+0	100			+0	540			+0	
수유부		+350	+490		3,000			+0	100			+3	540			+0	

[표 3-12] 수용성 비타민 1

성별	연령	비타민 C(mg/일)				티아민(mg/일)				리보플라빈(mg/일)				니아신(mg NE/일)[1]				
		평균 필요량	권장 섭취량	충분 섭취량	상한 섭취량	평균 필요량	권장 섭취량	충분 섭취량	상한 섭취량	평균 필요량	권장 섭취량	충분 섭취량	상한 섭취량	평균 필요량	권장 섭취량	충분 섭취량	상한 섭취량[2]	상한 섭취량[2]
영아	0~5(개월)			35				0.2				0.3				2		
	6~11			45				0.3				0.4				3		
유아	1~2(세)	30	35		350	0.4	0.5			0.5	0.5			4	6		10	180
	3~5	30	40		500	0.4	0.5			0.5	0.6			5	7		10	250
남자	6~8(세)	40	55		700	0.6	0.7			0.7	0.9			7	9		15	350
	9~11	55	70		1,000	0.7	0.9			1.0	1.2			9	12		20	500
	12~14	70	90		1,400	1.0	1.1			1.2	1.5			11	15		25	700
	15~18	80	105		1,500	1.1	1.3			1.4	1.7			13	17		30	800
	19~29	75	100		2,000	1.0	1.2			1.3	1.5			12	16		35	1,000
	30~49	75	100		2,000	1.0	1.2			1.3	1.5			12	16		35	1,000
	50~64	75	100		2,000	1.0	1.2			1.3	1.5			12	16		35	1,000
	65~74	75	100		2,000	1.0	1.2			1.3	1.5			12	16		35	1,000
	75 이상	75	100		2,000	1.0	1.2			1.3	1.5			12	16		35	1,000
여자	6~8(세)	45	60		700	0.6	0.7			0.6	0.8			7	9		15	350
	9~11	60	80		1,000	0.7	0.9			0.8	1.0			9	12		20	500
	12~14	75	100		1,400	0.9	1.1			1.0	1.2			11	15		25	700
	15~18	70	95		1,500	1.0	1.2			1.0	1.2			11	14		30	800
	19~29	75	100		2,000	0.9	1.1			1.0	1.2			11	14		35	1,000
	30~49	75	100		2,000	0.9	1.1			1.0	1.2			11	14		35	1,000
	50~64	75	100		2,000	0.9	1.1			1.0	1.2			11	14		35	1,000
	65~74	75	100		2,000	0.9	1.1			1.0	1.2			11	14		35	1,000
	75 이상	75	100		2,000	0.9	1.1			1.0	1.2			11	14		35	1,000
임신부		+10	+10		2,000	+0.4	+0.4			+0.3	+0.4			+3	+4		35	1,000
수유부		+35	+40		2,000	+0.3	+0.4			+0.4	+0.5			+2	+3		35	1,000

1) 1mg NE(니아신 당량) = 1mg 니아신 = 60mg 트립토판
2) 니코틴산 / 니코틴산아미드

[표 3-13] 수용성 비타민 2

성별	연령	비타민 B_6(mg/일)				엽산(μg DFE/일)[1]				비타민 B_{12}(μg/일)				판토텐산(mg/일)				비오틴(μg/일)			
		평균필요량	권장섭취량	충분섭취량	상한섭취량	평균필요량	권장섭취량	충분섭취량	상한섭취량	평균필요량	권장섭취량	충분섭취량	상한섭취량	평균필요량	권장섭취량	충분섭취량	상한섭취량	평균필요량	권장섭취량	충분섭취량	상한섭취량
영아	0~5(개월)			0.1				65				0.3				1.7				5	
	6~11			0.3				80				0.5				1.9				7	
유아	1~2(세)	0.5	0.6		25	120	150		300	0.8	0.9					2				9	
	3~5	0.6	0.7		35	150	180		400	0.9	1.1					2				11	
남자	6~8(세)	0.7	0.9		45	180	220		500	1.1	1.3					3				15	
	9~11	0.9	1.1		55	250	300		600	1.5	1.7					4				20	
	12~14	1.3	1.5		60	300	360		800	1.9	2.3					5				25	
	15~18	1.3	1.5		65	320	400		900	2.2	2.7					5				30	
	19~29	1.3	1.5		100	320	400		1,000	2.0	2.4					5				30	
	30~49	1.3	1.5		100	320	400		1,000	2.0	2.4					5				30	
	50~64	1.3	1.5		100	320	400		1,000	2.0	2.4					5				30	
	65~74	1.3	1.5		100	320	400		1,000	2.0	2.4					5				30	
	75 이상	1.3	1.5		100	320	400		1,000	2.0	2.4					5				30	
여자	6~8(세)	0.7	0.9		45	180	220		500	1.1	1.3					3				15	
	9~11	0.9	1.1		55	250	300		600	1.5	1.7					4				20	
	12~14	1.2	1.4		60	300	360		800	1.9	2.3					5				25	
	15~18	1.2	1.4		65	320	400		900	2.0	2.4					5				30	
	19~29	1.2	1.4		100	320	400		1,000	2.0	2.4					5				30	
	30~49	1.2	1.4		100	320	400		1,000	2.0	2.4					5				30	
	50~64	1.2	1.4		100	320	400		1,000	2.0	2.4					5				30	
	65~74	1.2	1.4		100	320	400		1,000	2.0	2.4					5				30	
	75 이상	1.2	1.4		100	320	400		1,000	2.0	2.4					5				30	
임신부		+0.7	+0.8		100	+200	+220		1,000	+0.2	+0.2					+1				+0	
수유부		+0.7	+0.8		100	+130	+150		1,000	+0.3	+0.4					+2				+5	

1) DFE = Dietary Folate Equivalents

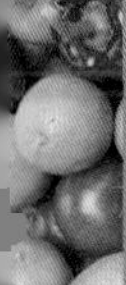

[표 3-14] 다량 무기질 1

성별	연령	칼슘(mg/일)				인(mg/일)				나트륨(mg/일)				
		평균 필요량	권장 섭취량	충분 섭취량	상한 섭취량	평균 필요량	권장 섭취량	충분 섭취량	상한 섭취량	평균 필요량	권장 섭취량	충분 섭취량	상한 섭취량	목표 섭취량
영아	0~5(개월)			210	1,000			100				120		
	6~11			300	1,500			300				370		
유아	1~2(세)	390	500		2,500	380	450		3,000			900		
	3~5	470	600		2,500	460	550		3,000			1,000		
남자	6~8(세)	580	700		2,500	490	600		3,000			1,200		
	9~11	650	800		3,000	1,000	1,200		3,500			1,400		2,000
	12~14	800	1,000		3,000	1,000	1,200		3,500			1,500		2,000
	15~18	720	900		3,000	1,000	1,200		3,500			1,500		2,000
	19~29	650	800		2,500	580	700		3,500			1,500		2,000
	30~49	630	800		2,500	580	700		3,500			1,500		2,000
	50~64	600	750		2,000	580	700		3,500			1,500		2,000
	65~74	570	700		2,000	580	700		3,500			1,300		2,000
	75 이상	570	700		2,000	580	700		3,000			1,100		2,000
여자	6~8(세)	580	700		2,500	450	550		3,000			1,200		
	9~11	650	800		3,000	1,000	1,200		3,500			1,400		2,000
	12~14	740	900		3,000	1,000	1,200		3,500			1,500		2,000
	15~18	660	800		3,000	1,000	1,200		3,500			1,500		2,000
	19~29	530	700		2,500	580	700		3,500			1,500		2,000
	30~49	510	700		2,500	580	700		3,500			1,500		2,000
	50~64	580	800		2,000	580	700		3,500			1,500		2,000
	65~74	560	800		2,000	580	700		3,500			1,300		2,000
	75 이상	560	800		2,000	580	700		3,000			1,100		2,000
임신부		+0	+0		2,500	+0	+0		3,000			1,500		2,000
수유부		+0	+0		2,500	+0	+0		3,500			1,500		2,000

[표 3-15] **다량 무기질 2**

성별	연령	염소(mg/일)				칼륨(mg/일)				마그네슘(mg/일)			
		평균 필요량	권장 섭취량	충분 섭취량	상한 섭취량	평균 필요량	권장 섭취량	충분 섭취량	상한 섭취량	평균 필요량	권장 섭취량	충분 섭취량	상한 섭취량
영아	0~5(개월)			180				400				30	
	6~11			560				700				55	
유아	1~2(세)			1,300				2,000		65	80		65
	3~5			1,500				2,300		85	100		90
남자	6~8(세)			1,900				2,600		135	160		130
	9~11			2,100				3,000		190	230		180
	12~14			2,300				3,500		265	320		250
	15~18			2,300				3,500		335	400		350
	19~29			2,300				3,500		295	350		350
	30~49			2,300				3,500		305	370		350
	50~64			2,300				3,500		305	370		350
	65~74			2,000				3,500		305	370		350
	75 이상			1,700				3,500		305	370		350
여자	6~8(세)			1,900				2,600		125	150		130
	9~11			2,100				3,000		180	210		180
	12~14			2,300				3,500		245	290		250
	15~18			2,300				3,500		285	340		350
	19~29			2,300				3,500		235	280		350
	30~49			2,300				3,500		235	280		350
	50~64			2,300				3,500		235	280		350
	65~74			2,000				3,500		235	280		350
	75 이상			1,700				3,500		235	280		350
임신부				2,300				+0		+32	+40		350
수유부				2,300				+400		+0	+0		350

[표 3-16] 미량 무기질 1

성별	연령	철(mg/일)				아연(mg/일)				구리(μg/일)				불소(mg/일)			
		평균 필요량	권장 섭취량	충분 섭취량	상한 섭취량	평균 필요량	권장 섭취량	충분 섭취량	상한 섭취량	평균 필요량	권장 섭취량	충분 섭취량	상한 섭취량	평균 필요량	권장 섭취량	충분 섭취량	상한 섭취량
영아	0~5(개월)			0.3	40			2				240				0.01	0.6
	6~11	5	6		40	2	3					310				0.5	0.9
유아	1~2(세)	4	6		40	2	3		6	220	280		1,500			0.6	1.2
	3~5	5	6		40	3	4		9	250	320		2,000			0.8	1.7
남자	6~8(세)	7	9		40	5	6		13	340	440		3,000			1.0	2.5
	9~11	8	10		40	7	8		20	440	580		5,000			2.0	10.0
	12~14	11	14		40	7	8		30	570	740		7,000			2.5	10.0
	15~18	11	14		45	8	10		35	650	840		7,000			3.0	10.0
	19~29	8	10		45	8	10		35	600	800		10,000			3.5	10.0
	30~49	8	10		45	8	10		35	600	800		10,000			3.0	10.0
	50~64	7	10		45	8	9		35	600	800		10,000			3.0	10.0
	65~74	7	9		45	7	9		35	600	800		10,000			3.0	10.0
	75 이상	7	9		45	7	9		35	600	800		10,000			3.0	10.0
여자	6~8(세)	6	8		40	4	5		13	340	440		3,000			1.0	2.5
	9~11	7	10		40	6	8		20	440	580		5,000			2.0	10.0
	12~14	13	16		40	6	8		25	570	740		7,000			2.5	10.0
	15~18	11	14		45	7	9		30	650	840		7,000			2.5	10.0
	19~29	11	14		45	7	8		35	600	800		10,000			3.0	10.0
	30~49	11	14		45	7	8		35	600	800		10,000			2.5	10.0
	50~64	6	8		45	6	7		35	600	800		10,000			2.5	10.0
	65~74	6	8		45	6	7		35	600	800		10,000			2.5	10.0
	75 이상	5	7		45	6	7		35	600	800		10,000			2.5	10.0
임신부		+8	+10		45	+2.0	+2.5		35	+100	+130		10,000			+0	10.0
수유부		+0	+0		45	+4.0	+5.0		35	+370	+480		10,000			+0	10.0

[표 3-17] 미량 무기질 2

성별	연령	망간(mg/일)				요오드(μg/일)				셀레늄(μg/일)				몰리브덴(μg/일)				크롬(μg/일)			
		평균 필요량	권장 섭취량	충분 섭취량	상한 섭취량	평균 필요량	권장 섭취량	충분 섭취량	상한 섭취량	평균 필요량	권장 섭취량	충분 섭취량	상한 섭취량	평균 필요량	권장 섭취량	충분 섭취량	상한 섭취량	평균 필요량	권장 섭취량	충분 섭취량	상한 섭취량
영아	0~5(개월)			0.01				130	250			9	45							0.2	
	6~11			0.8				170	250			11	65							5.0	
유아	1~2(세)			1.5	2.0	55	80		300	19	23		75				100			12	
	3~5			2.0	3.0	65	90		300	22	25		100				100			12	
남자	6~8(세)			2.5	4.0	75	100		500	30	35		150				200			20	
	9~11			3.0	5.0	85	110		500	39	45		200				300			25	
	12~14			4.0	7.0	90	130		1,800	49	60		300				400			35	
	15~18			4.0	9.0	95	130		2,200	55	65		300				500			40	
	19~29			4.0	11.0	95	150		2,400	50	60		400	25	30		550			35	
	30~49			4.0	11.0	95	150		2,400	50	60		400	20	25		550			35	
	50~64			4.0	11.0	95	150		2,400	50	60		400	20	25		550			35	
	65~74			4.0	11.0	95	150		2,400	50	60		400	20	25		550			35	
	75 이상			4.0	11.0	95	150		2,400	50	60		400	20	25		550			35	
여자	6~8(세)			2.5	4.0	75	100		500	30	35		150				200			15	
	9~11			3.0	5.0	85	110		500	39	45		200				300			20	
	12~14			3.5	7.0	90	130		2,000	49	60		300				400			25	
	15~18			3.5	9.0	95	130		2,200	55	65		300				400			25	
	19~29			3.5	11.0	95	150		2,400	50	60		400	20	25		450			25	
	30~49			3.5	11.0	95	150		2,400	50	60		400	20	25		450			25	
	50~64			3.5	11.0	95	150		2,400	50	60		400	20	25		450			25	
	65~74			3.5	11.0	95	150		2,400	50	60		400	20	25		450			25	
	75 이상			3.5	11.0	95	150		2,400	50	60		400	20	25		450			25	
임신부				+0	11.0	+65	+90			+3	+4		400				450			+5	
수유부				+0	11.0	+130	+190			+9	+10		400				450			+20	

2 비타민 영양과 식생활

비타민은 체내에 소량 존재하지만 세포의 정상적인 대사활동을 위하여 반드시 필요한 영양소이다. 비타민은 탄소를 중심으로 구성된 유기물질임에도 불구하고, 체내에서 에너지를 발생하는 기질로 사용되지 않고, 3대 열량소의 대사를 도와주는 보조효소로 작용하며, 그 외에도 항산화제, 시력, 골격 형성, 혈액응고 등의 다양한 생리기능을 도와주는 역할을 한다.

비타민의 대부분은 체내에서 합성되지 않지만, 예외적으로 비타민 D는 자외선을 쬐면 피부 밑에서 합성되고, 니아신은 아미노산의 일종인 트립토판으로부터 합성되며, 비타민 K는 장내 박테리아에 의해 합성된다.

(1) 지용성 비타민

1) 비타민 A

식품 중의 비타민 A는 레티놀(활성형)과 프로비타민 A(전구체)의 형태로 존재한다. 활성형인 레티놀은 동물성 식품에 존재하는 비타민 A로서, 체내에서 곧바로 비타민 A의 활성을 나타낸다. 전구체인 프로비타민 A는 식물성 식품에 존재하는 다양한 카로티노이드로서 주황색, 녹색, 적색을 나타낸다. 프로비타민 A는 일부만 체내에서 레티놀로 전환되어 비타민 A의 기능을 가지는데, 베타카로틴이 가장 대표적인 프로비타민 A이다.

비타민 A의 생리기능으로는 암 적응력, 성장, 상피세포 유지, 항암작용 등이 있다.

비타민 A는 성인은 권장섭취기준의 100배가 넘는 양을, 아동은 20배가 넘는 양을 단기간에 섭취했을 때 과잉증이 나타나며, 증상으로는 구토, 현기증, 권태감, 가려움증, 피부박리 등이 나타난다. 임신기 동안 지나친 과잉섭취는 사산, 기형아 출산, 영구적 학습장애 등을 일으킬 수 있다.

레티놀은 주로 소간, 난황 등에 풍부하게 함유되어 있으며, 카로티노이드는 주로 당근, 시금치, 감, 귤, 녹황색 채소에 풍부하게 함유되어 있다.

기름 형태로 정제된 베타카로틴의 비타민 A 활성은 레티놀의 1/2, 식이 중의 베타카로틴은 정제된 베타카로틴이 가진 비타민 A 활성의 1/6로 적용하므로, 식품 중의 베타카로틴과 레티놀활성당량(RAE: retinol activity equivalents)의 비율은 12:1로 적용하게 된다. 또한 기타 카로티노이드는 24:1로 적용한다.

따라서 RAE(retinol activity equivalents)는 RE(retinol equivalents)와 비교했을 때 식이 내 카로티노이드의 생체전환을 1/2로 계산하게 된다.

1㎍ RAE = 1㎍(트랜스) 레티놀
= 2㎍(트랜스) 베타카로틴 보충제
= 12㎍ 식이(트랜스) 베타카로틴
= 24㎍ 기타 식이 비타민 A 전구체 카로티노이드

1㎍ RE = 1㎍(트랜스) 레티놀
= 2㎍(트랜스) 베타카로틴 보충제
= 6㎍ 식이(트랜스) 베타카로틴
= 12㎍ 기타 식이 비타민 A 전구체 카로티노이드

[표 3-18] 비타민 A 급원식품의 100g당 함량

급원식품	비타민 A 함량(㎍/ 100g)			급원식품	비타민 A 함량(㎍/ 100g)		
	합계	레티놀	베타카로틴		합계	레티놀	베타카로틴
	RAE	㎍	㎍		RAE	㎍	㎍
당근	635	0	7,620	김치, 배추김치	23	0	281
고추	1.7	0	20	깻잎	762	0	9,145
김, 조선김, 마른 것	974	0	11,690	우유	52	52	2
무청	267	0	3,200	시금치	125	0	1,496
채소음료(당근 가공음료)	775	0	9,303	달걀	87	87	0

[표 3-19] 비타민 A 급원식품의 1일 1회 분량에 따른 함량

급원식품	1회 분량(g)	함량(㎍ RAE/1회 분량)	권장 섭취횟수(회/일)
당근	70	445	1.7
고추	70	1.2	625
김	2	19.5	38.5

급원식품	1회 분량(g)	함량(㎍ RAE/1회 분량)	권장 섭취횟수(회/일)
무청	70	187	4.1
채소음료(당근 가공음료)	50	388	2.0
김치, 배추김치	40	9.2	82
깻잎	70	534	1.5
우유	200	104	7.3
시금치	70	88	8.6
달걀	60	52	14.5

* 30~49세 남자의 권장섭취량 750㎍ RAE/일을 충족할 수 있는 각 급원식품의 섭취횟수

2) 비타민 D

활성형인 비타민 D_2, 비타민 D_3와 전구체인 프로비타민 D_2, 프로비타민 D_3가 있으며, 비타민 D 활성을 가진 물질들은 현재까지 10여종 발견되었다. 그중에서 비타민 D_2, 비타민 D_3가 가장 중요하다. 비타민 D_2와 프로비타민 D_2(에르고스테롤)는 버섯, 효모에 존재하며, 비타민 D_3와 프로비타민 D_3(7-디하이드로 콜레스테롤)는 동물의 피하조직에 존재한다.

햇빛에 의해서 합성되는 비타민 D의 양은 잘 조절되지만, 고용량의 비타민 D를 장기간 섭취할 경우에는 고칼슘혈증, 고칼슘뇨증, 신장결석 등이 생길 수 있고, 구토감이나 허약감이 생길 수 있다. 비타민 D 결핍 시에는 구루병, 골연화증, 골다공증이 나타날 수 있다.

비타민 D는 동물의 피부조직, 마가린, 버터, 간유 및 달걀에 다량 함유되어 있다. 칼슘이 우수한 급원인 우유에 비타민 D를 강화시키면 칼슘의 흡수율을 높일 수 있어 효과적이다.

[표 3-20] 비타민 D 급원식품의 100g당 함량[1)]

순위	식품군	식품명	가식부 100g당 함량	
			지질(g)	비타민 D(㎍)
1	버섯류	목이버섯, 흰목이버섯, 마른 것	0.7	970.0
2	버섯류	목이버섯, 마른 것	0.3	435.0
3	어류	아귀부산물, 간, 생 것	39.0	110.0

순위	식품군	식품명	가식부 100g당 함량	
			지질(g)	비타민 D(μg)
4	버섯류	목이버섯, 흰목이버섯, 데친 것	0.0	93.4
5	어류	까나리, 자건	6.1	54.0
6	어류	청어가공(기타), 훈제	22.1	48.0
7	어류	연어가공(기타), 알염장품	17.4	47.0
8	어류	연어, 알, 생 것	15.6	44.0
9	어류	목이버섯, 데친 것	0.2	39.4
10	어류	연어, 구운 것	5.1	39.4
11	어류	청어, 마른 것	24.0	36.0
12	어류	연어, 삶은 것	4.7	34.3
13	어류	숭어 가공(기타), 알염건품	28.9	33.0
14	육류	오리고기, 집오리, 생 것	27.6	32.5
15	어류	언어, 생 것	4.1	32.0
16	어류	청어, 알, 마른 것	13.6	32.0
17	어류	곱사송어, 구운 것	7.7	31.2
18	어류	연어가공(기타), 염장품	11.1	23.0
19	어류	물치다래, 생 것	7.3	22.0
20	어류	청어, 생 것	15.1	22.0
21	어류	곱사송어, 생 것	6.6	22.0
22	어류	까나리, 생 것	4.8	21.0
23	어류	은연어, 구운 것, 양식	15.8	21.0
24	어류	곱사송어 가공(기타), 염장품	7.4	20.0
25	어류	뱀장어 가공(기타), 조미, 구운 것	14.2	19.0
26	어류	양념장어구이, 조리	20.4	19.0
27	어류	꽁치, 생 것	4.7	19.0
28	어류	황어, 생 것	1.8	19.0
29	어류	뱀장어, 생 것	17.1	18.0

순위	식품군	식품명	가식부 100g당 함량	
			지질(g)	비타민 D(㎍)
30	어류	넙치(광어), 양식, 생 것	3.7	18.0
31	어류	멸치 가공(기타), 알염장품, 탈염	6.2	18.0
32	어류	참가자미, 구운 것	1.2	17.5
33	어류	은어, 구운 것, 양식	15.1	17.4
34	어류	뱀장어, 구운 것	15.0	17.0
35	어류	청어 가공(기타), 알염장품, 탈염	3.0	17.0
36	버섯류	표고버섯, 마른 것, 참나무 재배	3.1	16.8
37	어류	황새치, 구운 것	7.9	16.6
38	어류	참가자미, 삶은 것	1.7	16.6
39	어류	꽁치, 구운 것	20.6	15.9
40	어류	송어, 구운 것	12.0	15.4

1) 농촌진흥청 국립농업과학원(2012)의 지용성 비타민 성분표를 보정함.

[표 3-21] 비타민 D 급원식품의 1인 1회 분량에 따른 함량

급원식품	1회 분량(g)	비타민 D 함량(㎍/100g)	비타민 D 함량(㎍/1회 분량)
연어	60	32.0	19.2
청어	60	22.0	13.2
꽁치	60	19.0	11.4
뱀장어	60	18.0	10.8
광어(넙치, 양식)	60	18.0	10.8
갈치	60	14.0	8.4
고등어	60	11.0	6.6
송어	60	10.0	6.0
멸치(자건품)	15	18.0	2.7

급원식품	1회 분량(g)	비타민 D 함량(㎍/100g)	비타민 D 함량(㎍/1회 분량)
오리고기(생 것)	60	32.5	19.5
소간	60	1.2	0.72
달걀	60	1.8	1.08
메추라기 알	60	2.5	1.5
우유	200	0.3	0.6
목이버섯(데친 것)	30	39.4	11.8
송이버섯	30	3.6	1.08
표고버섯	30	2.1	0.63
팽이버섯	30	0.9	0.27
느타리버섯	30	1.1	0.33

3) 비타민 E

체내에서 비타민 E의 활성을 나타내는 물질로는 8가지 종류의 토코페롤이 알려져 있는데, 그중에서 알파 토코페롤의 활성이 가장 크다.

비타민 E의 가장 중요한 생리기능은 항산화 기능이다. 식물성 유지가 다가불포화지방산을 다량 함유하고 있음에도 쉽게 산패되지 않는 이유는 식물성 유지 중에 비타민 E가 함유되어 있기 때문이다.

비타민 E는 인체의 지방조직에 저장되므로 결핍되는 경우는 거의 없다. 하지만 결핍 시에는 신경계 손상 및 면역계 기능의 저하뿐만 아니라, 미숙아의 경우에 적혈구막이 파괴되어 용혈성 빈혈이 발생하기도 한다. 또 흡연자도 비타민 E의 결핍 위험이 크므로 주의해야 한다.

심혈관계 환자들에게 있어서 고용량의 비타민 E는 혈소판의 응집을 감소시켜 심혈관 기능에 도움을 주기도 하지만, 지혈을 필요로 하는 상황에서는 나쁜 결과를 초래하기도 한다. 또한 비타민 E의 과잉섭취는 심한 설사와 구토, 두통, 피로, 발한 등의 부작용을 초래할 수도 있다.

비타민 E는 주로 곡류의 배아, 종실류, 콩류, 녹황색채소 등에 다량 함유되어 있다.

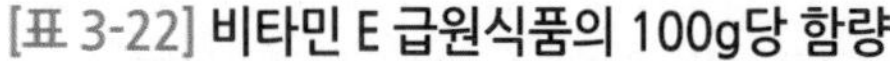

[표 3-22] 비타민 E 급원식품의 100g당 함량

급원식품	비타민 E 함량(합계, mg/100g)	비타민 E 함량(mg α-TE/100g)
마가린	58.1	19.1
마요네즈, 전란	50.6	13.3
해바라기유	41.9	39.3
콩기름	40.7	7.4
참기름	33.5	3.6
아몬드	32.1	31.3
붉은 고추, 마른 것	24.2	23.6
대두(노란콩)	23.3	3.9
잣	18.4	8.9
호두	16.0	2.2

[표 3-23] 비타민 E 급원식품의 1인 1회 분량에 따른 함량

급원식품	1회 분량(g)	함량 (합계, mg/1회 분량)	함량 (mg α-TE/1회 분량)
마요네즈, 전란	5	2.5	0.7
해바라기유	5	2.1	2.0
콩기름	5	2.0	0.4
참기름	5	1.7	0.2
아몬드	10	3.2	3.1
대두(노란콩)	20	4.7	0.8
잣	10	1.8	0.9
호두	10	1.6	0.2

* 19~49세 성인의 충분섭취량 12mg α-TE/일

4) 비타민 K

혈액응고에 관여하는 트롬빈(단백질의 일종)의 전구체인 프로트롬빈이 체내에서 합성되는

과정에 비타민 K가 조효소로 관여한다. 프로트롬빈은 평상시에는 혈관 내에서 불활성 상태로 존재하지만, 일단 혈관의 손상으로 출혈이 일어나면 혈액응고를 일으키는 데 관여한다. 따라서 비타민 K가 결핍되면 혈액응고가 느려지게 된다.

시금치 등 녹황색채소에 비타민 K가 많이 함유되어 있다.

[표 3-24] 비타민 K 급원식품의 100g당 함량

급원식품	비타민 K 함량(㎍/100g)	급원식품	비타민 K 함량(㎍/100g)
녹차가루	2,900	무청, 삶은 것	340
낫토	600	부추, 데친 것	330
취나물, 생 것	417	치커리, 생 것	298
케일, 생 것	395	시금치, 데친 것	289
참김, 구운 것	390	냉이, 데친 것	281

[표 3-25] 비타민 K 급원식품의 1인 1회 분량에 따른 함량

급원식품	1회 분량(g)	함량(㎍/1회 분량)	권장 섭취횟수(회/일)
배추김치	40	25	3
낫토	18	108	1
물미역	30	42	2
시금치	70	202	1
무청	70	238	1
취나물	70	292	1
케일	70	277	1
콩나물	70	40	2
녹차가루	3	87	1
브로콜리	50	75	1

* 30~49세 남자의 충분섭취량 75㎍/일을 충족할 수 있는 각 급원식품의 섭취횟수

(2) 수용성 비타민

1) 비타민 C

대부분의 동물은 체내에서 비타민 C를 합성할 수 있으나, 사람, 원숭이, 모르모트는 체내에서 비타민 C를 합성하지 못하므로 식품으로 섭취해야 한다. 비타민 C는 쉽게 산화하므로 식품의 조리 및 저장 시 주의가 요구된다.

비타민 C는 항산화 기능, 콜라겐 합성, 철 흡수 촉진 등에 관여한다. 비타민 C가 결핍되면 정상적인 콜라겐 합성의 장애로 결합조직에 변화가 나타나 괴혈병이 발생하는데, 초기증세로 잇몸의 출혈 및 염증이 생기고 심해지면 관절이 붓고 골격통증, 골격의 발육부진, 골절 등의 증상이 나타난다.

비타민 C는 신선한 과일 및 채소류에 많이 함유되어 있는데, 특히 감귤류, 딸기, 감자 등에 많이 함유되어 있다. 흡연자는 흡연으로 인해서 손실된 비타민 C를 보충하기 위해서 비흡연자보다 약 2배 이상 섭취하는 것이 좋다. 비타민 보충제보다는 식사를 통해 비타민 섭취를 하는 것이 훨씬 좋은 방법이다.

[표 3-26] 비타민 C 급원식품의 100g당 함량

급원식품[1]	비타민 C 함량(mg/100g)	급원식품[1]	비타민 C 함량(mg/100g)
브로콜리	98	귤	44
고춧잎	81	양배추	36
케일	80	비름	36
풋고추	72	쑥	33
키위	72	감자	36
딸기	71	고구마	25
레몬	70	상추	19
무청	62	쑥갓	18
시금치	60	배추김치	14
청피망	53	토마토	11
사과(부사)	48	오이	10
청경채	48	콩나물	5

1) 생식품 100g이 함유하는 함량

[표 3-27] 비타민 C 급원식품의 1인 1회 분량에 따른 함량

급원식품	1회 분량(g)	함량(mg/1회 분량)	권장 섭취횟수(회/일)
딸기	150	107	1
키위	100	72	1.4
귤	100	44	2.3
사과	100	48	2.1
감자	140	50	2
시금치	70	42	2.4
고구마	70	18	5.6
무청	70	43	2.3
과일음료	100	40	2.5

* 19세 성인의 권장섭취량 100mg/일을 충족할 수 있는 각 급원식품의 섭취횟수

2) 티아민(비타민 B_1)

티아민은 에너지를 생성하는 반응과 아미노산 대사 및 신경전달물질 합성반응의 조효소 역할을 한다.

가벼운 결핍 증세로는 식욕감퇴, 체중감소, 어약, 권태, 우울증, 근육부 긴장감 및 혈압저하 등이 나타난다. 심한 결핍증세로는 각기병이 나타나는데, 건성각기와 습성각기로 구분된다. 건성각기는 근육이 약해지고 신경염 증세 발생으로 손끝이 저리는 현상이 나타나고, 근육 마비증상이 오기도 한다. 습성각기가 오면 건성각기 시 나타나는 증세 외에 하반신에 부종현상이 동반된다. 알코올 섭취자는 알코올 대사를 위해 소비되는 티아민 양이 증가한다.

티아민은 돼지고기, 전곡(배아), 두류, 효모 및 견과류 등에 다량 함유되어 있다.

[표 3-28] 티아민 급원식품의 100g당 함량

급원식품	티아민 함량(mg/100g)	급원식품	티아민 함량(mg/100g)
돼지고기(등심)	1.0	달걀	0.21
돼지고기(삼겹살)	0.58	고추(풋고추)	0.20

급원식품	티아민 함량(mg/100g)	급원식품	티아민 함량(mg/100g)
현미	0.54	닭고기(성계)	0.20
감자	0.26	귤(온주밀감)	0.17
백미	0.23	두부	0.12

[표 3-29] 티아민 급원식품의 1인 1회 분량에 따른 함량

급원식품	1회 분량(g)	함량(mg/1회 분량)	권장 섭취횟수(회/일)
돼지고기(등심)	60	0.6	2.0
현미	90	0.486	2.5
감자	140	0.364	3.3
돼지고기(삼겹살)	60	0.348	3.4
백미	90	0.207	5.8
귤	100	0.17	7.1
풋고추	70	0.14	8.6
식빵	35	0.05	24
달걀	60	0.126	9.5
닭고기	60	0.12	10.0

* 19세 이상 성인 남자의 권장섭취량 1.2mg/일을 충족할 수 있는 각 급원식품의 섭취횟수

3) 리보플라빈(비타민 B_2)

리보플라빈은 탄수화물, 지질, 단백질 등의 에너지 대사 반응에 필요한 보조효소에 필수적인 성분이다. 리보플라빈의 결핍증세로는 입술 가장자리가 헐고 염증이 생기거나 구순구각염, 설염 등이 있다.

리보플라빈은 우유, 쇠간, 육류, 생선, 달걀 등의 동물성 식품에 많이 함유되어 있다.

[표 3-30] 리보플라빈 급원식품의 100g당 함량

급원식품	리보플라빈 함량(mg/100g)	급원식품	리보플라빈 함량(mg/100g)
장어(칠성장어)	6.00	닭고기	0.21
소간(삶은 것)	3.43	쇠고기	0.16
김	2.80	배추김치	0.06
시리얼	0.98	우유	0.05
달걀	0.69	두부	0.05
돼지고기(삼겹살)	0.27	백미	0.02

[표 3-31] 리보플라빈 급원식품의 1인 1회 분량에 따른 함량

급원식품	1회 분량(g)	함량(mg/1회 분량)	권장 섭취횟수(회/일)
장어(칠성장어)	60(1토막)	3.60	0.4
소간(삶은 것)	60(1접시)	2.06	0.7
김	2(1장)	0.056	27
시리얼	30(1접시)	0.294	5
달걀	60(1개)	0.414	4
돼지고기(삼겹살)	60(1접시)	0.162	9
닭고기	60(1조각)	0.126	12
쇠고기	60(1접시)	0.096	16
배추김치	40(1접시)	0.024	63
우유	200(1컵)	0.1	15
두부	80(2조각)	0.04	38
백미	90	0.018	83

* 19세 이상 성인 남자의 권장섭취량 1.5mg/일을 충족할 수 있는 각 급원식품의 섭취횟수

4) 니아신

니아신은 산, 알칼리, 열 및 광선 모두에 비교적 안정한 비타민이다. 니아신 그 자체가 많이 함유된 식품도 많지만, 필수아미노산의 하나인 트립토판이 체내에서 60대 1의 비율

로 니아신으로 전환되므로, 트립토판이 많이 함유된 달걀이나 우유를 섭취해도 니아신 효과는 나타난다.

니아신과 트립토판이 동시에 부족한 식사를 계속하면 니아신 결핍증인 펠라그라 증상이 나타난다. 흔히 옥수수를 주식으로 먹는 사람들에게 많이 나타나는데, 목, 얼굴, 손 등 노출이 심한 부분에 딱지가 생기는 피부염이 일어나고, 소화기관 점막에 장애가 생겨서 설사가 유발되며, 우울증, 정신분열, 현기증, 건망증 등이 나타난다.

니아신은 양질의 단백질 식품에 많이 함유되어 있다. 니아신은 비록 전환 양이 적지만, 트립토판이 체내에서 니아신으로 전환되므로 트립토판이 많은 식품도 급원이 될 수 있는데, 이에 해당하는 것이 효모, 가금류, 콩류, 우유 등이다.

[표 3-32] 니아신 급원식품의 100g당 함량

급원식품	니아신 함량(mg/100g)	급원식품	니아신 함량(mg/100g)
쇠고기	4.1	식빵	3.9
돼지고기	4.5	백미	1.2
닭고기	2.7	달걀	0.6
오리고기	5.7	맥주	0.5
고등어	8.2	커피믹스	1.7

[표 3-33] 니아신 급원식품의 1인 1회 분량에 따른 함량

급원식품	1회 분량(g)	함량(mg/1회 분량)	권장 섭취횟수(회/일)
쇠고기	60	2.5	6.4
돼지고기	60	2.7	5.9
닭고기	60	1.6	10
오리고기	60	3.4	4.7
고등어	60	4.9	3.3
식빵	35	1.4	11.4
백미	90	1.1	14.5
달걀	60	0.4	40

급원식품	1회 분량(g)	함량(mg/1회 분량)	권장 섭취횟수(회/일)
맥주	200	1.0	16
커피믹스	12	0.2	80

* 19세 이상 성인 남자의 권장섭취량 16mg NE/일을 충족할 수 있는 각 급원식품의 섭취횟수

5) 비타민 B_6

비타민 B_6는 단백질 및 아미노산 대사 반응의 보조효소로 작용한다. 따라서 단백질 섭취량이 많아지면 비타민 B_6 섭취량도 증가되어야 한다. 또 헤모글로빈 합성과정에도 관여하며, 임신 초기의 입덧, 차멀미, 배멀미 등 구토증상을 치료하는 데 효과적이다. 일반인들에게는 결핍증이 잘 나타나지 않으나 알코올 중독자, 결핵 치료 중인 환자들에게서 비타민 B_6 흡수가 저해되어 결핍증이 나타난다.

동·식물계에 널리 존재하며, 특히 단백질 함량이 높은 어육류 및 달걀 등이 비타민 B_6의 좋은 급원이다.

[표 3-34] 비타민 B_6 급원식품의 100g당 함량

급원식품	비타민 B_6 함량(mg/100g)	급원식품	비타민 B_6 함량(mg/100g)
고등어	0.490	백미	0.120
돼지고기	0.230	현미	0.450
닭고기	0.430	대두	0.540
달걀	0.070	양파	0.110
감자	0.130	마늘	0.500

[표 3-35] 비타민 B_6 급원식품의 1인 1회 분량에 따른 함량

급원식품	1회 분량(g)	함량(mg/1회 분량)	권장 섭취횟수(회/일)
백미	90	0.117	12.8
현미	90	0.405	3.7
연어	60	0.168	8.9
닭가슴살	60	0.258	5.8

급원식품	1회 분량(g)	함량(mg/1회 분량)	권장 섭취횟수(회/일)
바나나	100	0.300	5
당근	70	0.049	30.6
우유	200	0.040	37.5
땅콩	10	0.046	32.6

* 19세 이상 성인 남자의 권장섭취량 1.5mg/일을 충족할 수 있는 각 급원식품의 섭취횟수

6) 엽산

엽산의 대표적인 기능은 세포 내에서 핵산 합성과정의 보조효소로 작용하는 것과 신경 전달물질을 합성할 때 필요한 메티오닌의 합성과정의 보조효소로 작용한다는 것이다.

엽산은 장내 세균에 의해 합성되므로 정상적인 사람에게서는 결핍증상이 잘 나타나지 않으나, 위산 분비 저하, 항생제 장기복용 또는 장의 흡수 능력이 저하된 경우에 엽산 결핍증상이 나타날 수 있다. 만성적인 알코올 중독자의 경우에도 엽산 결핍증이 나타날 수 있다.

엽산 결핍 시 골수에서 적혈구 조성이 제대로 이루어지지 않아 거대혈구성 빈혈이 발생하며 설염과 설사 증세를 동반한다. 특히 임신 초기에 엽산이 결핍되면 태아의 신경관 손상을 초래할 확률이 증가하고 전신마비, 뇌수종 및 지능 장애 현상이 나타나기도 한다.

시금치, 근대, 상추, 브로콜리 등 녹황색 채소, 간 효모, 육류 및 달걀에 엽산이 다량 함유되어 있다.

[표 3-36] 엽산 급원식품의 100g당 함량

급원식품	엽산 함량 (㎍/100g)	급원식품	엽산 함량 (㎍/100g)
김	837.0	달걀	99.3
검정콩	288.1	상추	94.8
시금치	211.4	참외	64.2
쑥갓	190.0	배추김치	52.3
딸기	127.3	귤	38.9
깻잎	117.3	오렌지주스	35.9

[표 3-37] 엽산 급원식품의 1인 1회 분량에 따른 함량

급원식품	1회 분량(g)	함량 (μg/1회 분량)	권장 섭취횟수 (회/일)
딸기	200	254.6	1.6
시금치	70	148.0	2.7
쑥갓	70	133.0	3.0
참외	150	96.5	4.2
깻잎	70	82.1	4.9
귤	100	77.8	5.1
상추	70	66.4	6.0
검정콩	20	57.6	6.9
달걀	50	49.7	8.0
오렌지주스	100	35.9	11.1
배추김치	40	20.9	19.1
김	2	16.7	24.0

* 19세 이상 성인의 권장섭취량 400mg/일을 충족할 수 있는 각 급원식품의 섭취횟수

7) 비타민 B_{12}

비타민 B_{12}가 소장에서 흡수되기 위해서는 우선 위점막에서 분비되는 당단백질인 내적인자와 결합해야 한다. 위 절제 수술을 받은 환자들의 경우 이러한 내적인자가 정상적으로 만들어지지 않으므로 비타민 B_{12}의 장내 흡수가 저하된다.

비타민 B_{12}는 체내에서 엽산과 함께 메티오닌이라는 아미노산을 합성하는 과정의 보조효소로 작용하며, 핵산합성과 조혈작용에 관여한다. 또 중추신경계에 관여하여 신경조직이 정상적으로 대사되도록 돕는다. 비타민 B_{12} 결핍 시에는 악성빈혈, 신경장애, 설염, 설사, 기억력 감퇴 등이 나타난다.

비타민 B_{12}는 장내 박테리아에 의해 합성되나, 일반적으로 그 양이 필요량에 비해 부족하므로 반드시 식사를 통해서 섭취해야 한다. 주로 동물성 식품에 많이 함유되어 있는데, 쇠간, 쇠고기, 달걀, 우유 및 유제품에 많이 함유되어 있다.

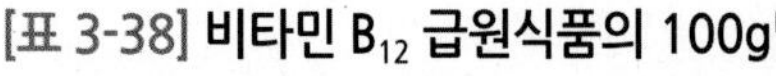

[표 3-38] 비타민 B_{12} 급원식품의 100g당 함량

급원식품	비타민 B_{12} 함량(㎍/100g)	급원식품	비타민 B_{12} 함량(㎍/100g)
쇠고기	2.00	고등어	10.6
돼지고기(삼겹살)	0.84	꽁치	17.7
닭고기	0.31	오징어	16.7
소시지	0.58	건멸치	41.3
우유, 요구르트	0.44	조기	2.50
달걀	1.29	참치 통조림	2.99
메추리알	4.70	된장(전통식)	1.85
바지락	62.4	된장(개량식)	0.30
굴	16.0	구이김	57.6
연어알	53.9	파래	7.44
명란	18.1	건미역	1.90

[표 3-39] 비타민 B_{12} 급원식품의 1인 1회 분량에 따른 함량

급원식품	1회 분량(g)	함량(㎍/1회 분량)	권장 섭취횟수(회/일)
쇠고기	60	1.2	2
돼지고기	60	0.5	5
닭고기	60	0.2	12
달걀	50	0.6	4
우유	200	0.9	2.7
호상 요구르트	100	0.44	6
소시지	60	0.35	7
고등어	60	6.4	0.4
꽁치	60	11.5	0.21
굴	80	12.8	0.2
건멸치	15	6.2	0.4

급원식품	1회 분량(g)	함량(㎍/1회 분량)	권장 섭취횟수(회/일)
오징어	80	13.3	0.2
된장(전통식)	15	0.28	9
생파래	30	2.23	1
구이김	2	1.2	2

* 19세 이상 성인의 권장섭취량 2.4㎍/일을 충족할 수 있는 각 급원식품의 섭취횟수

8) 판토텐산

판토텐산은 보조효소인 코엔자임 A의 구성 성분이다. 이는 체내에서 호르몬, 콜레스테롤 및 헤모글로빈 등이 합성되는 과정에 필요하다. 판토텐산은 거의 모든 식품에 함유되어 있으며, 정상적인 식사를 하는 경우에는 결핍증이 나타나지 않는다.

판토텐산은 장내 박테리아에 의해 합성이 가능하므로 섭취량이 부족하여도 크게 문제되지는 않는다.

[표 3-40] 판토텐산 급원식품의 100g당 함량

급원식품		판토텐산 함량(mg/100g)	급원식품		판토텐산 함량(mg/100g)
곡류 (알류)	호밀	1.46	견과 · 종실류	땅콩	2.56
	수수	1.42		호두	1.66
	현미	1.36		들깨	1.65
	귀리	1.35		은행	1.38
	통밀	1.03		밤	1.04
두류 (마른 것)	완두콩	1.74	육류 (날 것)	돼지고기	1.29
	녹두	1.66		오리고기	1.13
	대두	1.52		꿩고기	1.07
	동부	1.30		닭고기	1.05
	팥	1.00			

급원식품		판토텐산 함량(mg/100g)	급원식품		판토텐산 함량(mg/100g)
채소류 (생 것)	송이버섯	1.91	어패류 (생 것)	뱀장어	2.17
	팽이버섯	1.40		전복	1.90
	콜리플라워	1.30		병어	1.37
	목이버섯	1.14		연어	1.27
	브로콜리	1.12		삼치	1.16
	냉이	1.10		청어	1.06

[표 3-41] **판토텐산 급원식품의 1인 1회 분량에 따른 함량**

급원식품	1회 분량(g)	함량(mg/1회 분량)	권장 섭취횟수(회/일)
현미	90	1.22	5
대두	20	0.30	17
냉이	70	0.77	7
땅콩	10	0.26	20
호두	10	0.17	30
돼지고기	60	0.77	7
닭고기	60	0.63	8
연어	60	0.76	7
삼치	60	0.70	8

* 19세 이상 성인의 충분섭취량 5mg/일을 충족할 수 있는 각 급원식품의 섭취횟수

9) 비오틴

비오틴은 체내 대사과정에서 생성된 이산화탄소를 이용하여 지방산 합성과 탄수화물 대사가 가능하도록 한다. 장내 박테리아가 충분히 만들어내므로 결핍증이 잘 나타나지 않지만, 장기간 항생제를 복용했을 때는 주의해야 한다.

비오틴은 육류의 내장, 닭고기, 우유, 채소, 과일 등 동·식물계에 널리 분포되어 있다.

[표 3-42] 비오틴 급원식품의 100g당 함량

급원식품	비오틴 함량(㎍/100g)	급원식품	비오틴 함량(㎍/100g)
대두	60	팽창제, 효모, 생 것	20.2
달걀 난황, 생 것	53	양송이버섯	16
쇠고기, 간, 삶은 것	41.6	쌀	12
땅콩, 생 것	34	연어	7.4
달걀 전란, 생 것	25	밀, 통밀	6
분유, 조제분유	24	옥수수, 생 것	6

[표 3-43] 비오틴 급원식품의 1인 1회 분량에 따른 함량

급원식품	1회 분량(g)	함량(㎍/1회 분량)	권장 섭취횟수(회/일)
대두	20	12	2.5
땅콩, 생 것	10	3.4	8.8
달걀 전란, 생 것	50(중 1개)	12.5	2.4
팽창제, 효모, 생 것	7	1.4	21.2
양송이버섯	30	4.8	6.3
쌀	90	10.8	2.8
연어	50(작은 것 1토막)	3.7	8.1
사과	100(중 1/2개)	4.5	6.7
고구마	90(중 1/2개)	3.9	7.8
당근	70	3.5	8.6

* 19~49세 성인의 충분섭취량 30㎍/일을 충족할 수 있는 각 급원식품의 섭취횟수

3 무기질 영양과 식생활

무기질은 다른 영양소와는 달리 탄소(C)를 가지고 있지 않다. 무기질은 자연계에서 생성되지도 소멸되지도 않으며, 체내에서 합성되지도 않는다. 인체에서 발견되는 원소 중 산소(O), 수소(H), 탄소(C), 질소(N)가 체중의 96%를 차지하고, 나머지 4%가 무기질의 형태로 체내에 존재한다. 무기질 중 인체의 하루 필요량이 100mg 이상인 경우를 '다량 무기질'이라 하며 칼슘(Ca), 인(P), 나트륨(Na), 칼륨(K), 염소(Cl), 황(S), 마그네슘(Mg) 등이 이에 속한다. 하루에 100mg 이하인 경우를 '미량 무기질'이라 하며, 철(Fe), 아연(Zn), 구리(Cu), 요오드(I), 불소(F), 셀레늄(Se) 등이 이에 속한다.

(1) 칼슘(Ca)

칼슘은 체내에서 가장 많은 양을 차지하는 무기질로 뼈와 치아를 구성할 뿐만 아니라, 혈액 응고, 근육의 수축과 이완, 신경전달작용 등에 관여한다. 2015년 국민건강영양조사 결과에 따르면 한국인의 칼슘 섭취량은 1일 칼슘 권장섭취량의 약 70%(남자 75%, 여자 64%)에 불과했다. 칼슘이 결핍되면 골격 기형, 근육 강직 등이 생기며, 여성의 경우 폐경 후 골다공증을 일으키기 쉽다. 따라서 생애주기 내내 충분한 칼슘을 섭취하여 골밀도를 건강하게 유지하는 것이 중요하다.

골격 및 치아의 주성분은 칼슘과 인산이다. 세포내액에 존재하는 칼슘은 근육의 수축에 관여하고, 따라서 근육 세포내액의 칼슘 농도가 정상보다 높아지면 근육의 강직상태가 나타난다. 칼슘은 신경의 흥분작용을 억제하는 기능이 있다. 따라서 혈액의 칼슘 농도가 정상 이하로 내려가면 신경이 흥분되며 경련현상을 일으킨다. 혈액 중의 칼슘이온은 출혈 시 혈액응고를 촉진한다.

유즙에 함유된 유당(lactose)은 칼슘의 장내 흡수를 촉진한다. 건강한 성인의 칼슘 흡수율은 약 25%이나 추가의 칼슘을 필요로 하는 유아나 임산부의 칼슘 흡수율은 약 60%에 달한다. 한편 폐경 이후의 여성은 칼슘의 흡수율이 급격히 감소하기 시작하면서 골밀도도 같이 낮아지는데, 이는 칼슘의 장내 흡수를 촉진하고 골격으로부터의 칼슘 용출을 억제하는 에스트로겐의 분비가 중단되기 때문이다. 적당량의 인의 섭취와 운동은 골격의 칼슘 보유에 도움이 된다. 그러나 권장섭취량의 2배 이상 되는 고단백 식사는 신장을 통한 칼슘 배설을 증가시키므로 오히려 칼슘 결핍을 초래할 수 있으니 음식이 아닌 제품으로 단백질을 섭취하는 것은 바람직하지 않다.

칼슘 결핍이 계속되면 성장기 어린이의 경우, 뼈의 기형을 초래하는 구루병이 발생하고, 성인에게는 흔히 골다공증을 초래한다. 뼈는 칼슘과 인뿐만 아니라 마그네슘 및 아연 등과 함께 복합체를 형성하고 있으며, 내부에서는 칼슘이 용출되고 축적되는 과정이 반복적으로 진행되고 있다.

칼슘은 우유 및 유제품 등 극히 제한된 종류의 식품에만 존재하므로 이들 식품은 매일 섭취해야 한다. 우유 한 잔(200cc)에는 성인여자 1일 칼슘 권장섭취량의 약 1/4의 칼슘이 들어 있으며, 요구르트 및 치즈에도 상당량의 칼슘이 들어있다. 우유 및 유제품은 칼슘 함량이 높을 뿐만 아니라, 칼슘 흡수를 촉진하는 유당을 함유하고 있으므로 칼슘의 체내 이용률 또한 높아 우수한 급원식품으로 손꼽힌다. 뼈째 먹는 생선, 굴, 해조류도 좋은 급원식품이다. 칼슘을 다량 함유한 식품이 다양하지 않으므로 매 식사에 두부, 뱅어포, 멸치, 새우, 미역, 파래, 브로콜리 등을 한 가지 이상 구성하여 먹는 것이 좋다.

[표 3-44] 칼슘 급원식품의 100g당 함량

급원식품	칼슘 함량(mg/100g)	급원식품	칼슘 함량(mg/100g)
우유	91	미역(생 것)	149
멸치(자건)	1,905	대두(마른 것)	245
요구르트, 호상	107	두부	44
치즈(가공치즈)	503	깻잎(생 것)	221
새우	74	브로콜리	64

[표 3-45] 칼슘 급원식품의 1인 1회 분량에 따른 칼슘 함량

급원식품	1회 분량(g)	함량(mg/1회 분량)	권장 섭취횟수(회/일)
멸치 자건품	15	285.8	2.8
우유	200	182	4.4
깻잎	70	154.7	5.2
요구르트(호상)	100	107	7.5

급원식품	1회 분량(g)	함량(mg/1회 분량)	권장 섭취횟수(회/일)
치즈	20	100.6	8.0
상추	70	66.5	12.0
새우	80	59.2	13.5
대두	20	49	16.3
미역	30	44.7	17.9
두부	80	35.2	22.7
시금치	70	28	28.6

* 19~49세 남자의 권장섭취량 800mg/일을 충족할 수 있는 각 급원식품의 섭취횟수

(2) 인(P)

인은 체내에서 칼슘 다음으로 많은 무기질이다. 인산염은 많은 효소의 보조인자로 작용하며, 세포 내의 산·염기 평형에 관여하고, 골격의 성장, 세포액의 완충작용에도 관여한다.

체내에 존재하는 인의 85%가 칼슘과 결합한 '인산칼슘'의 형태로 골격과 치아조직에 함유되어 있다. 신체에 함유된 나머지 15%의 인은 뼈와 치아를 제외한 거의 모든 세포에 골고루 분포되어 있으며, 그곳에서 고에너지 인산결합 내에 에너지를 보유하고 있다가 필요 시 사용한다.

칼슘이 골격과 치아에 축적되어 견고한 조직을 만들기 위해서는 식사 및 체내에서 칼슘과 인의 비율이 균형 있게 섭취되어야 한다. 칼슘에 비해 인의 섭취량이 지나치게 증가하게 되면 골격형성이 잘 이루어지지 않고 오히려 용출이 되어 골격이 약해질 우려가 있다.

한국인의 경우 인이 결핍될 염려는 거의 없다. 곡류 및 콩류에는 칼슘에 비해 인의 함량이 매우 높다. 또한 각종 가공식품 및 탄산음료에는 인산염이 식품첨가물의 형태로 널리 사용되고 있어서 인의 과잉섭취가 초래되어 사회적 문제가 되고 있다.

[표 3-46] 인 급원식품의 100g당 함량

급원식품		인 함량(mg/100g)	급원식품		인 함량(mg/100g)
육류	돼지고기, 목살, 생 것	163	우유 및 유제품	우유	83
	돼지고기, 등심, 생 것	225		고칼슘 우유	74
	쇠고기, 등심, 생 것	130		요구르트, 호상	87
	쇠고기, 사태, 생 것	156		오구르트, 액상	28
	닭가슴살, 생 것	203		치즈, 가공	844
	닭고기, 성계, 생 것	110		치즈, 모짜렐라	416
어류	고등어, 생 것	232	곡류	백미, 생 것	87
	꽁치, 생 것	241		현미, 고아미 2호	327
	가자미	196		보리	360
	조기	233		중력밀가루	78
	명태	202	두류	대두, 노란, 마른 것	620
	중멸치, 자건품	1,461		두부	132
	대하	210	채소	배추김치	39
	오징어, 생 것	273	기타	땅콩버터	358
	홍합, 생 것	249		커피믹스 가루	299
	맛살, 생 것	282		커피크리머, 가루	593
난류	달걀	185		콜라	14

[표 3-47] 인 급원식품의 1인 1회 분량에 따른 함량

급원식품	1회 분량(g)	함량(mg/1회 분량)	권장 섭취횟수(회/일)
흰쌀밥	210	183	4
찹쌀	90	136	5
보리	90	324	2
돼지고기	60	98	7

급원식품	1회 분량(g)	함량(mg/1회 분량)	권장 섭취횟수(회/일)
닭고기	60	66	10
쇠고기	60	78	9
오징어	80	219	3
멸치	15	219	3
달걀	60	111	6
우유	200	166	4
요구르트, 호상	100	87	8
치즈, 가공	20	169	4
두부	80	106	7
대두	20	124	6
배추김치	40	16	44

* 19세 이상 성인의 권장섭취량 700mg/일을 충족할 수 있는 각 급원식품의 섭취횟수

(3) 마그네슘(Mg)

마그네슘은 식품의 대사 및 합성에 관계하는 효소의 보조인자로 작용하며, 칼슘과 함께 신경과 근육의 자극 전달에도 관여한다.

마그네슘은 체내에서 많은 화학 반응에 참여한다. 혈압과 혈당 수준 및 정상적인 근육과 신경기능을 조절하는 역할을 하며, 골격 및 면역기능을 유지하는 데에도 필요하다.

마그네슘 섭취가 부족하면 세포외액의 다른 무기질과 불균형을 초래해 신경자극 전달과 근육 수축 이완이 정상적으로 조절되지 않아서 신경이나 근육에 심한 경련(떨림)이 일어나며, 심부전을 일으키기도 한다. 또 허약, 근육통, 발작 등을 수반하기도 한다.

마그네슘은 식물체의 녹색 색소인 클로로필(chlorophyll)의 성분이다. 따라서 마그네슘은 시금치, 녹색 잎채소와 같은 식물성 식품에 들어 있으며, 도정하지 않은 곡류, 콩, 견과류, 종실류에도 들어 있다. 또한 우유, 육류와 같은 동물성 식품에도 마그네슘이 들어 있다.

[표 3-48] 마그네슘 급원식품의 100g당 함량

급원식품	마그네슘 함량(mg/100g)	급원식품	마그네슘 함량(mg/100g)
백미	19.8	고춧잎	72.8
수수(알곡)	117.6	근대	69.8
조(도정곡)	37.7	무	8.7
호밀	126.1	고추(풋고추)	4.0
메밀(생 것)	173.0	양파	12.2
감자	7.0	깻잎(들깻잎)	41.9
대두(마른 것)	280.2	비름	70.2
강낭콩(생 것)	166.9	시금치	53.5
동부(마른 것)	232.9	표고버섯(마른 것)	104.7
팥(마른 것)	149.5	팽이버섯	6.0
땅콩(마른 것)	107.9	사과	1.2
잣(생 것)	228.8	귤(밀감, 조생)	6.1
호두(마른 것)	177.1	멜론	29.9
참깨(마른 것)	373.7	딸기	17.8

[표 3-49] 마그네슘 급원식품의 1인 1회 분량에 따른 함량

급원식품	1회 분량(g)	함량(mg/1회 분량)	권장 섭취횟수(회/일)
백미	90	17.82	19.6
수수(알곡)	90	105.84	3.3
대두(마른 것)	20	56.04	6.2
땅콩(마른 것)	10	10.79	32.4
호두(마른 것)	10	17.71	19.8
비름	70	49.14	7.1
시금치	70	37.45	9.3
딸기	150	26.70	13.1

* 19~29세 남자의 권장섭취량 350mg/일을 충족할 수 있는 각 급원식품의 섭취횟수

(4) 나트륨(Na)

'2015 국민건강영양조사'에 따르면, 우리나라 국민 한 사람당 평균 나트륨 섭취량은 WHO(세계보건기구) 권고기준 및 한국인 영양소 섭취기준의 목표섭취량인 2,000mg에 비해 2배 가까운 수치로 나타났다.

나트륨은 세포외액의 대표적인 양이온으로서 세포 내외의 삼투압 유지에 중요한 인자로 작용하고, 산·알카리 평형을 유지하는 데 관여한다. 나트륨은 칼슘과 함께 신경을 자극하고, 그 충격을 근육에 전달하는 역할을 담당한다.

나트륨은 소금 또는 식탁염인 '염화나트륨(NaCl)'의 구성 성분으로 우리의 식생활에서 음식의 간을 맞추는 데 매우 중요한 역할을 한다. 소금에 들어있는 나트륨의 과잉섭취는 삼투압 현상에 의한 혈류량 증가로 고혈압과 심혈관질환의 발생 위험을 높이고, 체내 칼슘을 배설시켜 골다공증을 유발하며 위암을 촉진하거나 자가면역 질환을 유발할 수 있다. 과다한 나트륨 섭취는 고혈압 발생의 위험을 증가시키는 반면, 칼륨은 혈압을 저하시키는 것으로 알려짐에 따라, 섭취한 나트륨과 칼륨의 비율의 중요함이 지적되고 있다.

육류·달걀·유제품 등 동물성 식품과 곡류 및 콩류 등 식물성 식품은 그 자체에 자연적으로 나트륨을 함유하고 있다. 일반적으로 식물성 식품보다는 동물성 식품 중에 나트륨이 더 많이 함유되어 있다. 한국인의 경우, 소금 이외에도 간장·된장 및 고추장 등 양념의 형태로 조리 시 첨가되는 나트륨이 총 나트륨 섭취량의 상당부분을 차지한다. 각종 가공식품의 제조 시 안정제, 방부제, 팽창제, 베이킹파우더, 중조 및 발색제 등 다양한 형태의 식품첨가제를 사용하고 있는데, 이들 성분 중에 나트륨이 포함되어 있다. 또한 화학조미료인 MSG에도 나트륨이 많이 포함되어 있다. 아동 및 청소년층에서 전통적인 식품보다 식염 함량이 높은 햄버거, 피자, 프라이드 치킨 등의 패스트푸드와 가공식품 및 음료를 선호함으로써 고나트륨 섭취 식습관이 형성된다고 한다.

따라서 나트륨 섭취를 줄이기 위해서는 가공식품보다는 자연 식품을 선택하고, 자연식품 중에서는 나트륨 함량이 높은 육류, 치즈, 생선, 조개류보다 나트륨 함량이 낮은 채소와 과일을 많이 활용하는 것이 좋다. 나트륨 배출을 촉진하는 칼륨이 특히 많이 함유된 고구마, 감자, 바나나, 토마토 등을 이용하는 것도 도움이 된다.

영양표시를 읽고 나트륨 함량이 적은 저염 제품을 선택한다. 식사 시 소금, 간장, 된장, 고추장, 조미료 등으로 간을 하는 국이나 찌개, 면류의 국물을 적게 섭취하고, 김치 대신 생채소를 많이 먹도록 한다. 더불어 소금, 장류의 추가 사용을 줄이고, 나트륨이 많이 함유된 소스와 드레싱 가공품 대신 직접 만들어 먹는 수제 소스와 드레싱을 보급하는 것이 필요하다.

[표 3-50] 나트륨 급원식품의 100g당 함량

급원식품	나트륨 함량(mg/100g)	급원식품	나트륨 함량(mg/100g)
소금(식용)	33,597	돼지가공(햄), 등심	1,080
멸치가공(기타), 젓	11,826	돼지가공(햄), 로스	1,000
새우가공(기타), 추젓	9,138	칼국수, 생면	886
간장, 재래간장	7,157	밀 가공(빵류), 옥수수빵	778
미역, 마른 것	6,100	어묵, 튀긴 것	749
간장, 개량간장	5,858	밀 가공(빵류), 크로와상, 버터	744
된장, 양조된장	4,991	김치, 깍두기	596
된장, 재래된장	3,748	멥쌀 가공(떡류), 송편, 팥	466
쌈장	3,288	멥쌀 가공(떡류), 송편, 검정콩	463
고추장, 재래고추장	3,164	라면, 스프포함, 조리	388
고추장, 개량고추장	2,457	배추김치	232
국수, 건면	2,197	달걀, 생 것	135

[표 3-51] 저염장류를 활용한 저나트륨 한식메뉴의 찌개류 포함 식단(1인분 기준)

음식명	분량(g)	나트륨[1](mg)	음식명	분량(g)	나트륨[1](mg)
배추된장국	210	177	쇠고기미역국	210	227
제육볶음	120	170	동태전	90	131
갈치조림	120	316	잡채	90	165
상추겉절이	40	33	도토리묵무침	90	243
배추김치	60	139	마늘종장아찌	20	79
합계		835			845

1) 화학적 분석치

[표 3-52] 저염장류를 활용한 저나트륨 한식메뉴의 일품요리 식단(1인분 기준)

음식명	분량(g)	나트륨[1](mg)	음식명	분량(g)	나트륨[1](mg)
비빔밥	325	504	국수장국	550	372
오이미역냉국	210	240	육원전	80	117
마른새우볶음	15	110	북어찜	90	253
우엉조림	15	37	배추김치	60	139
합계		891	합계		881

1) 화학적 분석치

[표 3-53] 저염장류를 활용한 저나트륨 한식메뉴의 국 없는 식단(1인분 기준)

음식명	분량(g)	나트륨[1](mg)	음식명	분량(g)	나트륨[1](mg)
닭찜	170	229	조기양념구이	90	212
궁중떡볶이	120	221	쇠고기장조림	90	188
숙주나물	50	132	취나물	60	138
배추김치	60	139	깻잎장아찌	15	153
합계		721	합계		691

1) 화학적 분석치

(5) 칼륨(K)

칼륨은 세포내액에 존재하는 대표적인 양이온으로, 특히 신경과 근육세포에 다량 들어 있다.

나트륨과 마찬가지로 체액의 균형을 유지하는 데 중요한 역할을 한다. 나트륨이 혈압을 올리는 반면, 칼륨은 혈압을 낮춘다. 또한 신경자극전달, 근육수축, 정상적인 신장 기능을 위해서라도 칼륨이 필요하다. 칼륨은 나트륨만큼 체내에 저장되지 않으므로, 칼륨의 배설이 증가하는 심한 구토 및 발한, 설사, 신장질환 시 칼륨 결핍의 위험이 크다.

신선한 채소와 과일은 칼륨의 우수한 급원식품이며, 우유, 도정하지 않은 곡류, 말린 콩 및 육류에도 칼륨이 들어 있다.

[표 3-54] 칼륨 급원식품의 100g당 함량

급원식품	칼륨 함량(mg/100g)	급원식품	칼륨 함량(mg/100g)
김(마른 것)	3,503	돼지고기 등심	304
멸치 말린 것	1,149	토마토	178
고구마	429	우유	155
감자	396	복숭아 백도	133
바나나	335	식빵	108

[표 3-55] 칼륨 급원식품의 1인 1회 분량에 따른 함량

급원식품	1회 분량(g)	함량(mg/1회 분량)	권장 섭취횟수(회/일)
감자	140	555	6
고구마	70	300	12
바나나	100	335	10
우유	200	310	11
돼지고기 등심	60	304	12
멸치 말린 것	15	172	20
복숭아 백도	100	133	26
토마토	70	125	28
식빵	35	38	92
김	2	70	50

* 19~49세 남자의 충분섭취량 3,500mg/일을 충족할 수 있는 각 급원식품의 섭취횟수

(6) 철(Fe)

성인 남자의 체내 철 함량은 약 3~4g으로 이 중 약 70%는 헤모글로빈, 미오글로빈, 효소 등의 성분으로 체조직의 일부를 구성하며, 나머지 30%는 간, 비장 및 골수 등에 저장

되어 있다. 철은 산화·환원 반응에 참여하는 화학적 특성을 가지고 있으므로 이와 관련된 다양한 체내기능을 가지고 있다.

식품 중의 철은 헴철과 비헴철 두 가지 형태로 존재한다. 헤모글로빈과 미오글로빈에서 발견되는 헴철은 식품 중에 존재하는 철의 약 5~10%에 불과하나, 흡수율은 20~30% 정도로 높으며, 식품이나 식사 중의 성분의 영향을 별로 받지 않는다.

한편, 일반적인 식사를 통해 섭취한 철의 대부분을 차지하는 비헴철은 식사 조성의 영향을 많이 받으며 흡수율이 4~10%정도로 매우 낮다.

육류에 들어있는 철 중 헴철 이외의 철과 채소, 곡류 등 식물성 식품 중의 철이 비헴철에 해당한다. 동물성 식품 중의 철이라고 해서 모두 헴철은 아니며, 달걀 또는 우유에 함유된 철은 비헴철이다.

혼합 식사에 함유된 헴철의 함량비율을 10%, 비헴철의 함량비율을 90%로 볼 때, 헴철의 흡수율은 30%, 비헴철의 흡수율은 10%로 적용하면 다음 공식에 따라 총 철 흡수율은 12%가 된다.

총 철 흡수율(%) = [(비헴철의 섭취비율 0.9 × 비헴철 흡수율 0.1) +
(헴철 섭취비율 0.1 × 헴철 흡수율 0.3)] × 100 = 12%

철 결핍은 가장 흔한 영양 결핍 중의 하나로, 영유아, 청소년기 여아, 임산부 및 노인에서 철 결핍성 빈혈의 발생 위험이 높다.

[표 3-56] 철 급원식품의 100g당 함량

급원식품		철 함량(mg/100g)	급원식품		철 함량(mg/100g)
육류	쇠고기(우둔)	5.8	채소류	가죽나물	12.8
	돼지고기(목살)	6.4		고구마줄기	2.3
	닭고기(살코기)	1.1		고춧잎	3.3
어패류·생선류	멸치(건)	15.9		근대	2.5
	꼬막	6.8		깻잎	2.2
	바지락(양식)	13.3		냉이	4.2
	재첩	21.0		쑥	4.3
	굴	3.7		부추	3.4
	홍합	6.1		시금치	2.6
	새우	7.4		무청	11.5
	꽃게	3.0		두릅	2.4
달걀·콩류	달걀	2.9		더덕·도라지	1.5
	검정콩(서리태)	7.8		달래	77.2
	노란콩(대두)	6.5	과일류	살구	0.5
	두부	1.4		키위	1.0
곡류 및 전분류	쌀(백미)	1.3		참외	0.3
	찹쌀	2.2		감(단감)	0.4
	국수(건면)	1.6		포도(거봉)	0.3
	가래떡	1.6	해조류	김(마른 것)	15.3
	찰옥수수	2.2		미역(마른 것)	9.1
	감자	4.2		파래(마른 것)	17.2

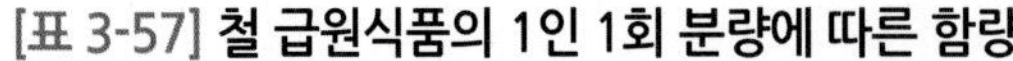

[표 3-57] 철 급원식품의 1인 1회 분량에 따른 함량

급원식품		1회 분량(g)	함량(mg/1회 분량)	권장 섭취횟수(회/일)
육류	쇠고기(우둔)	60	3.5	2.9
	돼지고기(목살)	60	3.8	2.6
	닭고기(살코기)	60	0.7	14.3
어패류 · 생선류	멸치(건)	15	2.4	4.2
	꼬막	80	5.4	1.9
	바지락(양식)	80	10.6	0.9
	재첩	80	18.8	0.6
	굴	80	3.0	3.3
	홍합	80	4.9	2
	새우	80	5.9	1.7
	꽃게	80	2.4	4.2
달걀 · 콩류	달걀	60	1.7	5.9
	검정콩(서리태)	20	1.6	6.3
	노란콩(대두)	20	1.3	7.7
	두부	80	1.1	9.1
곡류 · 전분류	쌀(백미)	90	1.2	8.3
	찹쌀	90	2.0	5
	국수(건면)	90	1.4	7.1
	가래떡	150	2.4	4.2
	찰옥수수	70	1.5	6.7
	감자	140	5.9	1.7
채소류	가죽나물	70	9.0	1.1
	고구마줄기	70	1.6	6.3
	고춧잎	70	2.3	4.3
	근대	70	1.8	5.6
	깻잎	70	1.5	6.7
	냉이	70	2.9	3.4
	쑥	70	3.0	3.3
	부추	70	2.4	4.2
	시금치	70	1.8	5.6
	무청	70	8.1	1.2
	두릅	70	1.7	5.9
	달래	25	19.3	0.5
과일류	살구	100	0.5	20
	키위	100	1.0	10
	참외	150	0.5	20
	감(단감)	100	0.4	25
	포도(거봉)	100	0.3	33.3
해조류	김(마른 것)	2	0.3	33.3
	미역(마른 것)	30	2.7	3.7
	파래(마른 것)	30	5.2	1.9

* 19~29세 남자의 권장섭취량 10mg/일을 충족할 수 있는 각 급원식품의 섭취횟수

(7) 아연(Zn)

아연은 수백 가지 효소 및 단백질의 성분이며, 상처회복 및 미각과 후각을 감지하는 데 필요할 뿐만 아니라 DNA 합성 및 면역기능에도 필요하다.

아연 결핍은 흔하지 않으나, 다양한 생리적 기능들이 제대로 작동하지 못한다. 따라서 성장장애, 상처 치유 저하, 피부염증 유발, 면역기능 저하, 감염질환 치유 저하 등이 나타난다.

아연은 거의 모든 식품에 들어 있다. 굴과 게에 특히 많이 함유되어 있고, 육류와 가금류에도 함유되어 있다. 콩, 견과류, 도정하지 않은 곡류, 영양소 강화 시리얼, 유제품도 아연의 급원식품이다.

[표 3-58] **아연 급원식품의 100g당 함량**

급원식품	아연 함량(mg/100g)	급원식품	아연 함량(mg/100g)
굴	13.2	잣	6.9
오징어	5.4	검정깨	6.2
조개	4.3	김	4.5
쇠고기	4.3	완두콩	4.1
꽃게	3.7	들깨	3.8
삼겹살	2.4	건미역	3.6
꼬막	2.3	호두	3.1
새우	1.8	잡곡(조, 기장, 수수)	2.7
돼지고기	1.8	땅콩	2.3
문어	1.6	옥수수	1.7
닭고기, 오리고기	1.4	고사리	1.4
달걀	1.3	죽순	1.3

(8) 구리(Cu)

구리는 체내에서 철이 헤모글로빈 합성에 이용되는 과정에 관여한다. 따라서 구리가 결핍되면 철이 헤모글로빈 합성에 제대로 이용되지 못하여 빈혈증세가 나타나는데, 이 경우에는 철을 아무리 보충해도 증세가 호전되지 않고, 구리를 같이 보충해야만 증세가 사라진다.

[표 3-59] 구리 급원식품의 100g당 함량

급원식품	구리 함량(mg/100g)	급원식품	구리 함량(mg/100g)
백미	0.46	소간	14.70
조	0.58	새꼬막(생 것, 살무게)	6.30
기장	0.63	꼬막(생 것, 살무게)	5.60
호밀	0.85	느타리버섯	0.10
대두(검정콩)	1.47	표고버섯(마른 것)	0.42
팥(마른 것)	0.78	고춧잎(생 것)	0.17
강낭콩(생 것)	0.87	숙주나물	0.11
녹두	0.99	딸기	0.06
들깨(마른 것)	2.42	바나나	0.06
호두(마른 것)	0.46	초콜릿(밀크)	0.05

[표 3-60] 구리 급원식품의 1인 1회 분량에 따른 함량

급원식품	1회 분량	함량(mg/1회 분량)	권장 섭취횟수(회/일)
백미	90	0.41	1.9
기장	90	0.57	1.4
대두(검정콩)	20	0.29	2.7
호두(마른 것)	10	0.05	17.4
땅콩	10	0.05	15.7
새꼬막	80	5.04	0.2
숙주나물	70	0.11	7.1
초콜릿(밀크)	10	0.05	15.4

* 19세 이상 성인의 권장섭취량 800㎍/일을 충족할 수 있는 각 급원식품의 섭취횟수

(9) 요오드(I)

요오드의 체내 기능은 갑상선호르몬 성분으로 작용하는 것이다. 갑상선호르몬은 성장과 발달, 단백질 합성과 분화 및 에너지 대사에 관계된다. 요오드의 결핍은 풍토성 갑상선종을 발생시키기도 하며, 유아에서 정신박약 증상을 동반하는 크레틴병을 초래하기도 한다.

체내에 존재하는 요오드의 70~80%가 갑상선에서 발견되고 있다. 요오드는 갑상선에서 분비되는 티록신이란 호르몬의 구성 요소이며, 티록신 호르몬은 체내에서 기초대사율을 조절하는 데 관여한다. 요오드가 부족한 경우 티록신의 합성이 잘 이루어지지 않으므로 이 경우 신체는 갑상선 조직을 더욱 확장시키게 되어 갑상선비대증이 나타난다.

자연계에 존재하는 요오드는 주로 바닷물과 토양 중에 다량 함유되어 있으며, 요오드가 풍부한 바다와 토양에서 자란 식물은 그렇지 못한 토양에서 자란 식물에 비해 요오드 함량이 더 높다. 미역·김 등의 해조류에 많이 함유되어 있다.

[표 3-61] 요오드 급원식품의 100g당 함량

급원식품	요오드 함량(㎍/100g)	급원식품	요오드 함량(㎍/100g)
다시마, 마른 것	136,500	돼지고기, 등심	38.6
미역, 마른 것	11,600	쇠고기, 등심, 생 것	41.3
김(참김), 마른 것	3,800	닭고기, 성계	51.3
멸치, 자건품	265.2	달걀, 생 것	25.6
홍합, 생 것	346	호상 요구르트	30.9
고등어, 생 것	86.9	액상 요구르트	26.2
갈치, 생 것	63.2	우유류, 보통우유	23.5
오징어, 생 것	13.9	유제품, 치즈, 가공치즈	5.1
양송이버섯, 생 것	18.0	땅콩	14.0
오이, 개량종, 생 것	2.9	호두	10.4
대두, 검정콩	9.7	초콜릿, 밀크	5.5
딸기, 개량종, 생 것	2.7	차류, 커피, 원두	3.3
메추리알, 생 것	37.6	차류, 코코아	3.1

[표 3-62] 요오드 급원식품의 1인 1회 분량에 따른 함량

급원식품	1회 분량	함량(㎍/1회 분량)	권장 섭취횟수(회/일)
쇠고기	1접시(생 60g)	24.8	6
닭고기	1조각(생 60g)	30.8	5

급원식품	1회 분량	함량(㎍/1회 분량)	권장 섭취횟수(회/일)
돼지고기	1접시(생 60g)	23.2	6
갈치	1토막(생 60g)	37.9	4
고등어	1토막(생 60g)	52.1	3
달걀	1개(60g)	15.4	10
미역	1접시(생 30g)	3,480	상한섭취량 초과
호상 요구르트	1/2컵(100g)	30.9	5
액상 요구르트	3/4컵(150g)	39.3	4
우유	1컵(200g)	47	3

* 19세 이상 성인의 권장섭취량 150㎍/일을 충족할 수 있는 각 급원식품의 섭취횟수

(10) 셀레늄(Se)

인간을 포함한 포유동물에서 셀레늄의 생물학적 기능은 글루타티온 퍼옥시다제의 구성 성분으로 존재하는 것이다. 퍼옥시다제의 주요 기능은 세포막과 DNA를 포함하는 거대분자를 손상시키는 지방의 과산화와 자유기 생성을 막아준다.

체내에서 셀레늄은 셀레노 단백질의 성분이며, 이들은 주로 항산화제로 작용하며 면역 기능 및 갑상선 기능 유지에도 관여한다. 따라서 셀레늄은 무기질 중 대표적인 항산화 영양소로서 비타민 E와 함께 체내에서 지질과산화를 방지하고 세포막을 보호하는 역할을 한다.

셀레늄은 견과류, 생선, 도정하지 않은 곡류 및 육류에 다량 들어 있다.

(11) 기타 미량 무기질

망간(Mn)은 성장, 골격 형성 및 발달, 생식기능, 중추신경계의 기능에 관여하는 영양소로, 지방산과 콜레스테롤의 합성에 관여하는 효소들의 구성 요소 및 촉매역할을 한다.

코발트(Co)는 비타민 B_{12}의 구성 성분으로서 중요한 생물학적 기능을 담당하며, 결핍 시 비타민 B_{12} 결핍과 함께 악성빈혈을 초래한다.

불소(F)는 충치 예방 및 골격 형성에 주요한 역할을 담당한다.

Chapter

04

우리나라의 식생활 동향

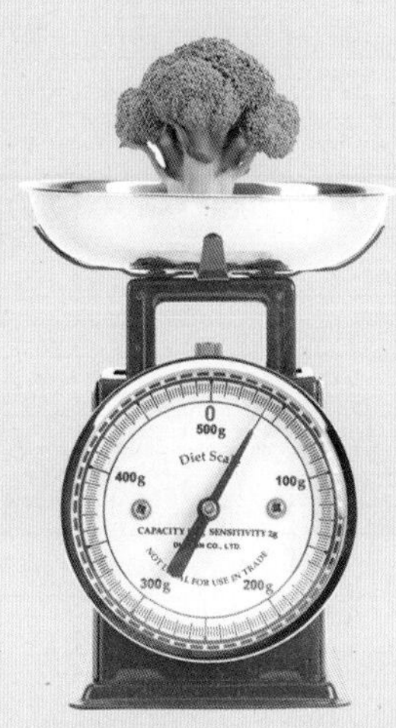

우리나라는 '국민건강증진법' 제16조에 근거, 국민의 건강과 영양 수준을 파악하기 위한 목적으로 1998년부터 국민건강영양조사를 도입하여 2005년까지 3년 주기로 국민건강통계를 실시해오다가 2007년부터는 검진조사, 건강 설문조사, 영양조사를 포함하는 내용으로 매년 시행하고 있다. 이 중 영양조사는 음식 및 식품섭취내용, 식생활행태, 영양지식, 식이보충제, 식품안정성, 수유현황, 이유보충식, 에너지 및 영양소 급원음식 섭취빈도의 8개 영역에 대한 120가지 조사 항목으로 구성되어 있다.

1 식품 섭취

(1) 식품 섭취량의 추이

국민건강영양조사가 실시된 1998년부터 2015년까지 식품 섭취량의 추이를 보면, 우리나라 사람들의 1일 총 식품 섭취량은 1998년 1271.7g에서 2015년 1,610.2g으로 약 340g 증가하였다. 이 중 식물성 식품의 섭취분율은 1998년 80.7%에서 2012년 79.4%로 감소한 반면, 동물성 식품의 섭취분율은 1998년 19.3%에서 2012년 20.6%로 증가하는 경향을 보였다[표 4-1].

[표 4-1] 식품군별 1일 평균 섭취량의 연차적 추이(전체, 만1세 이상, 1998~2015) (단위: g)

구분	연도											
	'98	'01	'05	'07	'08	'09	'10	'11	'12	'13	'14	'15
곡류	336.0	287.5	314.5	290.0	293.6	294.6	315.3	309.8	300.8	299.7	293.9	300.0
감자·전분류	35.2	26.5	20.2	34.3	37.4	37.3	33.7	35.4	32.2	39.4	40.9	37.4
당류	7.3	10.9	7.3	8.1	7.7	7.7	9.7	10.5	10.1	12.4	11.4	12.3
두류	30.5	31.5	38.7	37.7	37.1	35.4	36.2	39.1	36.8	37.0	35.8	34.8
종실류	2.9	2.6	4.2	2.4	2.7	2.7	4.3	4.9	4.6	6.3	7.8	7.6
채소류*	279.6	290.6	326.1	279.9	298.0	291.4	300.9	295.3	293.0	295.9	305.3	296.8
채소류(육수 외)	–	–	–	–	–	–	–	–	–	293.7	301.9	294.2
채소류 육수	–	–	–	–	–	–	–	–	–	2.2	3.3	2.6
버섯류	4.0	4.7	4.3	3.5	4.2	4.2	5.0	5.0	4.7	5.2	6.2	5.8
과일류	197.8	207.2	87.5	177.4	165.7	169.5	193.1	174.3	174.3	172.4	190.6	198.3
해조류*	7.7	9.0	8.5	6.3	5.4	4.8	4.6	3.8	4.9	15.7	24.5	27.5
해조류(육수 외)	–	–	–	–	–	–	–	–	–	4.3	3.4	4.0
해조류 육수	–	–	–	–	–	–	–	–	–	11.4	21.1	23.5

구분	연도											
	'98	'01	'05	'07	'08	'09	'10	'11	'12	'13	'14	'15
음료류	45.5	59.5	61.4	61.6	67.9	83.4	113.2	115.3	126.9	159.1	167.3	179.8
주류	46.5	51.5	80.4	97.4	97.8	104.7	140.0	122.9	109.7	129.5	123.4	124.7
양념류	25.4	31.1	37.4	32.5	35.4	36.4	34.3	34.2	34.4	35.5	37.1	39.0
유지류(식물성)	5.5	9.7	7.5	7.2	7.7	7.4	8.3	8.4	7.8	–	–	–
기타(식물성)	3.1	5.1	0.0	0.5	0.3	0.5	2.4	3.0	2.8	–	–	–
식물성 식품 계	1,027.1	1,027.5	997.9	1,038.9	1,060.9	1,080.2	1,200.9	1,161.8	1,143.1	–	–	–
육류*	67.8	91.4	89.8	88.6	83.7	86.1	105.0	105.4	110.1	107.8	107.7	109.6
육류(육수 외)	–	–	–	–	–	–	–	–	–	99.5	100.9	102.4
육류 육수	–	–	–	–	–	–	–	–	–	8.3	6.8	7.2
난류	22.4	21.1	25.8	21.9	23.2	24.9	26.4	25.9	24.8	27.5	27.2	28.9
어패류*	65.4	63.6	67.7	52.7	52.7	50.4	56.3	55.5	49.2	78.0	92.9	96.3
어패류(육수 외)	–	–	–	–	–	–	–	–	–	47.7	49.3	52.3
어패류 육수	–	–	–	–	–	–	–	–	–	30.3	43.6	44.0
우유류	86.9	84.6	90.5	90.6	98.1	101.2	116.4	108.8	107.9	111.4	101.2	101.6
유지류(동물성)	2.0	0.1	1.6	0.2	0.2	0.2	0.2	0.2	0.2	–	–	–
기타(동물성)	0.1	0.2	0.3	0.0	0.0	0.0	0.1	0.2	0.1	–	–	–
동물성 식품 계	244.6	261.0	275.7	254.0	257.9	263.0	304.4	296.0	292.4	–	–	–
유지류**	–	–	–	–	–	–	–	–	–	8.5	8.6	8.8
기타**	–	–	–	–	–	–	–	–	–	0.6	1.5	0.9
총계	1,271.7	1,288.5	1,273.6	1,292.9	1,318.8	1,343.2	1,505.3	1,457.8	1,435.5	1,542.1	1,583.4	1,610.2
식물성식품 섭취분율(%)	80.7	79.6	78.3	80.3	80.3	80.2	79.4	79.3	79.4	–	–	–
동물성식품 섭취분율(%)	19.3	20.4	21.7	19.7	19.7	19.8	20.6	20.7	20.6	–	–	–

* 2013년부터 채소류 등에 육수 식품이 다수 포함됨에 따라 이전 결과와의 비교를 위해 해당 식품군의 육수 외, 육수 섭취량을 추가로 산출
** 국민영양조사 제6기 보고서부터 유지류와 기타는 식물성, 동물성을 구분하지 않고 합산하여 제시됨.

식품군별 섭취량의 추이를 보면, 곡류를 제외한 모든 식품군의 섭취량이 증가하였는데, 식물성 식품 중에서는 곡류 섭취량이 1998년 336.0g에서 2015년 300.0g으로 36.0g 감소한 반면, 해조류 섭취량은 1998년 7.7g에서 2015년 27.5g으로 크게 증가하였다. 또한, 액상 식품류의 섭취량 증가폭이 매우 큰데, 음료류는 1998년 45.5g이던 것이 2015년에는 179.8g으로 134.3g이나 증가하여 섭취량이 약 4배가 되었으며, 주류도 1998년 46.5g에서 2015년 124.7g으로 78.2g 증가함으로써 섭취량이 2.7배 정도가 되었다. 이와 함께 당류의 섭취량도 1998년 7.3g에서 2015년 12.3g으로 증가하였으므로 음료류와 당류를 통해 공급되는 유리당과 에너지에 대한 주의가 필요하다. 한편, 종실류 섭취량도

계속 증가하여 1998년 2.9g에서 2015년에는 2.6배가량 증가한 7.6g으로 조사되었다. 동물성 식품 중에서는 육류와 우유류의 섭취량이 지속적으로 높은 편이었으며, 특히 육류 섭취량은 1998년 67.8g에서 2015년 109.6g으로 41g 이상 증가하였고, 우유류 섭취량은 86.9g에서 101.6g으로 14g 이상 증가하였다.

성별로는 남자의 총 식품 섭취량이 1998년 1387.3g에서 2015년 1,827.0g으로 439.3g 증가하였으며, 여자의 섭취량은 1998년 1161.4g에서 2015년 1,393.7g으로 232.3g 증가함으로써 여자보다 남자의 식품 섭취량 증가폭이 큰 것으로 나타났다. 특히, 남자의 경우 주류 섭취량이 1998년 77.9g에서 2015년 197.1g으로 약 2.5배가 되었으며, 여자에서는 음료류 섭취량이 1998년 42.2g에서 2015년 150.0g으로 약 3.6배가 됨으로써 이들 식품군의 절대 섭취량 뿐 아니라 증가폭 또한 매우 컸다**[그림 4-1, 4-2]**.

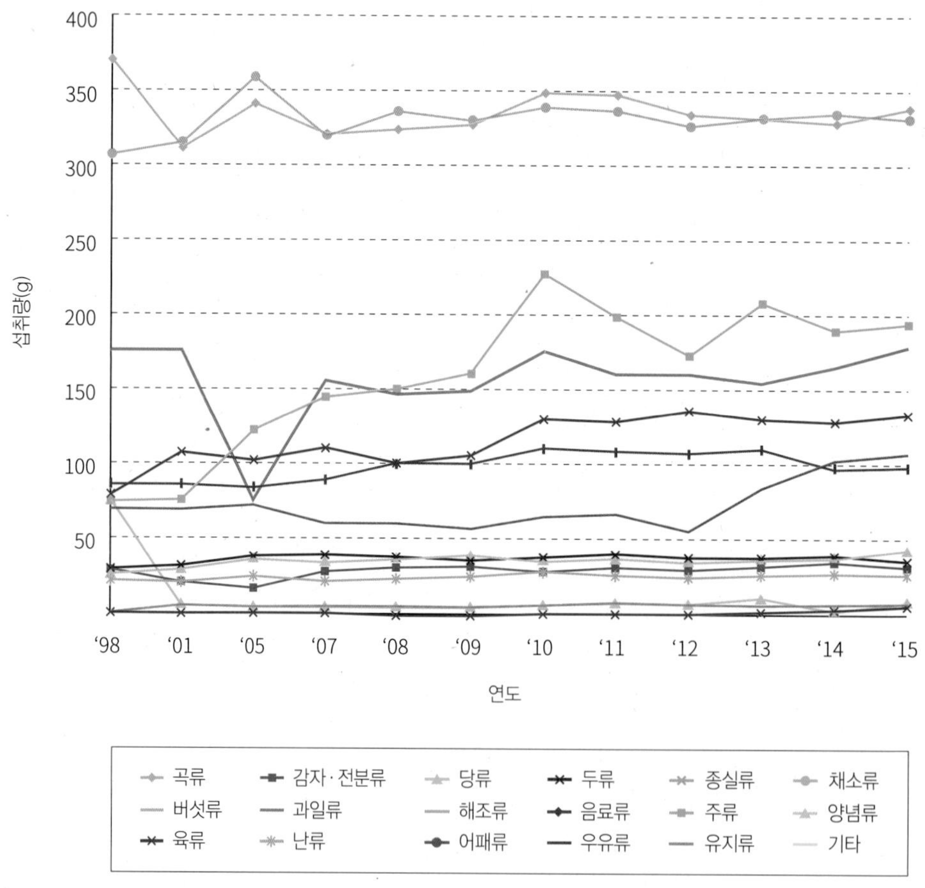

[그림 4-1] 식품군별 1일 평균 섭취량의 연차적 추이(남자, 만 1세 이상, 1998~2015) (단위: g)

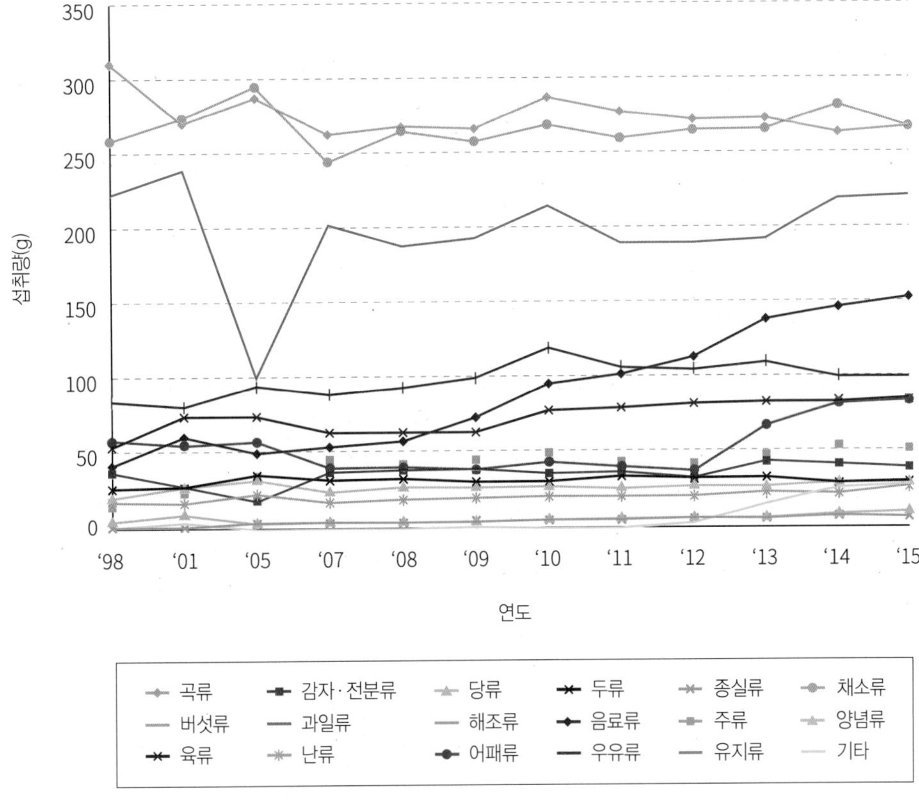

[그림 4-2] 식품군별 1일 평균 섭취량의 연차적 추이(여자, 만 1세 이상, 1998~2015) (단위: g)

(2) 식품군별 섭취량

국민건강영양조사 제6기의 결과에 따르면, 식품군 중 채소류, 해조류, 육류, 어패류에는 육수 식품이 다수 포함되어 있고 육수 섭취 여부에 따라 식품 섭취량에 큰 차이가 있으므로 2013년부터 이들 식품군의 육수 섭취량과 육수 외 섭취량을 분리하여 따로 산출하고 있다. 또한, 유지류와 기타 식품군에 대해서는 식물성과 동물성을 구분하지 않고 합산하여 섭취량이 제시되었다. 2015년 식품군별 섭취량을 보면, 식물성 식품인 곡류, 채소류(육수 외), 과일류 섭취량이 각각 300.0g, 294.2g, 198.3g으로 상대적으로 높았다. 동물성 식품 중에서는 육류(육수 외) 섭취량이 102.4g으로 가장 높았으며 다음이 우유류 101.6g, 어패류(육수 외) 52.3g의 순이었다**[표 4-1]**.

성별로 보면, 2015년 남자의 1일 총 식품 섭취량이 1827.0g으로 여자의 1393.7g보다 433.3g 더 많았으며, 감자·전분류, 종실류, 버섯류, 과일류, 해조류를 제외한 대부분의 식품군 섭취량이 여자보다 남자에서 더 높았다. 특히, 주류 섭취량은 남자가 197.1g, 여자가 52.3g으로 남자 섭취량이 여자 섭취량의 약 3.8배 수준이었고, 음료류 섭취량은 남자 209.6g, 여자 150.0g으로 남자가 여자의 약 1.4배 정도였다. 육류 섭취량 또한 남자 136.4g, 여자 82.9g으로 남자가 여자보다 약 1.6배 높았다. 반면, 과일류와 해조류 섭취량은 여자에서 각각 216.0g, 28.3g으로, 남자의 180.7g, 26.7g보다 약 1.2배, 1.1배 더 많이 섭취한 것으로 나타났다[그림 4-3].

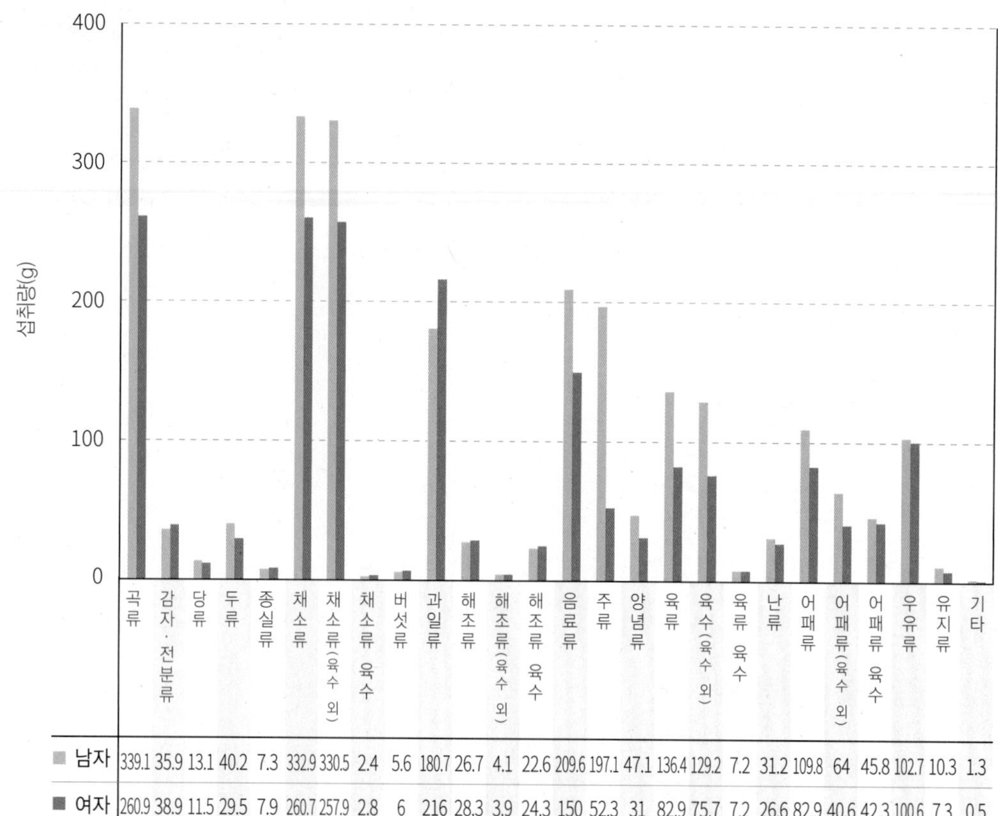

	곡류	감자·전분류	당류	두류	종실류	채소류	채소류(육수 외)	채소류 육수	버섯류	과일류	해조류	해조류(육수 외)	해조류 육수
남자	339.1	35.9	13.1	40.2	7.3	332.9	330.5	2.4	5.6	180.7	26.7	4.1	22.6
여자	260.9	38.9	11.5	29.5	7.9	260.7	257.9	2.8	6	216	28.3	3.9	24.3

	음료류	주류	양념류	육류	육수(육수 외)	육류 육수	난류	어패류	어패류(육수 외)	어패류 육수	우유류	유지류	기타
남자	209.6	197.1	47.1	136.4	129.2	7.2	31.2	109.8	64	45.8	102.7	10.3	1.3
여자	150	52.3	31	82.9	75.7	7.2	26.6	82.9	40.6	42.3	100.6	7.3	0.5

[그림 4-3] **식품군별 1일 평균 섭취량**(성별, 만 1세 이상, 2015) (단위: g)

연령별로는, 12~18세에서 곡류 섭취량이 333.2g으로 가장 높았고, 당류 섭취량은 16.3g으로 19~29세 다음으로 높았다. 19~29세는 당류, 음료류, 육류 섭취량이 각각 16.9g, 324.4g, 169.0g으로 전 연령대 중 가장 높았다. 한편, 30~49세는 감자·전분류, 버섯류, 난류의 섭취량과 함께 주류, 양념류, 유지류의 섭취량이 가장 높게 나타났다. 50~64세는 두류, 종실류, 채소류, 과일류, 해조류, 어패류의 섭취량이 가장 높았는데,

특히 종실류와 과일류의 섭취량이 각각 13.7g, 258.2g으로 만 1세 이상 평균 섭취량인 7.6g, 198.3g에 비해 매우 높았다. 우유류는 1~2세의 섭취량이 251.3g으로 가장 높았으며, 연령이 증가할수록 적게 섭취하는 것으로 조사되었다. 한편, 65세 이상의 연령에서는 대부분의 식품군 섭취량이 감소하는 경향이 있었으며, 특히 우유류와 난류의 섭취량은 각각 49.7g, 14.1g으로 전 연령대 중 가장 낮았다[그림 4-4].

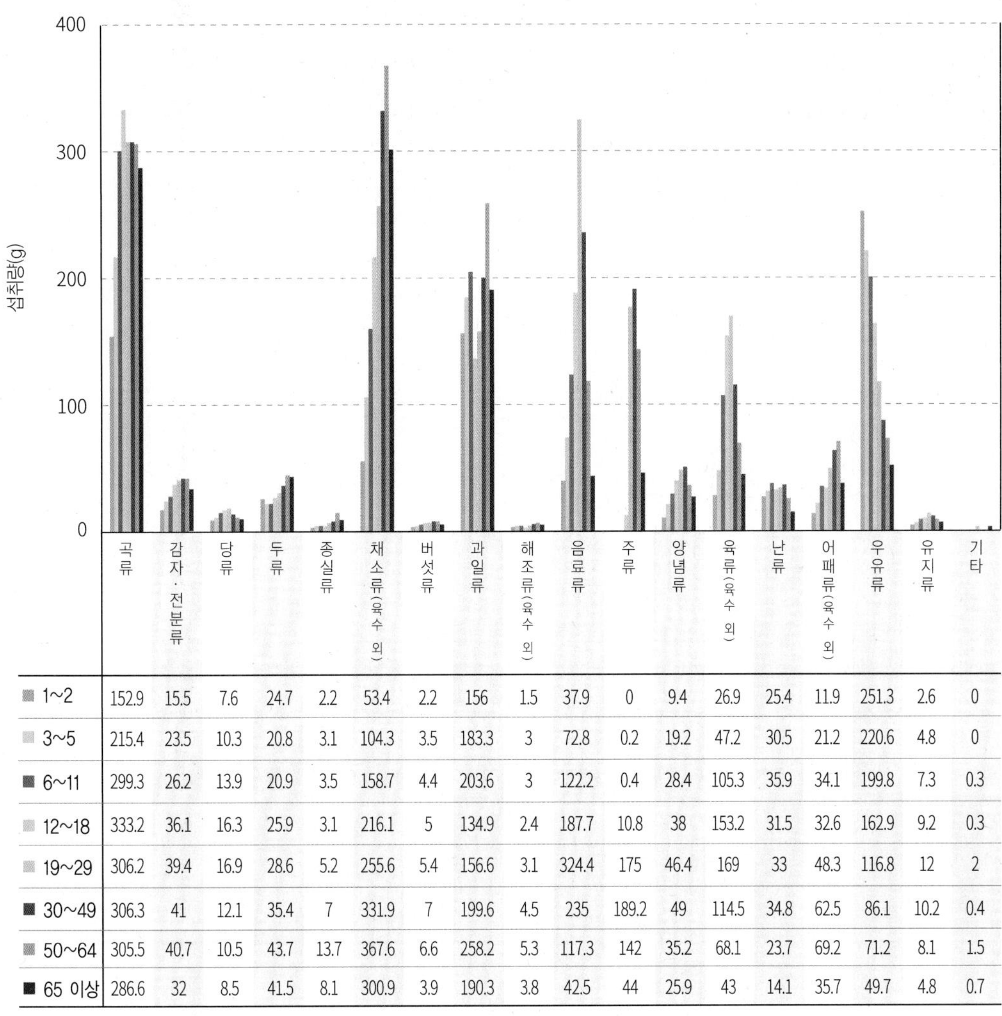

	곡류	감자·전분류	당류	두류	종실류	채소류(육수 외)	버섯류	과일류	해조류(육수 외)	음료류	주류	양념류	육류(육수 외)	난류	어패류(육수 외)	우유류	유지류	기타
1~2	152.9	15.5	7.6	24.7	2.2	53.4	2.2	156	1.5	37.9	0	9.4	26.9	25.4	11.9	251.3	2.6	0
3~5	215.4	23.5	10.3	20.8	3.1	104.3	3.5	183.3	3	72.8	0.2	19.2	47.2	30.5	21.2	220.6	4.8	0
6~11	299.3	26.2	13.9	20.9	3.5	158.7	4.4	203.6	3	122.2	0.4	28.4	105.3	35.9	34.1	199.8	7.3	0.3
12~18	333.2	36.1	16.3	25.9	3.1	216.1	5	134.9	2.4	187.7	10.8	38	153.2	31.5	32.6	162.9	9.2	0.3
19~29	306.2	39.4	16.9	28.6	5.2	255.6	5.4	156.6	3.1	324.4	175	46.4	169	33	48.3	116.8	12	2
30~49	306.3	41	12.1	35.4	7	331.9	7	199.6	4.5	235	189.2	49	114.5	34.8	62.5	86.1	10.2	0.4
50~64	305.5	40.7	10.5	43.7	13.7	367.6	6.6	258.2	5.3	117.3	142	35.2	68.1	23.7	69.2	71.2	8.1	1.5
65 이상	286.6	32	8.5	41.5	8.1	300.9	3.9	190.3	3.8	42.5	44	25.9	43	14.1	35.7	49.7	4.8	0.7

[그림 4-4] 식품군별 1일 평균 섭취량(연령별, 만 1세 이상, 2015) (단위: g)

거주지역에 따라서는 동 거주자가 읍면 거주자보다 곡류, 감자·전분류, 두류, 채소류(육수외), 버섯류, 해조류를 제외한 모든 식품군의 섭취량이 높았고, 특히 음료류와 과일류는 각각 35.4g, 25.0g이나 더 많이 섭취하고 있었다**[그림 4-5]**.

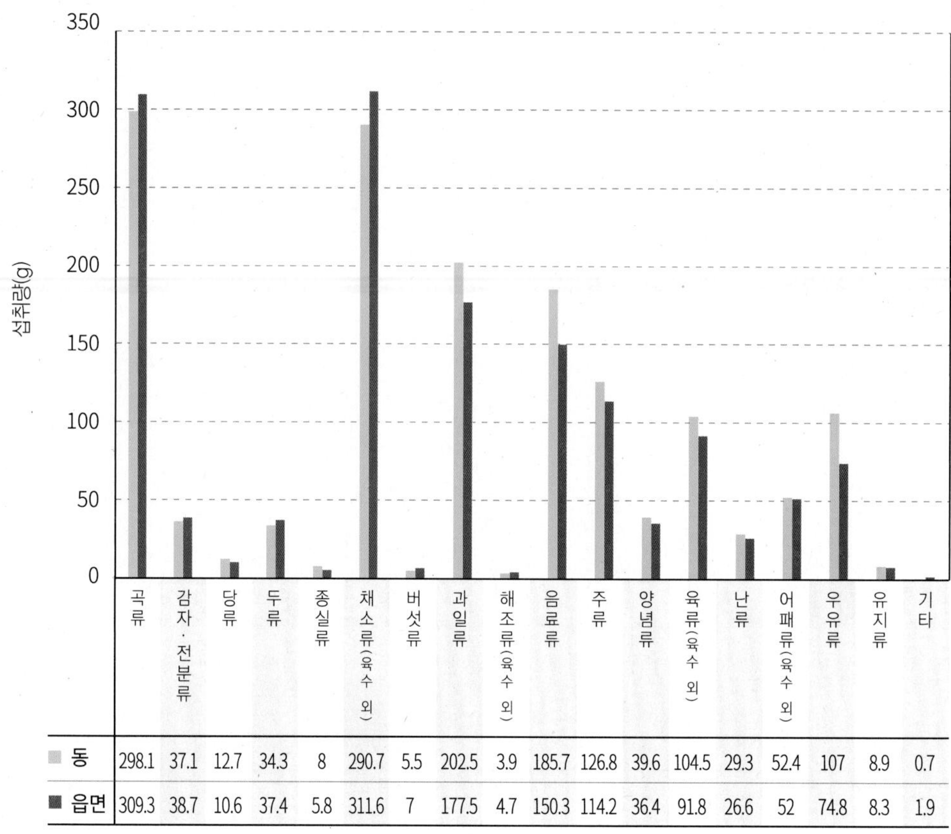

	곡류	감자·전분류	당류	두류	종실류	채소류(육수 외)	버섯류	과일류	해조류(육수 외)	음료류	주류	양념류	육류(육수 외)	난류	어패류(육수 외)	우유류	유지류	기타
동	298.1	37.1	12.7	34.3	8	290.7	5.5	202.5	3.9	185.7	126.8	39.6	104.5	29.3	52.4	107	8.9	0.7
읍면	309.3	38.7	10.6	37.4	5.8	311.6	7	177.5	4.7	150.3	114.2	36.4	91.8	26.6	52	74.8	8.3	1.9

[그림 4-5] 식품군별 1일 평균 섭취량(거주 지역별, 만 1세 이상, 2015) (단위: g)

또한, 소득수준이 높을수록 대부분의 식품군에서 섭취량이 높게 나타났는데, 특히 과일류, 우유류, 육류(육수 외)는 소득수준이 낮은 군에 비해 높은 군에서 각각 83.3g, 24.1g, 18.4g 더 많이 섭취하고 있었으며, 액상식품인 음료류와 종실류는 각각 31.5g, 4.2g 더 섭취하는 것으로 조사되었다. 소득수준이 가장 낮은 군과 높은 군 사이에 섭취량 차이가 큰 식품군은 종실류 1.7배, 어패류(육수 외) 1.6배, 과일류 1.5배, 유지류와 두류, 우유류 1.3배의 순이었다[그림 4-6].

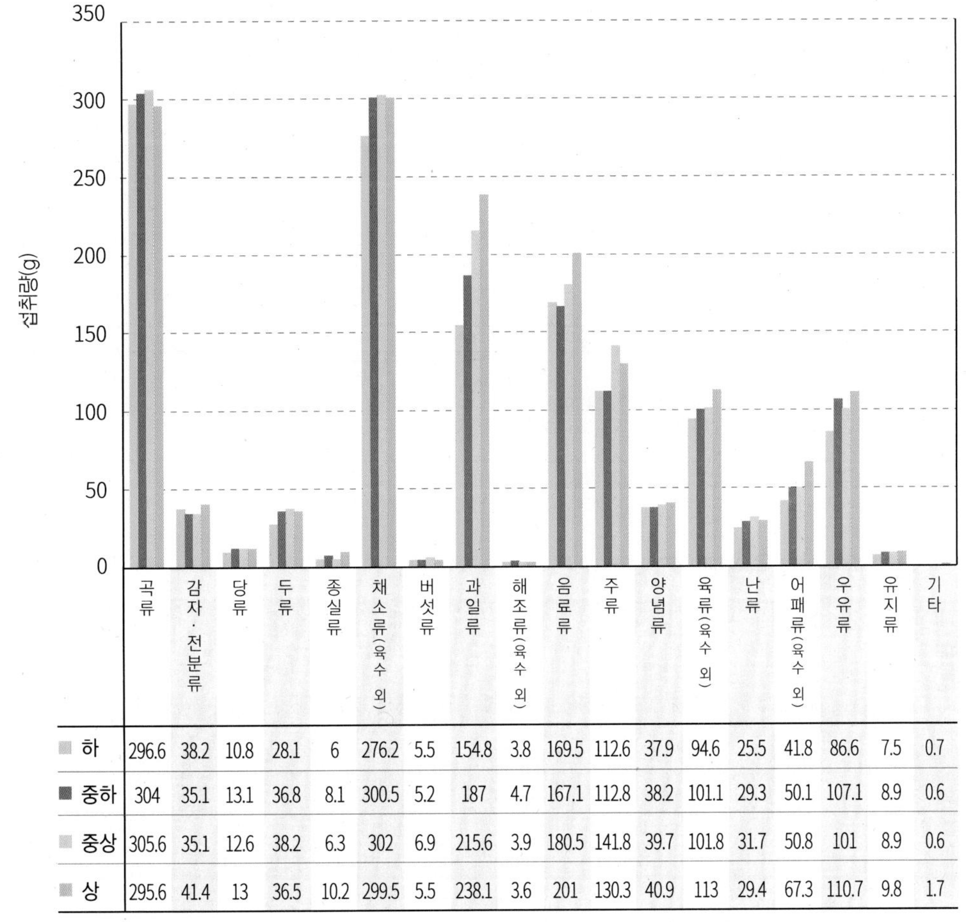

	곡류	감자·전분류	당류	두류	종실류	채소류(육수 외)	버섯류	과일류	해조류(육수 외)	음료류	주류	양념류	육류(육수 외)	난류	어패류(육수 외)	우유류	유지류	기타
하	296.6	38.2	10.8	28.1	6	276.2	5.5	154.8	3.8	169.5	112.6	37.9	94.6	25.5	41.8	86.6	7.5	0.7
중하	304	35.1	13.1	36.8	8.1	300.5	5.2	187	4.7	167.1	112.8	38.2	101.1	29.3	50.1	107.1	8.9	0.6
중상	305.6	35.1	12.6	38.2	6.3	302	6.9	215.6	3.9	180.5	141.8	39.7	101.8	31.7	50.8	101	8.9	0.6
상	295.6	41.4	13	36.5	10.2	299.5	5.5	238.1	3.6	201	130.3	40.9	113	29.4	67.3	110.7	9.8	1.7

[그림 4-6] 식품군별 1일 평균 섭취량(소득수준별, 만 1세 이상, 2015) (단위: g)

(3) 다소비식품

2015년 우리나라 사람들의 다소비식품 1위는 섭취량이 154.5g인 백미였으며, 다음이 배추김치 66.5g, 맥주 66.5g, 우유 66.4g, 사과 53.9g, 돼지고기 40.7g, 소주 37.8g의 순이었다. 다소비식품의 순위는 대체로 전년도와 유사하였으나, 전년도에 비해 콜라(10위→8위), 귤(19위→13위), 떡(25위→21위), 포도(26위→20위)의 순위가 상승하였고, 양파(8위→20위), 빵(15위→19위), 토마토(20위→24위), 고구마(21위→30위)의 순위는 하락하였다. 또, 배(27위)와 파(30위)가 순위 안에서 사라진 대신 과일음료(25위), 라면(29위)은 다소비식품 30위 안에 새롭게 진입하였다.

성별로는 남녀 모두 백미를 가장 많이 섭취하고 있었으며, 남자에서는 맥주와 소주 섭취량이 각각 100.1g, 64.4g으로 다소비 식품 2위와 5위를 차지하여 주류 섭취량이 높은 것으로 조사되었다. 여자의 경우는 우유 섭취량이 64.1g으로 2위, 맥주 섭취량이 32.9g으로 5위에 포함되었고, 떡, 토마토의 순위가 각각 12위, 16위로 남자에 비해 상대적으로 높았다. 또한, 남자의 다소비식품 순위 30위 안에 들어있지 않은 고구마, 복숭아, 배, 참외 등이 포함되어 있으며, 사과, 귤, 감, 포도의 순위가 각각 3위, 7위, 9위, 14위로 남자에 비해 높아 여자가 남자보다 다양한 종류의 과일을 더 많이 섭취하는 것으로 나타났다[표 4-2].

[표 4-2] 다소비식품*과 섭취량(전체, 만 1세 이상, 2013~2015)

순위	2013		2014		2015					
	전체		전체		전체		남자		여자	
	식품명	섭취량(g)	식품명	섭취량(g)	식품명	섭취량(g)	식품명	섭취량(g)	식품명	섭취량(g)
1	백미	158.6	백미	151.7	백미	154.5	백미	182.2	백미	126.9
2	우유	77.1	우유	66.7	김치, 배추김치	66.5	맥주	100.1	우유	64.1
3	김치, 배추김치	65.1	김치, 배추김치	62.5	맥주	66.5	김치, 배추김치	82.5	사과	61.1
4	맥주	62.6	맥주	61.4	우유	66.4	우유	68.6	김치, 배추김치	50.5
5	사과	43.4	사과	54.0	사과	53.9	소주	64.4	맥주	32.9
6	돼지고기	43.0	돼지고기	41.0	돼지고기	40.7	돼지고기	51.2	돼지고기	30.2
7	소주	40.3	소주	40.3	소주	37.8	콜라	47.2	귤	27.4

순위	2013		2014		2015					
	전체		전체		전체		남자		여자	
	식품명	섭취량(g)	식품명	섭취량(g)	식품명	섭취량(g)	식품명	섭취량(g)	식품명	섭취량(g)
8	무	30.4	양파	28.5	콜라	33.5	사과	46.6	달걀	27.4
9	달걀	28.9	닭고기	28.5	달걀	30.0	닭고기	39.0	감	24.2
10	고추	27.2	콜라	28.5	닭고기	28.8	고추	33.5	고추	22.6
11	닭고기	25.7	달걀	28.0	고추	28.1	달걀	32.6	양파	21.9
12	귤	25.6	고추	27.4	양파	26.8	양파	31.8	떡	21.8
13	콜라	25.2	무	25.0	귤	24.7	막걸리	29.0	무	21.0
14	양파	25.1	쇠고기	21.5	무	24.2	무	27.3	포도	20.5
15	막걸리	23.9	빵	21.4	감자	21.5	감자	25.3	콜라	19.7
16	녹차	23.0	두부	21.1	쇠고기	21.2	두부	24.8	토마토	19.5
17	멸치육수	22.2	감자	20.7	두부	20.4	쇠고기	24.6	고구마	18.8
18	쇠고기	21.0	감	20.5	감	20.1	수박	22.4	닭고기	18.7
19	두부	20.7	귤	20.1	빵	20.1	귤	22.0	빵	18.5
20	감자	20.7	토마토	18.3	포도	19.8	빵	21.6	쇠고기	17.8
21	토마토	19.5	고구마	17.7	떡	19.5	라면	19.9	감자	17.7
22	빵	18.9	막걸리	17.7	수박	18.6	과일음료	19.7	요구르트, 호상	16.6
23	수박	18.8	수박	16.6	막걸리	17.6	포도	19.1	두부	16.0
24	과일음료	18.2	오이	16.4	토마토	17.4	사이다	18.3	오이	15.6
25	오이	16.8	떡	15.4	과일음료	16.6	떡	17.3	수박	14.7
26	떡	16.1	포도	15.1	오이	16.4	오이	17.2	과일음료	13.5
27	고구마	15.8	배	14.9	요구르트, 호상	16.2	감	16.1	복숭아	13.4
28	감	14.5	요구르트, 호상	13.6	사이다	15.5	요구르트, 호상	15.9	배	12.9
29	참외	14.4	사이다	13.1	라면	14.9	토마토	15.3	사이다	12.7
30	라면	14.0	파	12.9	고구마	14.7	파	14.4	참외	12.1

* 다소비식품: 중량을 기준으로 1일 평균 섭취량이 높은 식품

2 에너지 및 영양소 섭취

(1) 에너지 및 영양소별 1일 섭취량의 추이

1998년부터 2015년까지 우리나라 사람들의 에너지 섭취량 변화는 크지 않으나 전체적으로 약간 상승하는 경향을 보이고 있다. 이를 에너지 공급원 별로 보면, 탄수화물의 섭취량이 1998년 314.1g에서 2015년 312.1g으로 감소함에 따라 에너지 섭취분율이 66.8%에서 64.7%로 감소한 반면, 지방의 섭취량은 1998년 40.8g에서 2015년 48.9g으로 증가함으로써 에너지 섭취분율이 18.2%에서 20.9%로 상승한 것을 알 수 있다 [그림 4-7].

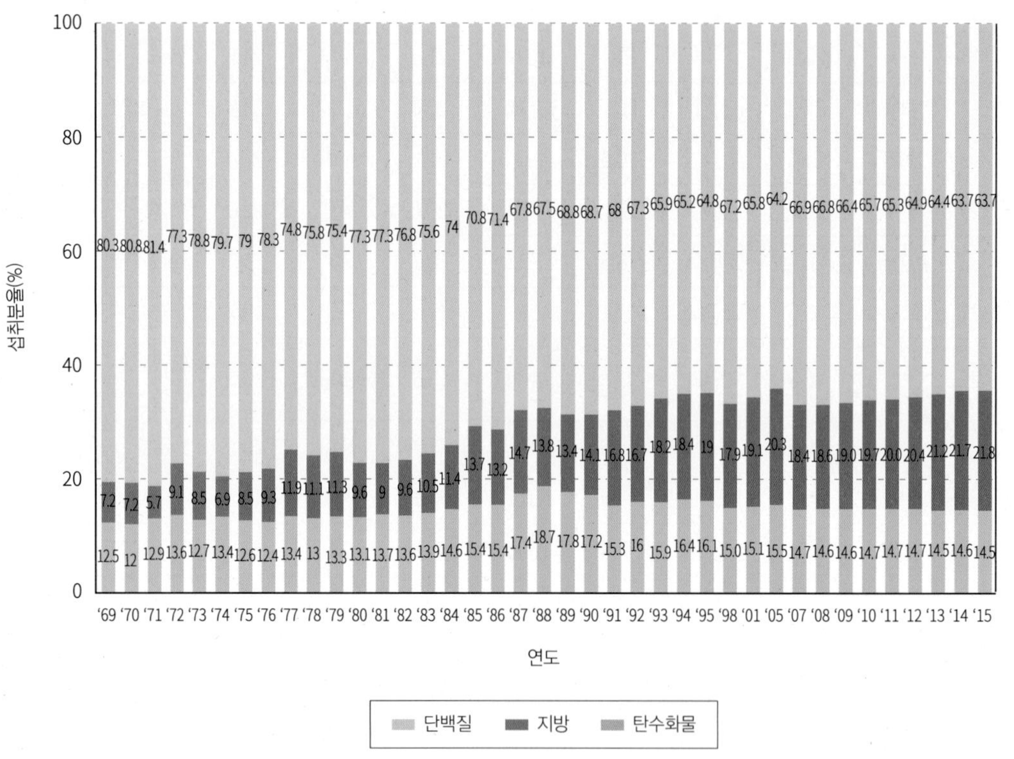

[그림 4-7] 영양소별 에너지 섭취분율의 연차적 추이(전체, 만 1세 이상, 1969~2015) (단위: %)

※ 단백질급원 에너지 섭취분율: {(단백질 섭취량)×4}의 {(단백질 섭취량)×4+(지방 섭취량)×9+(탄수화물 섭취량)×4}에 대한 분율

※ 지방 및 탄수화물급원 에너지섭취분율: 단백질급원 에너지 섭취분율과 같은 정의에 의해 산출

※ 1969~1995년, 원시자료 확보가 불가하여 각 영양소 섭취량의 평균값을 이용하여 계산: 1998~2014년, 2005년 추계인구로 연령표준화

총 식품 섭취량의 증가에 따라 칼륨, 철을 비롯하여 각종 비타민의 섭취량 또한 증가하였으나 무기질 중 칼슘은 1998년에 비해 2015년 섭취량이 오히려 감소함으로써 지속적인 섭취량 부족이 큰 문제가 되고 있다. 반면, 과다 섭취가 문제되었던 나트륨은 1998년 4516.9mg을 섭취하였으나 지속적인 섭취 줄이기 운동의 결과 2015년에는 섭취량이 3889.6mg으로 크게 감소하였다. 또한, 칼륨과 철의 2015년 섭취량은 각각 2973.5mg, 16.9mg으로 1998년의 2,500.4mg, 12.3mg에 비해 약 1.2배, 1.4배 증가하였다.

이와 함께 비타민 A, 티아민, 리보플라빈, 니아신 등 대부분의 비타민 섭취량도 증가하였는데, 특히 비타민 A는 1998년 606.8μg RE에서 2015년 720.1μg RE로 섭취량이 110μg RE 이상 크게 증가하였다. 반면, 비타민 C는 1998년 122.7mg을 섭취하였으나 2015년에는 섭취량이 97.2mg으로 오히려 감소하였다**[표 4-3]**.

[표 4-3] 에너지 및 영양소별 1일 평균 섭취량의 연차적 추이(전체, 만 1세 이상, 1998~2015)

구분	연도											
	'98	'01	'05	'07	'08	'09	'10	'11	'12	'13	'14	'15
에너지(kcal)	1,931.1	1,880.8	1,979.1	1,830.8	1,868.4	1,884.6	2,065.8	2,029.9	1,994.2	2,056.2	2,055.0	2,085.6
단백질(g)	72.8	70.1	75.0	65.9	66.7	67.5	74.3	73.5	72.4	71.1	71.6	73.2
지방(g)	40.8	41.6	45.2	37.7	38.9	39.9	45.4	45.0	45.2	46.8	47.8	48.9
탄수화물(g)	314.1	294.5	301.1	293.7	299.1	300.6	323.1	318.4	311.6	310.4	308.5	312.1
식이섬유(g)	–	–	–	–	–	–	–	–	–	22.0	22.9	22.7
칼슘(mg)	501.3	494.6	552.5	468.7	488.2	491.5	525.3	515.2	501.5	494.1	488.7	497.5
인(mg)	1,058.8	1,133.1	1,229.3	1,081.4	1,118.2	1,125.7	1,208.4	1,184.1	1,159.4	1,080.0	1,084.7	1,092.7
나트륨(mg)	4,516.9	4,877.3	5,256.6	4,464.1	4,630.2	4,645.4	4,831.1	4,789.3	4,583.1	3,862.1	3,754.7	3,889.6
칼륨(mg)	2,500.4	2,794.8	2,773.2	2,710.6	2,843.0	2,848.1	2,998.5	2,934.4	2,918.0	2,908.9	2,973.8	2,973.5
철(mg)	12.3	12.1	13.8	13.1	13.4	13.5	14.6	14.6	14.5	17.2	17.3	16.9
비타민 A(μg RE)	606.8	619.4	781.3	736.1	771.4	768.5	800.0	812.5	863.8	707.3	767.2	720.1
티아민(μg)	1,338.0	1,270.8	1,307.9	1,238.8	1,239.7	1,260.1	1,394.0	1,361.2	1,358.9	2,011.5	2,012.9	2,014.6
리보플라빈(μg)	1,085.8	1,145.3	1,212.0	1,069.9	1,157.6	1,189.4	1,292.0	1,278.2	1,281.4	1,363.1	1,387.8	1,404.7
니아신(mg)	15.4	16.6	17.0	14.7	15.1	15.5	17.1	17.0	16.9	15.8	16.4	16.6
비타민 C(mg)	122.7	133.2	99.1	93.2	100.1	100.4	105.1	103.9	105.3	91.4	98.7	97.2

2015년 에너지 및 영양소 섭취량을 성별로 보면, 남자에서 비타민 C를 제외한 대부분의 영양소 섭취량이 여자의 약 1.2배~1.5배 정도로 높았다. 특히 남자의 에너지, 단백질, 지방, 나트륨, 니아신 섭취량은 각각 여자의 1.38배, 1.43배, 1.41배, 1.46배, 1.38배 수준이었으며, 유일하게 비타민 C는 남자의 섭취량의 여자의 0.9배 정도로 낮았다.

연령별로는 19~29세에서 단백질, 지방 섭취량이 가장 높아 에너지 섭취량이 최대였으며, 무기질인 인의 섭취량과 티아민, 리보플라빈, 니아신 등의 비타민류 섭취량도 최대치를 나타냈다. 한편, 탄수화물, 식이섬유, 칼륨, 철, 비타민 A, 비타민 C는 연령이 증가함에 따라 섭취량도 증가하는 경향을 보임으로써 50~64세에서 가장 많이 섭취하고 있었다. 한편, 칼슘은 전 연령에서 섭취량이 많지 않았는데 특히 65세 이상은 섭취량이 400.4mg으로 매우 낮게 나타났다.

거주 지역별로 보면, 읍면 거주자에 비해 동 거주자에서 탄수화물, 식이섬유, 철을 제외한 모든 영양소의 섭취량이 높았다.

또한, 소득수준이 높을수록 에너지와 영양소 섭취량이 높게 나타났는데, 소득수준이 가장 낮은 군과 높은 군 사이에 섭취량 차이가 특히 큰 영양 성분은 칼륨 505.4mg, 나트륨 447.3mg, 인 176.5mg, 비타민 A 102.4μg RE 등이었고, 에너지 섭취량의 차이는 180.3kcal 정도였다**[표 4-4]**.

[표 4-4] 에너지 및 영양소별 1일 평균 섭취량(전체, 만 1세 이상, 2015)

구분	성별			연령별							
	전체	남자	여자	1~2	3~5	6~11	12~18	19~29	30~49	50~64	65이상
에너지(kcal)	2,085.6	2,424.4	1,747.2	1,037.8	1,383.2	1,930.3	2,213.4	2,365.2	2,242.0	2,081.9	1,667.0
단백질(g)	73.2	86.2	60.2	34.7	44.7	67.7	79.5	86.1	79.5	72.4	53.8
지방(g)	48.9	57.3	40.5	26.2	34.2	53.0	62.5	66.3	54.1	41.1	25.2
탄수화물(g)	312.1	348.5	275.7	164.2	221.6	291.3	324.3	320.7	321.9	327.2	293.8
식이섬유(g)	22.7	24.5	20.9	8.3	11.7	16.2	18.1	20.4	24.1	28.1	23.0
칼슘(mg)	497.5	555.5	439.6	411.9	411.2	473.9	490.7	506.1	530.8	527.8	400.4
인(mg)	1,092.7	1,250.9	934.7	640.8	757.2	1,012.5	1,103.4	1,178.8	1,176.6	1,142.1	867.2
나트륨(mg)	3,889.6	4,619.7	3,160.2	1,186.2	1,836.3	2,871.6	3,616.1	4,168.9	4,518.6	4,066.1	3,126.9
칼륨(mg)	2,973.5	3,268.3	2,678.9	1,441.5	1,850.5	2,428.0	2,641.5	2,966.3	3,240.1	3,333.6	2,609.4

구분	성별			연령별						
	전체	남자	여자	1~2	3~5	6~11	12~18	19~29	30~49	50~64	65이상
철(mg)	16.9	19.1	14.7	7.0	9.2	13.2	15.9	17.5	17.9	19.1	15.3
비타민 A(μg RE)	720.1	800.9	639.4	342.1	456.7	757.1	713.4	723.8	757.2	790.1	607.1
티아민(mg)	2.0	2.3	1.7	0.92	1.23	1.73	2.02	2.23	2.19	2.08	1.66
리보플라빈(mg)	1.4	1.6	1.2	0.86	1.03	1.37	1.47	1.59	1.56	1.38	1.00
니아신(mg)	16.6	19.2	13.9	6.4	8.8	13.7	16.3	18.9	18.3	17.4	12.6
비타민 C(mg)	97.2	93.6	100.7	60.0	76.7	72.0	70.5	82.4	100.0	123.5	99.9

구분	거주지역별		소득수준별			
	동	읍면	하	중하	중상	상
에너지(kcal)	2,091.2	2,057.8	1,979.5	2,085.8	2,130.6	2,159.8
단백질(g)	73.6	71.1	67.6	71.9	74.1	79.8
지방(g)	49.7	44.7	44.7	49.2	49.5	52.6
탄수화물(g)	311.4	315.3	302.9	312.2	318.3	316.4
식이섬유(g)	22.7	23.0	21.0	22.8	23.3	24.1
칼슘(mg)	500.6	482.1	453.6	503.3	503.0	534.2
인(mg)	1,099.1	1,060.5	1,003.5	1,088.7	1,106.8	1,180.0
나트륨(mg)	3,896.6	3,854.8	3,662.8	3,892.2	3,930.5	4,110.1
칼륨(mg)	2,979.8	2,941.7	2,703.7	2,943.0	3,059.7	3,209.1
철(mg)	16.9	17.1	15.7	16.9	17.3	18.0
비타민 A(μg RE)	724.9	696.0	650.6	762.8	722.6	753.0
티아민(mg)	2.02	1.98	1.90	2.04	2.04	2.10
리보플라빈(mg)	1.42	1.32	1.26	1.42	1.44	1.51
니아신(mg)	16.7	16.1	15.1	16.3	16.8	18.3
비타민 C(mg)	98.4	91.2	83.9	96.3	103.4	105.9

(2) 영양섭취기준에 대한 섭취비율

2005년부터 2015년까지 한국인 영양소 섭취기준(2010 한국인 영양섭취기준, 한국영양학회)에 대한 각 영양소의 섭취비율 추이를 보면, 에너지 섭취비율은 약간 상승하는 경향을 보이고 있으며, 단백질은 크게 변화가 없으나 영양소 섭취기준에 대한 섭취비율이 140~160% 정도로 지속적으로 약간 높은 편이었다. 또한, 칼륨, 철, 티아민, 리보플라빈의 섭취비율은 증가한 반면, 칼슘, 인, 나트륨의 섭취비율은 점차 감소하는 경향을 보이고 있다.

2015년 각 영양소의 영양소 섭취기준에 대한 섭취비율은 전년도와 비교하여 대체로 비슷한 수준이었으나 철, 비타민 A, 티아민, 비타민 C를 제외한 나머지 영양소들의 섭취비율이 약간 증가하였고, 칼륨은 전년도와 같았다. 각 영양소의 권장섭취량 대비 섭취비율은 단백질 157.6%, 인 154.0%, 나트륨 277.4%, 철 168.2%, 티아민 183.2% 등이 높은 편이었고, 칼슘은 69.7%로 가장 낮았다[그림 4-8].

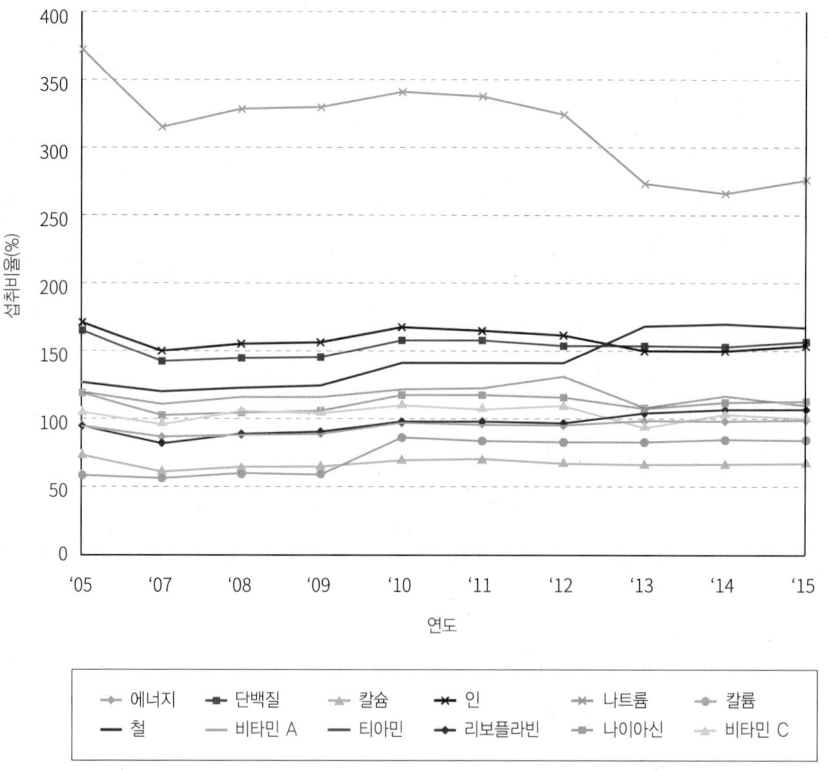

[그림 4-8] 영양소별 영양섭취기준*에 대한 섭취비율의 연차적 추이(전체, 만 1세 이상, 2005~2015) (단위: %)

* 영양섭취기준 –제1기(1998): 한국인 영양권장량 제6차 개정(한국영양학회, 1995)
제2기(2001): 한국인 영양권장량 제7차 개정(한국영양학회, 2000)
제3, 4기(2005, 2007~2009): 한국인 영양섭취기준(한국영양학회, 2005)
제5, 6기(2010~2012, 2013~2014): 한국인 영양섭취기준 개정판(한국영양학회, 2010)
˙ 에너지, 필요추정량(또는 영양권장량): 나트륨, 칼륨, 충분섭취량 / 그 외 영양소, 권장섭취량(또는 영양권장량)

성별로 보면 필요추정량에 대한 에너지 섭취비율이 전체 101.2%이며, 남자에서 107.0%, 여자에서는 95.5%로 여자가 약간 부족하게 섭취하고 있었다. 또한, 권장섭취량 대비 단백질의 섭취비율은 전체 157.6%였으나 남자는 175.9%, 여자는 139.3%로 특히 남자에서 높았다. 인의 섭취비율은 권장섭취량의 154.0% 수준이었으며, 철, 비타민 A, 티아민, 리보플라빈, 니아신 섭취량 또한 권장섭취량의 109.1~183.2% 범위로 양호하였다. 그러나 칼슘 섭취비율은 권장섭취량의 69.7%로 매우 낮았으며, 특히 여자에서 64.1%로 매우 낮았다. 나트륨의 섭취비율은 점차 감소하는 추세이긴 하나 아직 충분섭취량의 약 3배에 가까운 277.4%를 섭취하고 있었고, 충분섭취량 대비 섭취비율은 여자 227.7%, 남자 327.2%로 여자보다 남자에서 더 높았다.

연령별로는 에너지 섭취비율이 3~5세, 12~18세, 19~29세, 65세 이상에서 각각 98.8%, 95.8%, 99.0%, 94.1%로 필요추정량보다 낮은 수준이었다. 단백질은 12세 이전까지 권장섭취량의 200% 이상으로 많이 섭취하고 있었으며, 칼슘은 전 연령대에서 섭취가 부족했으나 특히 12~18세와 65세 이상의 권장섭취량에 대한 섭취비율은 60% 미만으로 매우 낮았다. 나트륨은 연령이 증가함에 따라 충분섭취량에 대한 섭취비율이 증가하는 경향이 있었으며, 전 연령군에서 200% 이상이었으나 특히 30~49세의 섭취비율은 301.2%로 가장 높았다. 또한, 만 65세 이상은 에너지를 비롯하여 단백질, 인, 나트륨, 철, 티아민을 제외한 모든 영양소의 섭취비율이 영양소 섭취기준에 비해 낮았는데, 이 중 칼슘과 칼륨, 리보플라빈의 섭취비율은 각각 57.2%, 74.6%, 75.0%로 특히 낮았다. 반면, 65세 이상의 나트륨 섭취비율은 충분섭취량의 약 2.5배 이상인 269.5%였다.

거주 지역별로는 대부분의 영양소 섭취비율이 읍면 거주자보다 동 거주자에서 높았으나 나트륨과 철의 섭취비율은 오히려 읍면거주자에서 높게 나타났는데, 특히 철 섭취비율은 동 거주자와 읍면 거주자에서 각각 166.3%, 177.6%로 차이가 가장 크게 나타났다.

소득수준에 따라서는 대체로 수준이 낮을수록 각종 영양소의 영양소 섭취기준에 대한 섭취비율이 낮은 편이었는데, 특히 소득수준이 가장 낮은 군의 에너지 섭취비율은 95.4%로 에너지 필요추정량에 미치지 못하고 있었다[**표 4-5**].

[표 4-5] 영양소별 영양섭취기준*에 대한 섭취비율(전체, 만 1세 이상, 2015)

(단위: %)

구분	성별			연령별							
	전체	남자	여자	1~2	3~5	6~11	12~18	19~29	30~49	50~64	65이상
에너지	101.2	107.0	95.5	103.8	98.8	114.9	95.8	99.0	102.7	103.6	94.1
단백질	157.6	175.9	139.3	231.4	223.5	229.4	160.5	160.9	155.9	151.4	113.5
칼슘	69.7	75.4	64.1	82.4	68.5	63.3	54.6	70.8	74.8	75.4	57.2
인	154.0	174.8	133.3	128.2	151.4	129.3	118.7	168.4	168.1	163.2	123.9
나트륨	277.4	327.2	227.7	169.5	204.0	229.2	241.1	277.9	301.2	290.4	269.5
칼륨	87.1	95.7	78.4	84.8	80.5	81.2	75.5	84.6	92.4	95.2	74.6
철	168.2	196.1	140.3	117.0	131.3	143.6	107.6	154.9	157.0	223.6	181.6
비타민 A	111.6	116.5	106.8	114.0	152.2	167.7	100.4	101.2	106.9	121.5	94.2
티아민	183.2	202.8	163.7	183.6	246.0	218.0	177.5	190.3	188.0	180.2	144.8
리보플라빈	109.1	112.4	105.8	144.0	146.8	152.3	103.6	115.9	113.7	102.0	75.0
니아신	114.9	126.8	103.0	107.0	125.0	137.7	107.0	123.7	120.5	115.6	84.5
비타민 C	103.4	100.4	106.5	150.0	191.7	108.7	68.5	81.9	99.3	123.4	99.9

구분	거주지역별		소득수준별			
	동	읍면	하	중하	중상	상
에너지	101.3	100.9	95.4	101.2	103.6	105.3
단백질	158.7	152.3	144.5	155.6	160.3	171.5
칼슘	70.2	67.4	63.2	70.7	70.5	75.1
인	154.9	149.6	141.1	153.2	156.9	166.1
나트륨	276.7	281.1	260.9	277.8	280.7	293.2
칼륨	87.3	85.9	79.1	86.2	89.7	93.9
철	166.3	177.6	154.5	167.8	172.7	179.3
비타민 A	112.6	106.6	99.8	118.6	113.4	116.1
티아민	184.1	178.9	172.9	185.6	185.9	189.7
리보플라빈	110.7	101.0	97.6	111.0	111.9	116.8
니아신	115.7	110.7	104.5	112.9	116.9	126.2
비타민 C	105.0	95.7	90.5	101.6	110.7	111.9

* 영양섭취기준

-제1기(1998): 한국인 영양권장량 제6차 개정(한국영양학회, 1995)

-제2기(2001): 한국인 영양권장량 제7차 개정(한국영양학회, 2000)

-제3, 4기(2005, 2007~2009): 한국인 영양섭취기준(한국영양학회, 2005)

-제5, 6기(2010~2012, 2013~2014): 한국인 영양섭취기준 개정판(한국영양학회, 2010)

-에너지, 필요추정량(또는 영양권장량): 나트륨, 칼륨, 충분섭취량 / 그 외 영양소, 권장섭취량(또는 영양권장량)

(3) 영양부족 및 과잉

건강을 유지하기 위해서는 적정량의 영양 섭취가 매우 중요한데, 1998년부터 2015년 사이에 에너지 섭취 수준이 필요추정량의 75% 미만이면서 칼슘, 철, 비타민A, 리보플라빈의 섭취량이 평균필요량(또는 영양권장량)의 75% 미만인 영양섭취부족자분율은 약간 감소한 반면, 에너지 섭취량이 필요추정량의 125% 이상이면서 지방 섭취량이 에너지적정비율을 초과한 에너지/지방 과잉섭취자분율은 증가하는 경향이 나타났다[그림 4-9].

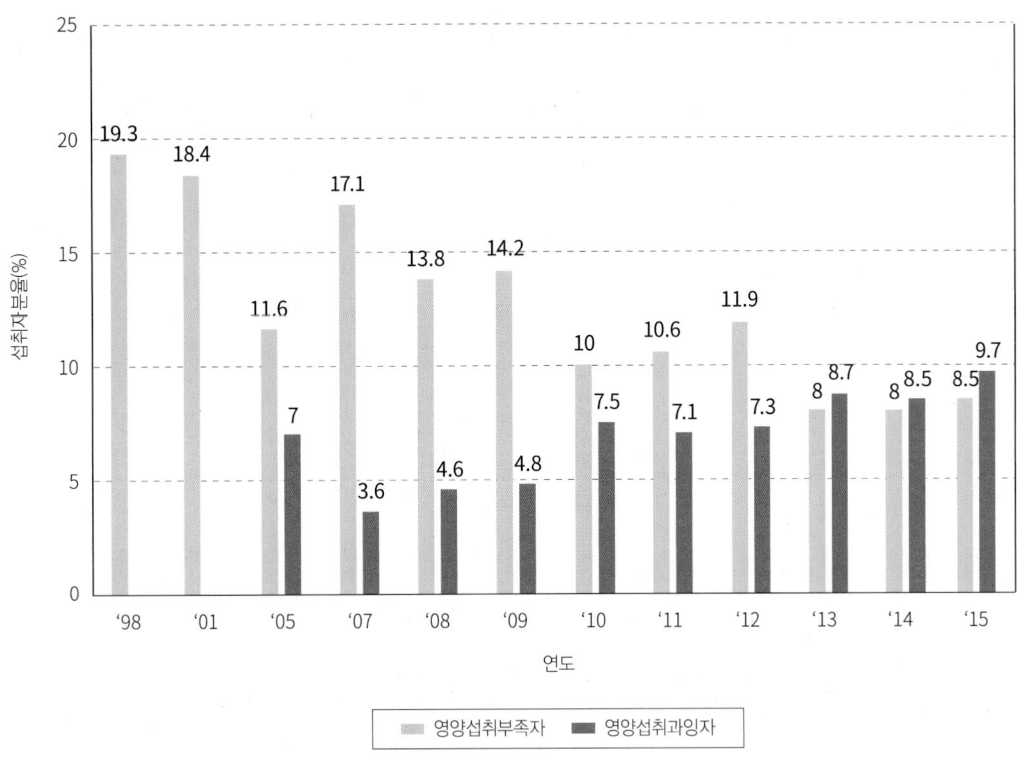

[그림 4-9] 영양섭취부족자 분율*과 에너지/지방 과잉섭취자분율**의 연차적 추이

(전체, 만 1세 이상, 1998~2015) (단위: %)

* 영양 섭취 부족자분율: 에너지 섭취 수준이 필요추정량***(또는 영양권장량)의 75% 미만이면서 칼슘, 철, 비타민A, 리보플라빈의 섭취량이 평균필요량(또는 영양권장량의 75%) 미만인 분율

** 에너지/지방 과잉섭취자분율: 에너지 섭취량이 필요추정량***(또는 영양권장량)의 125% 이상이면서 지방 섭취량이 에너지적정비율을 초과한 분율

*** 필요추정량, 평균필요량

–제1기(1998): 한국인 영양권장량 제6차 개정(한국영양학회, 1995)

–제2기(2001): 한국인 영양권장량 제7차 개정(한국영양학회, 2000)

–제3, 4기(2005, 2007–2009): 한국인 영양섭취기준(한국영양학회, 2005)

–제5, 6기(2010–2012, 2013–2014): 한국인 영양섭취기준 개정판(한국영양학회, 2010)

이를 각 영양소별로 보면, 칼슘의 경우 2015년 평균필요량 미만 섭취자분율이 70.3%였으며, 1998년 이래 섭취 부족자 비율이 계속 63% 이상을 나타내고 있으므로 지속적인 섭취 부족이 우려되었다. 칼슘 이외에 섭취 부족자 비율이 높은 영양소는 비타민 C, 비타민 A, 리보플라빈으로, 2015년 평균필요량 미만 섭취자분율은 각각 57.6%, 45.3%, 40.9%였다. 비타민 C는 1998년 섭취 부족자 비율이 17.8% 정도였으나 2015년에는 57.6%로 3배 이상 급속히 증가하였다[표 4-6].

[표 4-6] 영양소별 영양소 섭취기준* 미만 섭취자분율 추이(전체, 만 1세 이상, 1998~2015) (단위: %)

영양성분 \ 연도	'98	'01	'05	'07	'08	'09	'10	'11	'12	'13	'14	'15
에너지	35.4	37.2	29.4	37.5	35.1	34.8	26.7	27.8	30.8	27.9	28.6	28.0
단백질	27.7	22.2	10.7	16.5	15.0	15.8	13.0	14.0	14.5	14.8	15.8	15.0
지방	–	–	30.6	38.5	38.8	38.3	35.6	34.5	33.6	30.9	29.9	28.7
칼슘	64.5	65.1	63.3	73.8	71.1	70.7	66.4	66.6	70.1	70.6	71.4	70.3
인	11.0	7.8	8.3	13.5	10.8	11.2	9.0	10.5	10.4	14.4	14.4	14.4
철	49.3	47.5	31.4	38.4	34.8	34.3	26.5	26.8	27.5	16.9	16.8	16.8
비타민 A	55.2	52.1	35.2	43.6	39.8	40.8	38.6	38.6	38.4	45.3	44.0	45.3
티아민	24.7	27.8	33.2	36.2	35.4	35.5	29.9	30.2	31.0	8.8	9.2	9.4
리보플라빈	49.5	44.0	49.7	58.2	53.7	51.6	45.5	46.8	47.9	42.9	41.4	40.9
니아신	33.9	28.9	26.7	35.8	34.0	32.5	27.3	28.4	28.1	32.9	30.7	31.6
비타민 C	17.8	22.2	46.4	50.1	46.6	46.9	44.6	44.7	46.7	59.3	56.8	57.6

* 영양섭취기준
–제1기(1998): 한국인 영양권장량 제6차 개정(한국영양학회, 1995)
–제2기(2001): 한국인 영양권장량 제7차 개정(한국영양학회, 2000)
–제3, 4기(2005, 2007~2009): 한국인 영양섭취기준(한국영양학회, 2005)
–제5, 6기(2010–2012, 2013–2014): 한국인 영양섭취기준 개정판(한국영양학회, 2010)
–에너지, 필요추정량(또는 영양권장량): 나트륨, 칼륨, 충분섭취량 / 그 외 영양소, 권장섭취량(또는 영양권장량)

반면, 영양소 섭취기준 이상 섭취자분율의 추이를 보면, 2013년 에너지 섭취량이 필요추정량의 125% 이상인 에너지 과잉섭취자분율은 21.7%이었으며, 이는 1998년 에너지 과잉섭취자분율인 15.8%에 비해 1.4배 정도 증가한 수치이다. 또한, 2013년 나트륨의 목표섭취량인 2,000mg 이상 섭취자분율은 80.6%로, 섭취량 감소 추세에도 불구하고 나트륨은 여전히 과잉섭취자 비율이 가장 높은 영양소로 나타났다**[표 4-7]**.

[표 4-7] 영양소별 영양소 섭취기준* 이상 섭취자분율 추이(전체, 만 1세 이상, 1998~2013) (단위: %)

연도 / 영양성분	'98	'01	'05	'07	'08	'09	'10	'11	'12	'13
에너지	15.8	14.3	19.0	12.5	14.0	14.4	21.1	20.1	18.7	21.7
지방	–	–	22.5	16.6	16.7	18.4	20.7	21.3	22.2	25.4
칼슘	10.1	9.5	0.2	0.1	0.2	0.1	0.2	0.2	0.2	0.2
인	57.4	64.2	0.4	0.2	0.2	0.3	0.4	0.5	0.3	0.5
철	20.1	20.9	1.7	1.8	1.5	1.5	1.8	2.0	2.1	3.0
비타민 A	20.8	21.7	3.2	2.7	3.4	3.2	3.3	3.7	3.9	2.8
비타민 C	64.6	58.4	0.0	0.0	0.0	0.0	0.1	0.0	0.1	0.0
나트륨**	–	–	93.0	87.5	87.9	86.9	88.8	87.0	86.5	80.6

* 영양섭취기준
–제1기(1998): 한국인 영양권장량 제6차 개정(한국영양학회, 1995)
–제2기(2001): 한국인 영양권장량 제7차 개정(한국영양학회, 2000)
–제3, 4기(2005, 2007~2009): 한국인 영양섭취기준(한국영양학회, 2005)
–제5, 6기(2010~2012, 2013~2014): 한국인 영양섭취기준 개정판(한국영양학회, 2010)
–에너지, 필요추정량(또는 영양권장량): 나트륨, 칼륨, 충분섭취량 / 그 외 영양소, 권장섭취량(또는 영양권장량)
** 9세 미만에 대해서는 나트륨 목표량이 없으므로 9세 이상에 대해 산출

(4) 영양성분의 주요 급원

2015년 에너지 및 영양소 섭취량에 대한 주요 급원식품군 순위를 보면, 에너지 섭취량에 가장 기여가 큰 식품군은 곡류로서 전체 에너지의 47.9%인 999.1kcal를 공급하였으며, 다음으로는 육류 219.4kcal, 주류 99.1kcal, 과일류 94.8kcal, 채소류 87.2kcal의 순이었다[그림 4-10].

지방의 주요 급원식품군은 육류 13.7g, 곡류 9.5g, 유지류 7.3g 등으로서 어패류 2.0g, 난류 2.8g 등에 비해 상대적으로 높았다[그림 4-11].

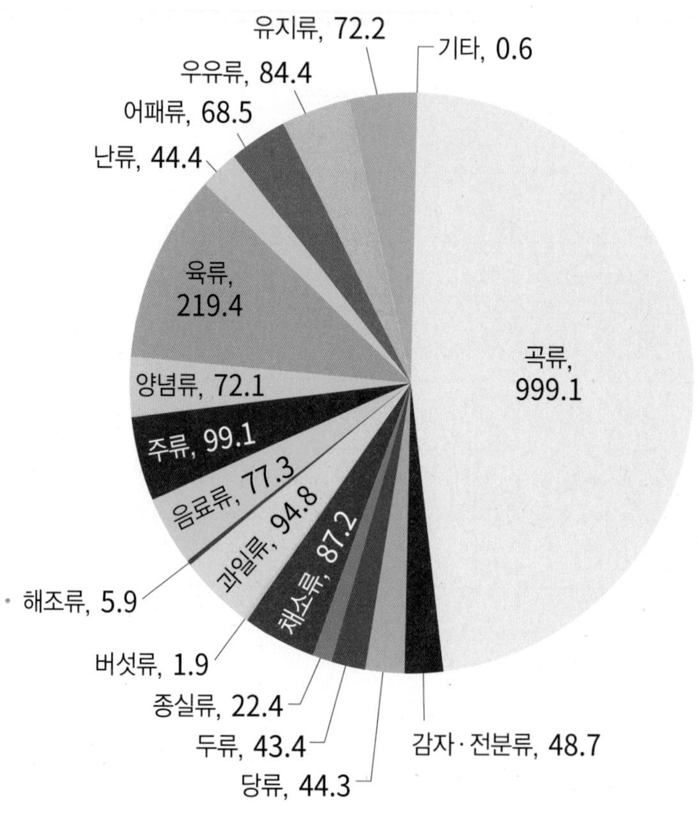

[그림 4-10] 에너지 주요 급원식품군(전체, 만 1세 이상, 2015) (단위: kcal)

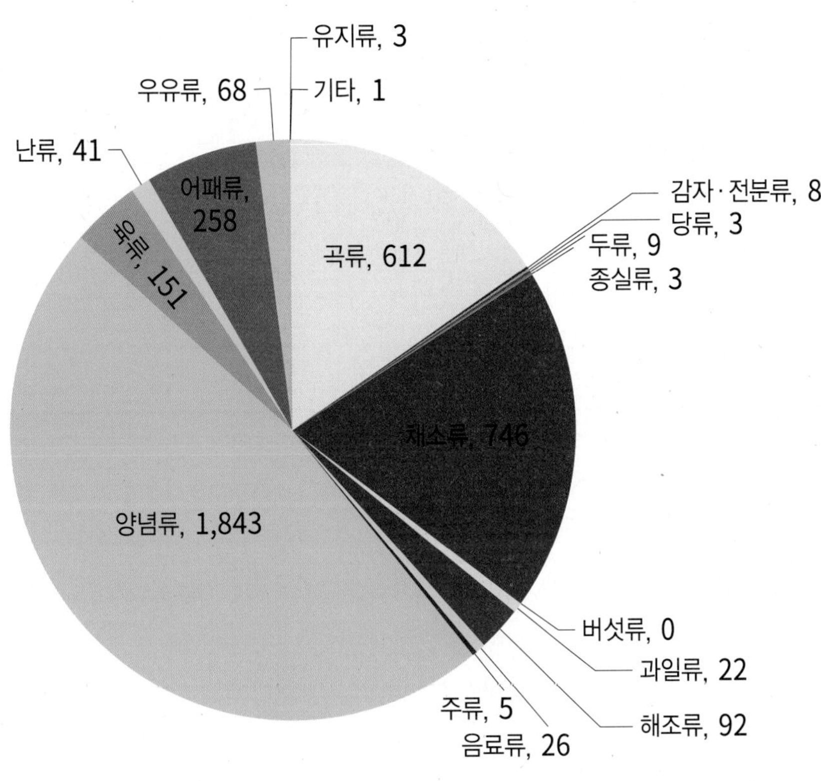

[그림 4-11] 지방 주요 급원식품군(전체, 만 1세 이상, 2015) (단위: g)

한편, 지속적으로 섭취량이 부족한 칼슘은 우유로 섭취하는 양이 가장 많았고(2013년 78.34mg, 2015년 67.7mg), 다음이 배추김치(2013년 41.69mg, 2015년 42.6mg), 멸치(2013년 23.51 mg, 2015년 22.5mg)의 순이었다**[표 4-8]**.

[표 4-8] 칼슘 섭취량의 주요 급원식품(전체, 만 1세 이상, 2013~2015)

순위	2013			2014			2015		
	식품명	섭취량(mg)	섭취분율(%)	식품명	섭취량(mg)	섭취분율(%)	식품명	섭취량(mg)	섭취분율(%)
1	우유	78.34	15.5	우유	68.3	13.9	우유	67.7	13.6
2	김치, 배추김치	41.69	8.2	김치, 배추김치	40.0	8.1	김치, 배추김치	42.6	8.6
3	멸치	23.51	4.6	멸치	20.7	4.2	멸치	22.5	4.5
4	달걀	14.50	2.9	요구르트, 호상	15.2	3.1	요구르트, 호상	17.4	3.5

순위	2013			2014			2015		
	식품명	섭취량(mg)	섭취분율(%)	식품명	섭취량(mg)	섭취분율(%)	식품명	섭취량(mg)	섭취분율(%)
5	요구르트, 호상	11.75	2.3	달걀	14.1	2.9	달걀	14.9	3.0
6	백미	11.29	2.2	백미	10.7	2.2	라면	13.1	2.6
7	파	10.27	2.0	두부	10.4	2.1	백미	11.0	2.2
8	라면	10.15	2.0	파	10.3	2.1	두부	9.7	1.9
9	두부	10.13	2.0	라면	10.3	2.1	파	9.6	1.9
10	치즈	9.21	1.8	빵	8.8	1.8	빵	8.6	1.7
11	커피	8.41	1.7	치즈	8.0	1.6	미역	8.4	1.7
12	미역	8.39	1.7	대두	8.0	1.6	치즈	8.1	1.6
13	아이스크림	7.98	1.6	아이스크림	7.5	1.5	대두	7.8	1.6
14	깨	7.78	1.5	커피	7.4	1.5	미꾸리	7.8	1.6
15	빵	7.60	1.5	깨	7.2	1.5	깨	7.3	1.5
16	대두	7.17	1.4	미꾸리	7.1	1.4	커피	7.1	1.4
17	무	6.36	1.3	미역	6.9	1.4	아이스크림	6.9	1.4
18	미꾸리	5.26	1.0	무	6.2	1.3	새우	6.1	1.2
19	김치, 열무김치	4.88	1.0	김	5.3	1.1	무	5.8	1.2
20	김	4.87	1.0	깻잎	4.9	1.0	김	4.5	0.9
21	새우	4.83	1.0	콩나물	4.8	1.0	콩나물	4.4	0.9
22	콩나물	4.76	0.9	새우	4.6	0.9	양파	4.3	0.9
23	된장	4.75	0.9	양파	4.6	0.9	김치, 열무김치	4.0	0.8
24	깻잎	4.46	0.9	김치, 열무김치	4.3	0.9	된장	3.9	0.8
25	양파	4.02	0.8	당근	4.3	0.9	애호박	3.5	0.7
26	어패류젓	3.65	0.7	된장	4.1	0.8	당근	3.5	0.7
27	고구마	3.58	0.7	시금치	3.6	0.7	깻잎	3.4	0.7
28	시금치	3.52	0.7	어패류젓	3.5	0.7	닭고기	3.4	0.7
29	상추	3.43	0.7	무청	3.5	0.7	시금치	3.3	0.7
30	요구르트, 액상	3.43	0.7	애호박	3.4	0.7	사과	3.3	0.7

반면, 과잉섭취가 문제되고 있는 나트륨은 양념류를 통한 섭취량이 절대적으로 많았는데, 2015년 급원식품군은 양념류 1,843.0mg, 채소류 745.9mg, 곡류 611.6mg의 순이었다[그림 4-12].

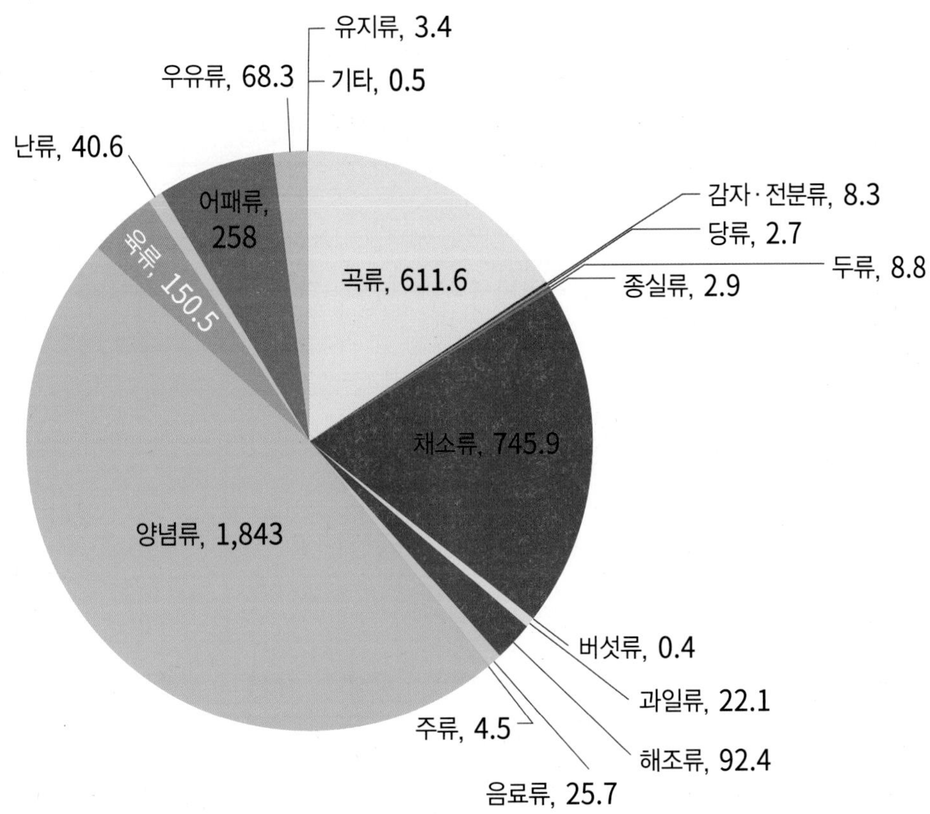

[그림 4-12] 나트륨 주요 급원식품군(전체, 만 1세 이상, 2015) (단위: mg)

또한, 2015년 나트륨 섭취에 가장 크게 기여한 식품은 소금으로 전체 섭취량의 20.5%인 797.7mg을 공급하였고, 이 외에 배추김치(2013년 406.5mg, 2015년 414.9mg), 간장(2013년 402.6mg, 2015년 404.2mg), 된장(2013년 285.3mg, 2015년 235.2mg), 라면(2013년 195.5mg, 2015년 201.8mg), 고추장(2013년 157.9mg, 2015년 161.5mg) 등 장류와 국물류를 다량 포함하는 가공식품이 나트륨의 중요한 공급원으로 확인되었다[표 4-9].

[표 4-9] 나트륨 섭취량의 주요 급원식품(전체, 만 1세 이상, 2013~2015)

순위	2013			2014			2015		
	식품명	섭취량(mg)	섭취분율(%)	식품명	섭취량(mg)	섭취분율(%)	식품명	섭취량(mg)	섭취분율(%)
1	소금	957.2	23.8	소금	916.6	23.6	소금	797.7	20.5
2	김치, 배추김치	406.5	10.1	간장	390.4	10.0	김치, 배추김치	414.9	10.7
3	간장	402.6	10.0	김치, 배추김치	390.0	10.0	간장	404.2	10.4
4	된장	285.3	7.1	된장	245.6	6.3	된장	235.2	6.0
5	라면	195.5	4.9	라면	180.9	4.7	라면	201.8	5.2
6	고추장	157.9	3.9	고추장	154.8	4.0	고추장	161.5	4.2
7	국수	100.4	2.5	국수	103.3	2.7	국수	94.4	2.4
8	무	61.4	1.5	쌈장	62.2	1.6	쌈장	61.5	1.6
9	어패류젓	60.4	1.5	단무지	61.9	1.6	빵	53.8	1.4
10	쌈장	57.7	1.4	빵	59.1	1.5	단무지	52.5	1.4
11	김치, 깍두기	48.6	1.2	어패류젓	56.8	1.5	떡	50.7	1.3
12	빵	46.3	1.2	김치, 깍두기	46.2	1.2	고등어	49.4	1.3
13	미역	45.7	1.1	돼지고기 가공품, 햄	43.5	1.1	미역	48.4	1.2
14	어묵	43.1	1.1	미역	41.3	1.1	춘장	47.9	1.2
15	떡	42.9	1.1	메밀국수/냉면국수	41.0	1.1	돼지고기 가공품, 햄	46.6	1.2
16	우유	39.5	1.0	떡	40.3	1.0	어패류젓	46.0	1.2
17	칼국수	38.4	1.0	어묵	39.3	1.0	김치, 깍두기	45.6	1.2
18	달걀	38.2	1.0	달걀	37.0	1.0	메밀국수/냉면국수	42.3	1.1
19	돼지고기 가공품, 햄	36.7	0.9	분말조미료	35.4	0.9	달걀	39.5	1.0
20	김치, 총각김치	36.4	0.9	우유	34.6	0.9	분말조미료	38.8	1.0

순위	2013			2014			2015		
	식품명	섭취량(mg)	섭취분율(%)	식품명	섭취량(mg)	섭취분율(%)	식품명	섭취량(mg)	섭취분율(%)
21	단무지	36.0	0.9	김	30.3	0.8	어묵	34.5	0.9
22	김	34.2	0.9	칼국수	30.0	0.8	우유	33.9	0.9
23	메밀국수/냉면국수	33.7	0.8	김치, 총각김치	29.0	0.7	칼국수	31.8	0.8
24	김치, 열무김치	30.6	0.8	김치, 열무김치	26.8	0.7	김	31.0	0.8
25	분말조미료	26.2	0.7	춘장	26.5	0.7	김치, 총각김치	29.7	0.8
26	고등어	23.4	0.6	닭고기	24.1	0.6	닭고기	269.	0.7
27	김치, 동치미	22.1	0.6	김치, 동치미	24.0	0.6	토마토케첩	25.7	0.7
28	춘장	20.3	0.5	카레소스, 분말	21.3	0.5	백미	25.4	0.7
29	김치, 열무물김치	19.4	0.5	돼지고기	20.2	0.5	김치, 열무김치	25.1	0.6
30	닭고기	19.1	0.5	토마토케첩	20.2	0.5	무	23.9	0.6

3 음식 항목별 식품섭취빈도

국민건강영양조사의 식품섭취빈도조사를 위해 제5기 2차년도(2011)까지는 63가지 식품 항목으로 구성된 단순 식품섭취빈도조사표를 이용하였으나, 제5기 3차년도(2012)부터는 112가지 음식 기반 항목으로 구성된 반정량 식품섭취빈도조사표를 이용하여 각 항목의 섭취빈도와 1회 섭취량을 조사하고 있다.

2012년~2015년 식품섭취빈도조사에 포함된 112개 음식 항목 중 주당 섭취빈도가 가장 높은 상위 5개 항목은 공통적으로 커피, 배추김치, 잡곡밥, 쌀밥, 배추김치를 제외한 기타김치(겉절이)였다. 이 중 커피는 단일 식품 중 주당 섭취빈도가 가장 높은 식품으로, 2015년 주당 평균 섭취빈도는 약 12회 정도로 조사되었다[**표 4-10**].

[표 4-10] 음식 항목별 주당 섭취빈도*의 연차적 추이(전체, 만 19~64세, 2012~2015)

(단위: 회/주)

순위	2012		2013		2014		2015	
	식품명	주당 평균빈도	식품명	주당 평균빈도	식품명	주당 평균빈도	식품명	주당 평균빈도
1	커피	12.15	커피	12.23	커피	11.99	커피	11.63
2	배추김치	12.08	배추김치	11.85	배추김치	10.76	배추김치	10.42
3	잡곡밥 (콩밥 포함)	9.56	잡곡밥 (콩밥 포함)	9.56	잡곡밥 (콩밥 포함)	8.93	잡곡밥 (콩밥 포함)	8.64
4	쌀밥	7.11	쌀밥	6.94	쌀밥	6.52	쌀밥	6.42
5	기타 김치, 겉절이	3.96	기타 김치, 겉절이	4.55	기타 김치, 겉절이	4.17	기타 김치, 겉절이	4.13
6	우유	2.70	우유 (일반, 저지방)	2.69	우유	2.34	우유	2.22
7	김구이, 생김, 김무침	2.55	김구이, 생김, 김무침	2.40	김구이, 생김, 김무침	2.20	김구이, 생김, 김무침	2.15
8	멸치, 멸치볶음	1.88	달걀후라이, 달걀말이	1.86	달걀후라이, 달걀말이	1.80	달걀후라이, 달걀말이	1.90
9	쌈장(고추장, 된장, 혼합장), 초고추장	1.82	멸치, 멸치볶음	1.60	사과	1.64	사과	1.63
10	달걀후라이, 달걀말이	1.78	쌈장(고추장, 된장, 혼합장), 초고추장	1.77	멸치, 멸치볶음	1.50	멸치, 멸치볶음	1.50
11	사과	1.48	사과	1.57	쌈장(고추장, 된장, 혼합장), 초고추장	1.48	쌈장(고추장, 된장, 혼합장), 초고추장	1.33
12	쌈채소 (상추, 깻잎, 배추, 호박잎), 풋고추	1.36	쌈채소 (상추, 깻잎, 배추, 호박잎), 풋고추	1.35	귤	1.20	장아찌 (고추, 마늘, 깻잎, 양파, 무), 오이피클	1.21
13	녹차	1.28	장아찌 (고추, 마늘, 깻잎, 양파, 무), 오이피클	1.35	쌈채소 (상추, 깻잎, 배추, 호박잎), 풋고추	1.18	귤	1.19
14	된장찌개, 청국장찌개	1.28	귤	1.27	장아찌 (고추, 마늘, 깻잎, 양파, 무), 오이피클	1.16	라면, 컵라면	1.14
15	귤	1.28	녹차	1.25	된장찌개, 청국장찌개	1.15	쌈채소 (상추, 깻잎, 배추, 호박잎), 풋고추	1.07
16	장아찌(고추, 마늘, 깻잎, 양파, 무), 오이피클	1.27	된장찌개, 청국장찌개	1.22	라면, 컵라면	1.14	된장찌개, 청국장찌개	1.04

순위	2012		2013		2014		2015	
	식품명	주당 평균빈도	식품명	주당 평균빈도	식품명	주당 평균빈도	식품명	주당 평균빈도
17	김치찌개, 김치볶음	1.26	라면, 컵라면	1.21	고사리나물, 취나물, 가지나물 등 기타 나물	1.14	고사리나물, 취나물, 가지나물 등 기타 나물	1.04
18	라면, 컵라면	1.17	김치찌개, 김치볶음	1.21	김치찌개, 김치볶음	1.03	토마토, 방울토마토	0.96
19	액상 요구르트	1.16	액상 요구르트	1.17	바나나	1.02	바나나	0.96
20	된장국	1.13	된장국	1.08	녹차	1.02	김치찌개, 김치볶음	0.94
21	콩나물(무침, 국), 숙주나물	1.06	콩나물(무침, 국), 숙주나물	1.08	토마토, 방울토마토	1.00	탄산음료	0.93
22	바나나	0.97	탄산음료 (콜라, 사이다, 과일탄산음료)	1.04	액상요구르트	0.99	액상요구르트	0.89
23	토마토, 방울토마토	0.97	고사리나물, 취나물, 가지나물 등 기타 나물	0.97	탄산음료 (콜라, 사이다, 과일탄산음료)	0.97	콩나물(무침, 국), 숙주나물	0.85
24	고사리나물, 취나물, 가지나물 등 기타 나물	0.95	토마토, 방울토마토	0.96	된장국	0.91	소주	0.84
25	스낵과자	0.94	소주	0.95	콩나물(무침, 국), 숙주나물	0.89	된장국	0.83
26	탄산음료 (콜라, 사이다, 과일탄산음료)	0.92	바나나	0.93	스낵과자	0.83	녹차	0.81
27	소주	0.92	마늘	0.87	채소샐러드	0.79	호상요구르트	0.80
28	오이 (생채, 오이)	0.88	스낵과자	0.87	오이 (생채, 오이)	0.78	스낵과자	0.80
29	과일주스	0.87	오이 (생채, 오이)	0.85	마늘	0.77	채소샐러드	0.74
30	마늘	0.84	채소샐러드	0.85	액상 요구르트	0.73	삶은 달걀, 달걀찜 오이 (생채, 생오이) 마늘	0.71

* 섭취빈도가 높은 상위 30위 음식 항목에 대한 것으로, 주당 평균 섭취빈도는 응답보기별 주당 섭취횟수(하루 3회, 하루 2회, 하루 1회, 주 5~6회, 주 2~4회, 주 1회, 월 2~3회, 월 1회)로 환산하여 계산

4 식생활 행태

(1) 결식률

식생활이 점차 풍요로워지고 있음에도 불구하고 2005년~2015년 사이의 결식률 추이를 보면, 오히려 약간 상승하는 경향을 보이고 있다[그림 4-13].

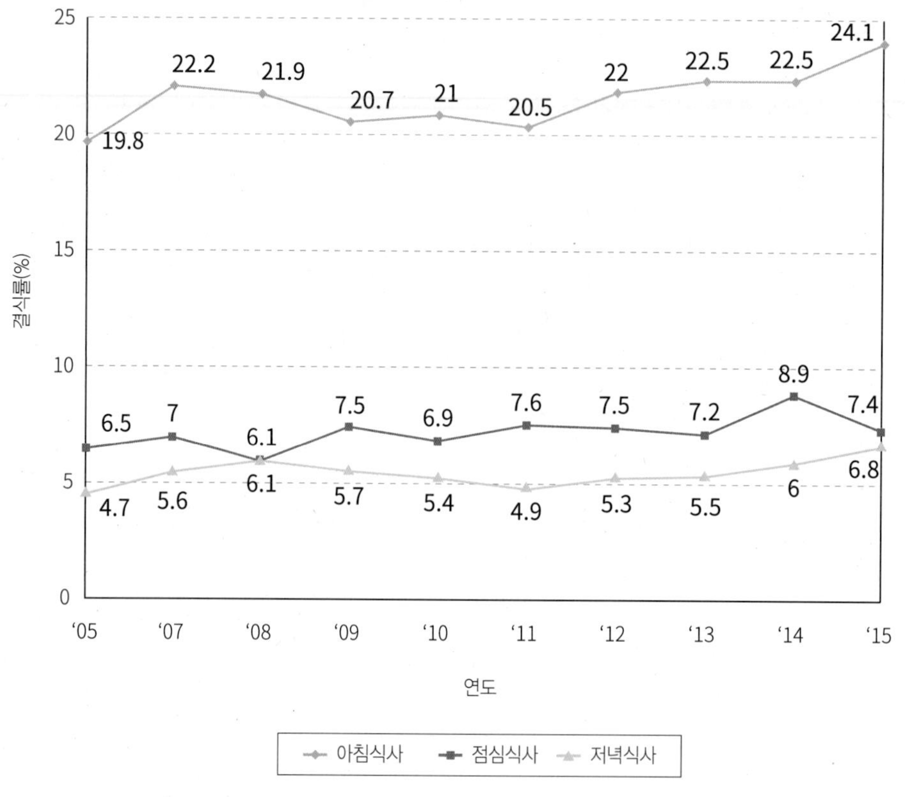

[그림 4-13] 결식률*의 연차적 추이(전체, 만 1세 이상, 2005~2015) (단위: %)

* 결식률: 조사 1일전 식사를 결식한 분율

하루 식사 중에서는 점심과 저녁식사에 비해 아침식사 결식률이 월등히 높았으며, 성별로는 아침식사 결식률이 남자에서 더 높았으나 점심과 저녁식사는 여자에서 결식률이 더 높았다. 연령별로는 19～29세에서 아침식사 결식률이 49.1%로 가장 높았고, 다음이 12～18세 32.6%, 30～49세 29.1%의 순이었다. 점심식사 결식률은 12～18세와 19～29세에서 각각 11.2%, 11.1%로 높게 나타났고, 저녁식사 결식률 또한 19～29세에서 11.0%로 가장 높았다. 거주 지역별로는 읍면지역에 비해 동지역의 결식률이 높은 편이었으며, 소득수준별로는 소득수준이 낮을수록 결식률이 높은 경향을 나타냈다[그림 4-14].

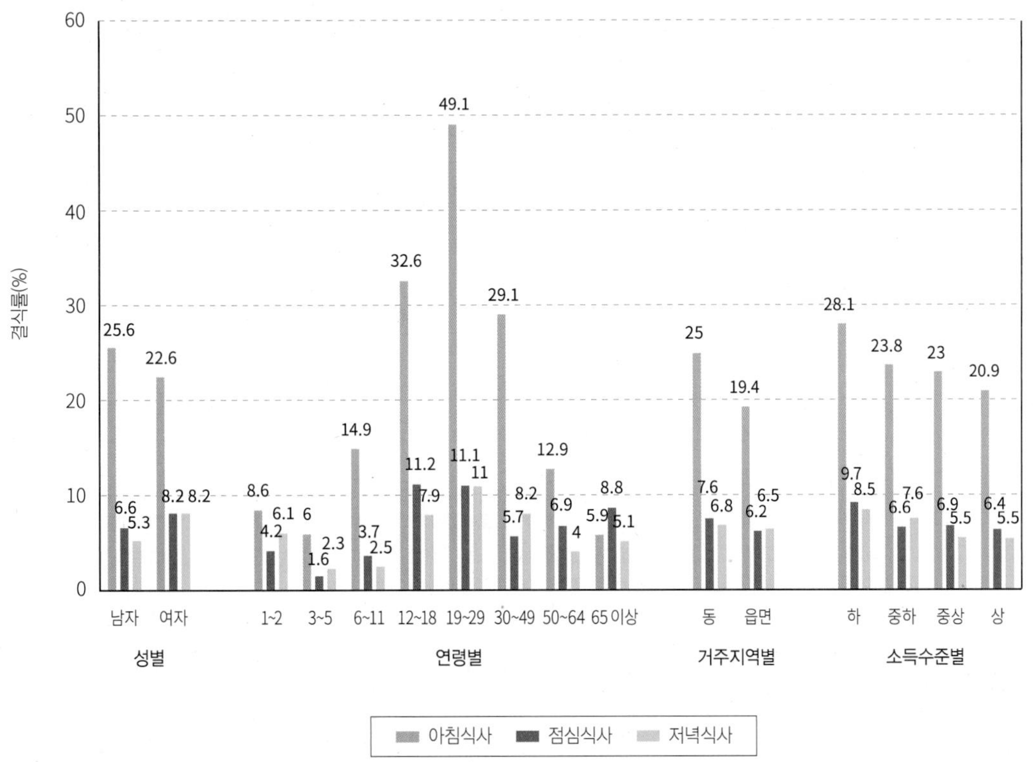

[그림 4-14] 결식률*(전체, 만 1세 이상, 2015) (단위: %)

*결식률: 조사 1일전 식사를 결식한 분율

(2) 외식률

2015년 하루 1회 이상 외식을 하는 비율은 전체 30.8%로 2008년 23.7% 이후 지속적인 증가 경향을 보이고 있다**[그림 4-15]**.

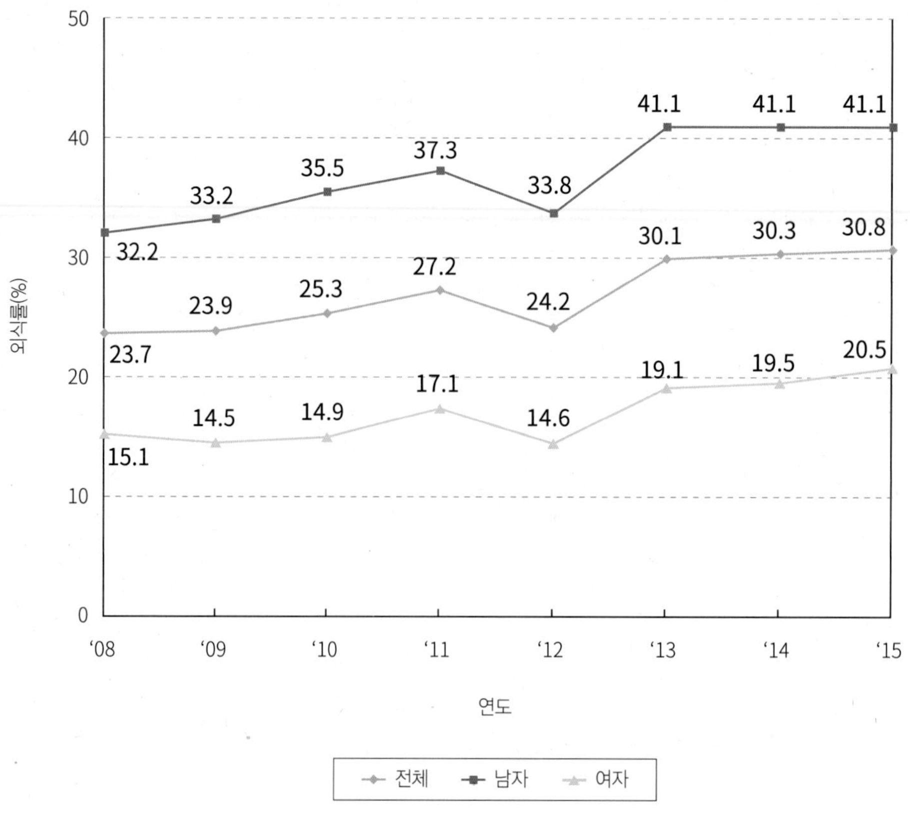

[그림 4-15] 하루 1회 이상 외식률*의 연차적 추이(전체, 만 1세 이상, 2008~2015) (단위: %)

* 하루 1회 이상 외식률: 외식 빈도가 하루 1회 이상인 분율

성별로 보면, 2015년 하루 1회 이상 외식률은 남자 41.1%, 여자 20.5%로 남자가 여자보다 높았으며, 연령별로는 12~18세가 50.4%로 가장 높고, 다음이 19~29세 40.8%, 3~5세와 30~49세가 36.6%의 순이었다. 또한 거주 지역별로는 읍면 지역보다 동 지역의 외식률이 높았으며, 소득수준이 높을수록 하루 1회 이상 외식률이 높은 경향을 보였다[그림 4-16].

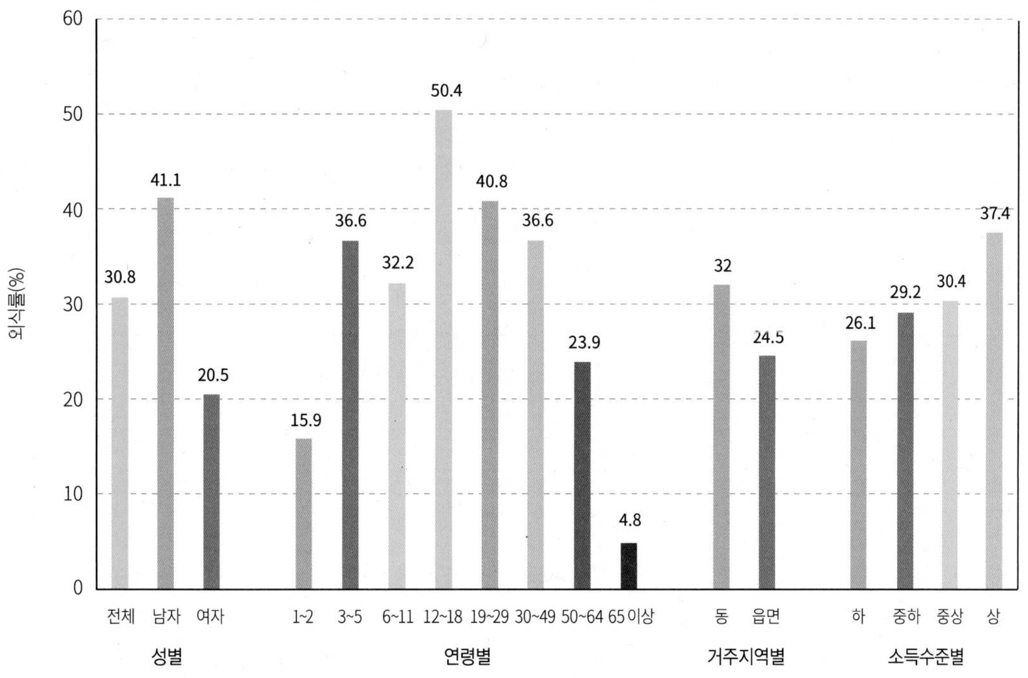

[그림 4-16] **하루 1회 이상 외식률***(전체, 만 1세 이상, 2015) (단위: %)

* 하루 1회 이상 외식률: 외식 빈도가 하루 1회 이상인 분율

외식 섭취빈도는 남자의 경우 '하루 1회' 가 25.5%로 가장 많았으며, 여자는 '주 1~2회' 가 23.7%로 가장 많았다. 연령별로는 18세까지 '주 5~6회' 가 가장 많았으나 19~49세는 '하루 1회' 의 비율이 많았다. 65세 이상은 '월 1~3회' 의 비율이 35.2%로 가장 높았으며 '거의 안함' 의 비율도 24.9%로 높게 나타났다. 거주 지역에 따라서는 동과 읍면 거주자 모두 '주 5~6회' 의 비율이 가장 높았으나 읍면 거주자는 동 거주자에 비해 '거의 안함' 의 비율이 약 2.4배 정도로 매우 높았다. 일반적으로 소득 수준이 높을수록 외식 섭취빈도가 높은 것으로 나타나 소득수준이 높은 군에서는 '하루 1회' 의 비율이 24.8%, 소득수준이 낮은 군에서는 '거의 안함' 의 비율이 10.8%로 다른 군에 비해 가장 높았다[그림 4-17].

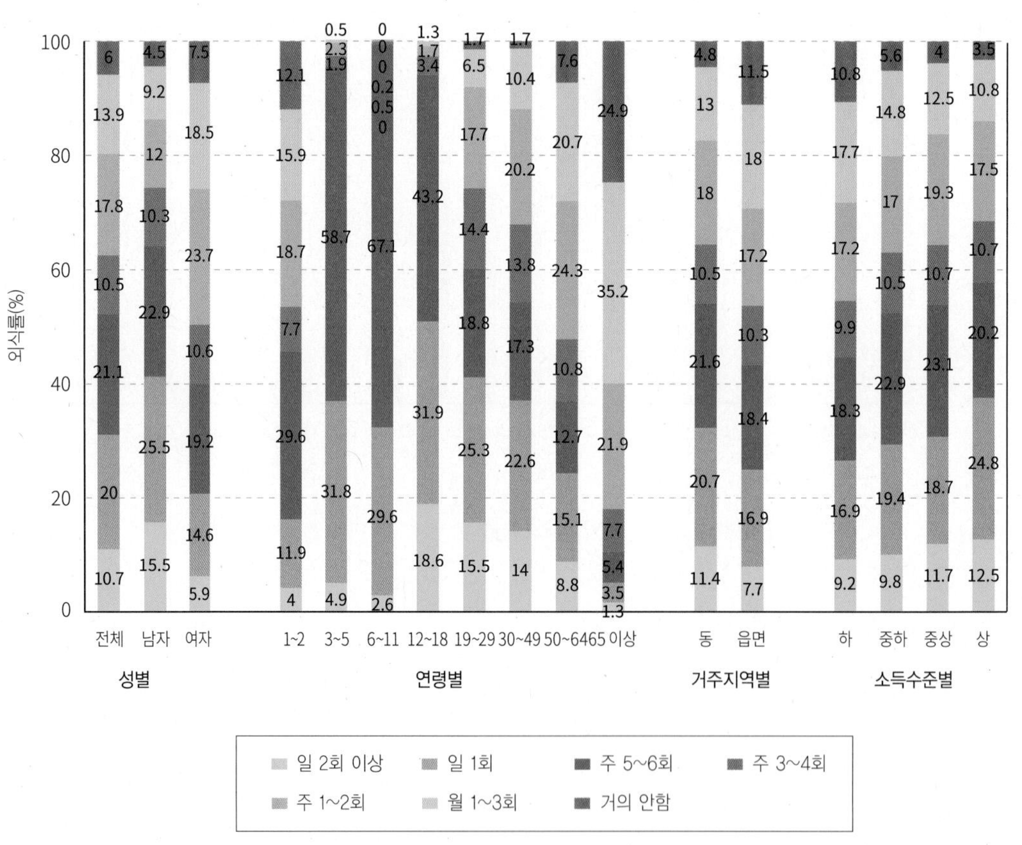

[그림 4-17] 외식섭취빈도*(전체, 만 1세 이상, 2015) (단위: %)

* 외식섭취빈도: 외식 섭취빈도별 응답 분포

(3) 영양표시 이용률

영양표시 이용률이란 가공식품 선택 시 영양표시를 읽는 분율을 말하며, 2005년에 비해 2015년에는 약간 상승하는 경향을 보이고 있다.

2015년 영양표시 이용률은 남자 17.4%, 여자 32.3%로 남자보다는 여자의 영양표시 이용률이 매우 높았다[그림 4-18].

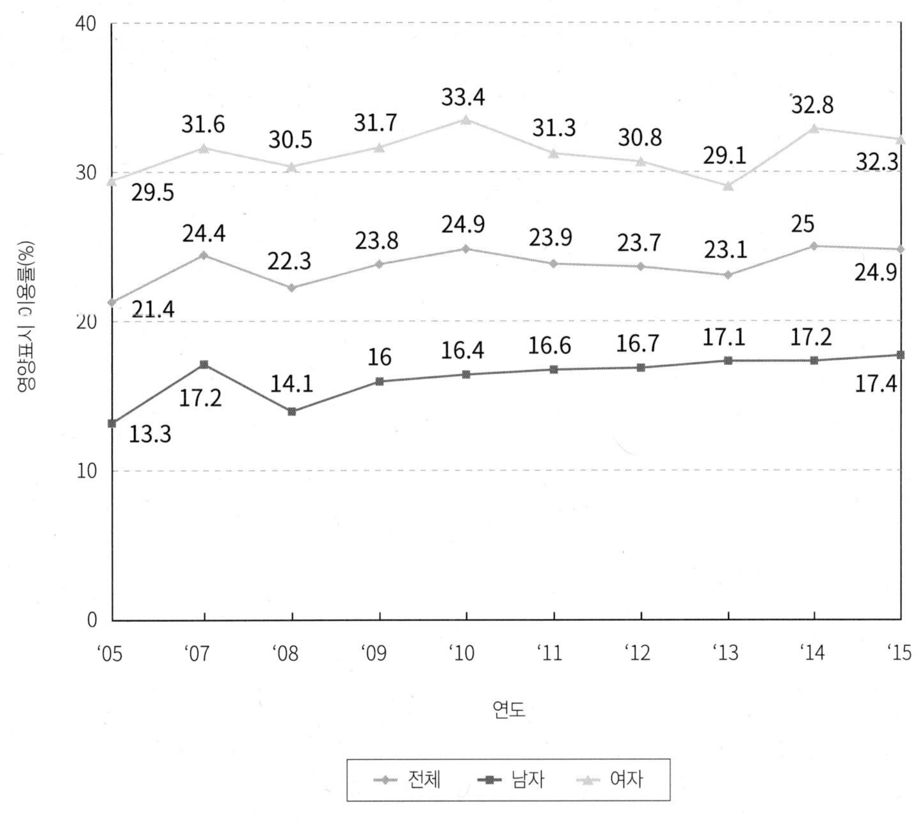

[그림 4-18] 가공식품 선택 시 영양표시 이용률*의 연차적 추이

(전체, 초등학생 이상, 2005~2015) (단위: %)

* 가공식품 선택 시 영양표시 이용률: 가공식품 선택 시 영양표시를 읽는 분율

연령별로는 만 65세 이상에서 영양표시를 읽지 않거나 모른다는 비율이 약 95% 정도를 차지하여 노인의 대부분이 영양표시제도를 이용하지 않는 것으로 보이며, 동 거주자보다 읍면 거주자에서 '모름'의 비율이 높게 나타났다. 또한 소득수준별로는 소득수준이 낮을수록 영양표시 이용률도 낮은 경향이 있어 '모름'의 비율이 28.3%로 다른 군에 비해 가장 높았다[그림 4-19].

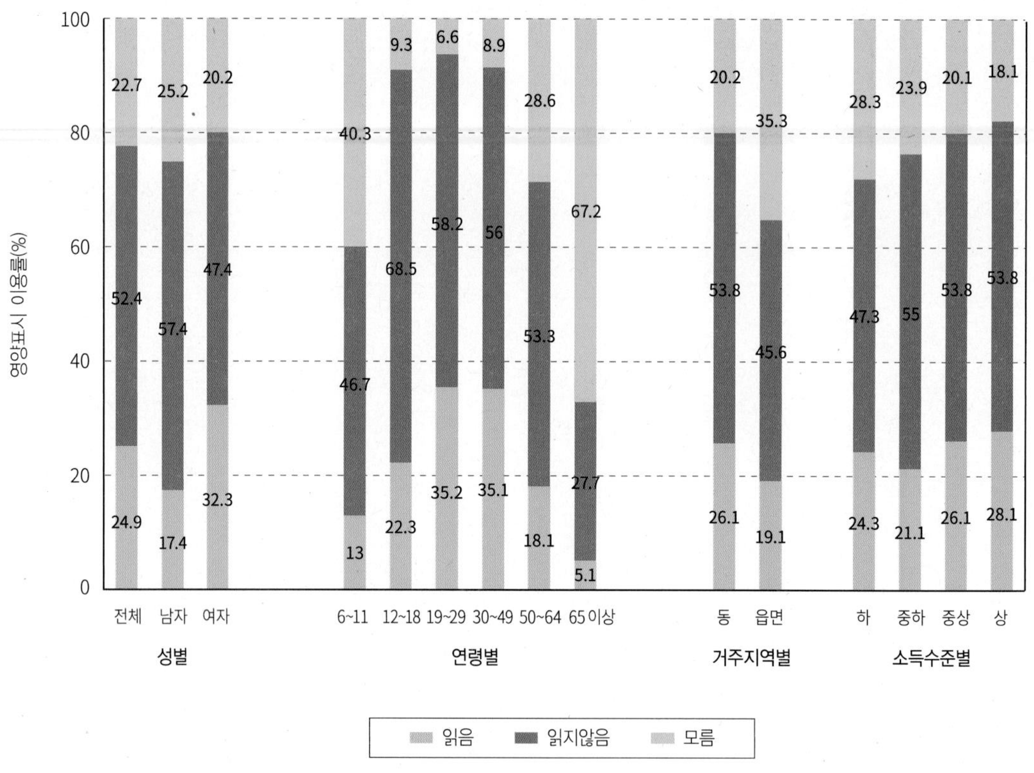

[그림 4-19] 가공식품 선택 시 영양표시 이용률*(전체, 초등학생 이상, 2015) (단위: %)

* 가공식품 선택 시 영양표시 이용률: 가공식품 선택 시 영양표시를 읽는 분율

Chapter

05

식단 작성의 기본 조건

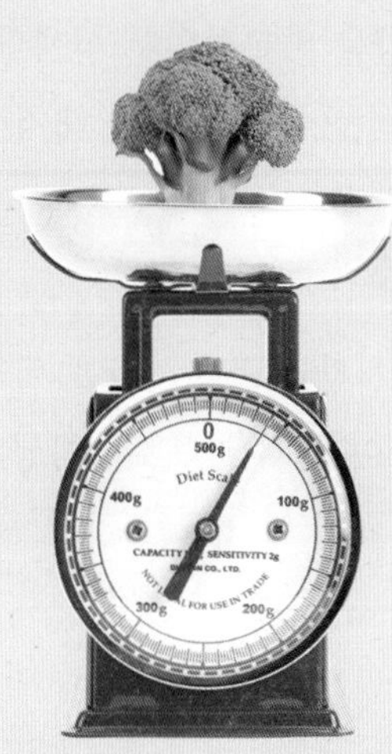

1 식단의 의의 및 필요성

매일하는 식사는 영양을 공급하여 건강한 몸으로 생활해 나갈 수 있도록 함과 동시에 생활의 활력소가 된다고 볼 수 있다. 식단이란 식사의 계획으로 매끼 식사의 영양과 기호를 충족시킬 수 있도록 음식의 종류와 분량을 정하는 것을 말한다. 더불어 경제면, 위생면, 능률면 등을 고려하고 질 좋은 식품을 선택하여 조리하고 서빙하는 것이다. 식단은 식생활계획에서 가장 구체적이고 필수적인 요소이다. 한국인의 경우 흔히 동물성 단백질, 칼슘, 칼륨 및 일부 비타민의 섭취가 부족하고 나트륨 섭취는 과다하므로 식단 작성 시 특별히 고려해야 한다. 이와 같이 식단은 영양면, 경제면, 기호면, 위생면, 능률면 등의 조건을 만족시키도록 계획해야 한다.

식사계획은 식단을 작성하고 식품을 선정하는 것을 시작으로 사용량의 결정, 조리방법의 선정, 식품구입 및 서빙까지 포함한다. 식단이란 목표와 일치하는 식사를 제공하기 위한 통합적인 수단이다.

따라서 식단의 필요성은 다음과 같다.

(1) 적당한 영양공급

식생활 관리자는 가족이나 피급식자의 건강관리를 담당하고 있는 책임자이며, 건강관리 중 가장 중요한 것은 각 개인의 영양공급이다. 영양적으로 고려된 식사는 식단 사용을 다양하게 할 수 있을 뿐 아니라 식품 선택을 자유롭게 할 수 있다. 식품 선택은 가격과 영양을 비교하여 다양하고 변화되게 조절해야 한다.

(2) 합리적인 식품의 선택

식품선택에 있어서 가격과 영양을 비교하면서 식생활비를 조절할 수 있어야 한다. 따라서 식품이 함유하고 있는 영양, 식품 물가 변동과 대치식품에 대해서도 잘 알아야 한다.

(3) 합리적인 시간과 노력의 배분

식단을 작성하면 식품 구입의 시간과 조리시간을 절약할 수 있다. 바쁜 날의 식사는 반찬 수도 줄이고 조리법도 간단해야 한다. 식단은 식생활 관리자의 시간과 능률면을 충분히 고려하여 계획한다.

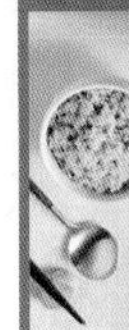

(4) 가족이나 피급식자의 기호 고려

식단을 계획하지 않고 즉흥적으로 식사 준비를 하면 영양뿐 아니라, 가족이나 피급식자의 기호를 고려하지 못하게 되고 음식도 많이 남게 된다. 그러나 지나치게 기호만을 고려해서도 안 되며, 기호를 변경시켜야 할 필요성이 있을 때는 서서히 식습관을 변경해 나가도록 식단을 작성한다.

(5) 좋은 식습관의 형성

식생활 관리자는 주의 깊은 식단 계획을 통하여 가족 및 피급식자에게 좋은 식습관을 기르도록 한다. 계획된 식단은 여러 종류의 식품을 사용할 수 있고 조리법도 다양하게 변화시킬 수 있다.

2 식단 작성의 도구(tools)

(1) 식사구성안과 식품구성자전거

식사구성안은 일반인이 복잡하게 영양가 계산을 하지 않고도 영양소 섭취기준을 충족할 수 있도록 식품군별 대표식품과 섭취횟수를 이용하여 식사의 기본 구성 개념을 설명한 것이다. 식사구성안의 영양적 목표는 2015년 한국인 영양소 섭취기준(보건복지부, 2015)을 바탕으로 설정하였다. 에너지, 비타민, 무기질, 식이섬유는 섭취 필요량의 100%를 충족하며, 탄수화물, 단백질, 지방의 에너지 비율은 각각 55~65%, 7~20%, 15~30% 정도를 유지하고, 설탕이나 물엿과 같은 첨가당 및 소금은 되도록 적게 섭취하도록 구성하였다. 식품군은 곡류, 고기·생선·달걀·콩류, 채소류, 과일류, 우유·유제품류, 유지·당류, 이렇게 6개로 결정하였다. 대표식품의 1인 1회 분량은 동일한 국민건강영양조사 자료를 통합 분석하여 설정하였으며, 일반인들이 쉽게 인지하고 이해할 수 있도록 식품의 분량을 고려하여 에너지를 기준으로 정하였다. 식사구성안의 영양목표를 충족시키는 1일 식사 구성을 제시하기 위해 권장식사패턴을 구성하였다. 성별, 연령별 기준 에너지를 설정한 후, 생애주기별 식품군의 권장섭취횟수가 제시된 권장식사패턴을 제시하였다.

식품구성자전거는 권장식사패턴을 반영한 균형 잡힌 식단과 규칙적인 운동이 건강을 유지하는 데에 중요함을 전달하고자 제작되었다. 수분의 적당한 섭취가 중요함을 강조하기 위하여 앞바퀴에 물이 담긴 컵을 표시하였다[그림 5-1].

식품군별 주요 식품, 1인 1회 분량 및 1회 분량에 해당하는 횟수와 생애주기별 권장섭취패턴은 [표 5-1], [표 5-2], [표 5-3]에 나타나 있다. 또 성별·연령별 기준 에너지(2015년)는 [표 5-4]에 나타나 있다.

[그림 5-1] 식품자전거

[표 5-1] 식품군별 주요 식품, 1인 1회 분량 및 1회 분량에 해당하는 횟수

	품목	식품명	1회 분량(g)[1]	횟수[2]
곡류 (300kcal)	곡류	백미, 보리, 찹쌀, 현미, 조, 수수, 기장, 팥	90	1회
		옥수수	70	0.3회
		쌀밥	210	1회
	면류	국수(말린 것)	90	1회
		국수(생면)	210	1회
		당면	30	0.3회
		라면사리	120	1회
	떡류	가래떡·백설기	150	1회
		떡(팥소, 시루떡 등)	150	1회

	품목	식품명	1회 분량(g)[1]	횟수[2]
곡류 (300kcal)	빵류	식빵 빵(찐빵, 팥빵 등) 빵(기타)	35 80 80	0.3회 1회 1회
	시리얼류	시리얼	30	0.3회
	감자류	감자 고구마	140 70	0.3회 0.3회
	기타	묵 밤 밀가루, 전분, 빵가루, 부침가루, 튀김가루, 믹스	200 60 30	0.3회 0.3회 0.3회
	과자류	과자(비스킷, 쿠키) 과자(스낵)	30 30	0.3회 0.3회
고기 · 생선 · 달걀 · 콩류 (100kcal)	육류	쇠고기(한우, 수입우) 돼지고기, 돼지고기(삼겹살) 닭고기 오리고기 햄, 소시지, 베이컨, 통조림햄	60 60 60 60 30	1회 1회 1회 1회 1회
	어패류	고등어, 명태·동태, 조기, 꽁치, 갈치, 다랑어(참치) 바지락, 게, 굴 오징어, 새우, 낙지 멸치자건품, 오징어(말린 것), 새우자건품, 뱅어포(말린 것), 명태(말린 것) 다랑어(참치통조림) 어묵, 게맛살 어류젓	60 80 80 15 60 30 40	1회 1회 1회 1회 1회 1회 1회
	난류	달걀, 메추라기알	60	1회
	콩류	대두, 완두콩, 강낭콩 두부 순두부 두유	20 80 200 200	1회 1회 1회 1회
	견과류	땅콩, 아몬드, 호두, 잣, 해바라기씨, 호박씨	10	0.3회
채소류 (15kcal)	채소류	파, 양파, 당근, 풋고추, 무, 애호박, 오이, 콩나물, 시금치, 상추, 배추, 양배추, 깻잎, 피망, 부 추, 토마토, 쑥갓, 무청, 붉은고추, 숙주나물, 고사 리, 미나리 배추김치, 깍두기, 단무지, 열무김치, 총각김치 우 엉 마늘, 생강	70 40 40 10	1회 1회 1회 1회

	품목	식품명	1회 분량(g)[1]	횟수[2]
채소류 (15kcal)	해조류	미역, 다시마	30	1회
		김	2	1회
	버섯류	느타리버섯, 표고버섯, 양송이버섯, 팽이버섯	30	1회
과일류 (50kcal)	과일류	수박, 참외, 딸기,	150	1회
		사과, 귤, 배, 바나나, 감, 포도, 복숭아, 오렌지, 키위, 파인애플	100	1회
		건포도, 대추(말린 것)	15	1회
	주스류	과일음료	100	1회
우유 · 유제품류 (125kcal)	우유	우유	200	1회
	유제품	치즈	20	0.3회
		요구르트(호상)	100	1회
		요구르트(액상)	150	1회
		아이스크림	100	1회
유지 · 당류 (45kcal)	유지류	참기름, 콩기름, 커피프림, 들기름, 유채씨기름·채종유, 흰깨, 들깨, 버터, 포도씨유, 마요네즈	5	1회
		커피믹스	12	1회
	당류	설탕, 물엿·조청, 꿀	10	1회

곡류(300kcal)

쌀밥(210g)	 보리밥(210g)	 백미(90g)	 현미(90g)	 수수(90g)	 팥(90g)	 가래떡(150g)
 시루떡(150g)	 국수 말린 것 (90g)	 라면사리(120g)	 팥빵, 잼빵(80g)	 고구마(70g)*	 감자(140g)*	 옥수수(70g)*
 밤(60g)*	 묵(200g)*	 시리얼(30g)*	 당면(30g)*	 식빵(35g)*	 과자(30g)*	 밀가루(30g)*

고기·생선·달걀·콩류(100kcal)

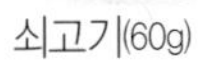

돼지고기(60g) | 돼지고기 삼겹살(60g) | 쇠고기(60g) | 닭고기(60g) | 소시지(30g) | 햄(30g) | 고등어(60g)

명태(60g) | 참치통조림(60g) | 오징어(80g) | 바지락(80g) | 새우(80g) | 어묵(30g) | 멸치 말린 것(15g)

명태 말린 것(15g) | 오징어 말린 것(15g) | 달걀(60g) | 두부(80g) | 대두(20g) | 잣(10g)* | 땅콩(10g)*

채소류(15kcal)

당근(70g) | 양배추(70g) | 오이(70g) | 무(70g) | 애호박(70g) | 콩나물(70g) | 부추(70g)

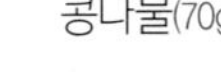

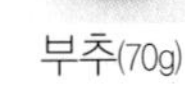

풋고추(70g) | 상추(70g) | 시금치(70g) | 토마토(70g) | 양파(70g) | 마늘(10g) | 배추김치(40g)

총각김치(40g) | 열무김치(40g) | 깍두기(40g) | 표고버섯(30g) | 느타리버섯(30g) | 김(2g) | 미역(30g)

과일류(50kcal)

참외(150g) | 사과(100g) | 배(100g) | 복숭아(100g) | 귤(100g) | 오렌지(100g) | 바나나(100g)

키위(100g) | 감(100g) | 포도(100g) | 건포도(15g) | 대추 말린 것(15g) | 과일주스(100mL)

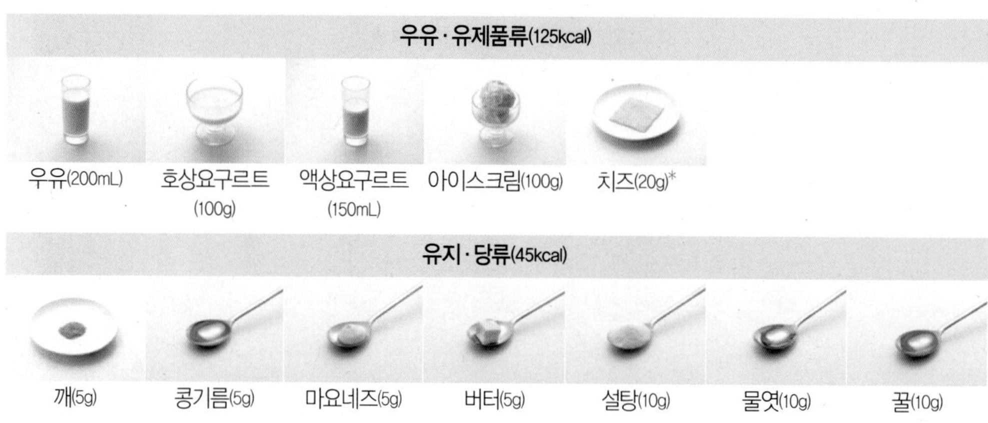

1) 1회 섭취하는 가식부 분량임
2) 해당 1회 분량에 해당하는 횟수
* 표시는 0.3회

[표 5-2] 생애주기별 권장 식사 패턴 A타입(우유·유제품 2회 권장)

열량(kcal)	곡류	고기·생선·달걀·콩류	채소류	과일류	우유·유제품	유지·당류
1,000	1	1.5	4	1	2	3
1,100	1.5	1.5	4	1	2	3
1,200	1.5	2	5	1	2	3
1,300	1.5	2	6	1	2	4
1,400	2	2	6	1	2	4
1,500	2	2.5	6	1	2	5
1,600	2.5	2.5	6	1	2	5
1,700	2.5	3	6	1	2	5
1,800	3	3	6	1	2	5
1,900	3	3.5	7	1	2	5
2,000	3	3.5	7	2	2	6
2,100	3	4	8	2	2	6
2,200	3.5	4	8	2	2	6
2,300	3.5	5	8	2	2	6
2,400	3.5	5	8	3	2	6

열량(kcal)	곡류	고기·생선·달걀·콩류	채소류	과일류	우유·유제품	유지·당류
2,500	3.5	5.5	8	3	2	7
2,600	3.5	5.5	8	4	2	8
2,700	4	5.5	8	4	2	8
2,800	4	6	8	4	2	8

[표 5-3] 생애주기별 권장 식사 패턴 B타입(우유·유제품 1회 권장)

열량(kcal)	곡류	고기·생선·달걀·콩류	채소류	과일류	우유·유제품	유지·당류
1,000	1.5	1.5	5	1	1	2
1,100	1.5	2	5	1	1	3
1,200	2	2	5	1	1	3
1,300	2	2	6	1	1	4
1,400	2.5	2	6	1	1	4
1,500	2.5	2.5	6	1	1	4
1,600	3	2.5	6	1	1	4
1,700	3	3.5	6	1	1	4
1,800	3	3.5	7	2	1	4
1,900	3	4	8	2	1	4
2,000	3.5	4	8	2	1	4
2,100	3.5	4.5	8	2	1	5
2,200	3.5	5	8	2	1	6
2,300	4	5	8	2	1	6
2,400	4	5	8	3	1	6
2,500	4	5	8	4	1	7
2,600	4	6	9	4	1	7
2,700	4	6.5	9	4	1	8

[표 5-4] 성별·연령별 기준 에너지(2015년)

연령	에너지필요추정량		기준 에너지	
	남자	여자	남자	여자
1~2세	1,000	1,000	1,000A	1,000A
3~5세	1,400	1,400	1,400A	1,400A
6~8세	1,700	1,500	1,900A	1,700A
9~11세	2,100	1,800		
12~14세	2,500	2,000	2,600A	2,000A
15~18세	2,700	2,000		
19~29세	2,600	2,100	2,400B	1,900B
30~49세	2,400	1,900		
50~64세	2,200	1,800		
65~74세	2,000	1,600	2,000B	1,600B
75세 이상	2,000	1,600		

[표 5-5]~[표 5-14]는 식단 계획과 식단표의 예이다.

[표 5-5] 1~2세 1,000kcal A타입 권장 식단 계획

		아침	점심	저녁	간식
메뉴	분량	닭살새송이진밥 콩나물국 김구이 백김치	기장밥 감자미소된장국 순살고등어간장조림 애호박전 미니깍두기	쌀밥 미역국 두부완자조림 새콤달콤배추겉절이	우유 갈은 사과&배 호상요구르트
곡류	1회	쌀 30g(0.3)	쌀 + 기장: 30g(0.3) 감자 47g(0.1)	쌀 30g(0.3)	
고기·생선·달걀·콩류	1.5회	닭고기 30g(0.5)	고등어 30g(0.5)	두부 40g(0.5)	
채소류	4회	새송이 9g(0.3) 콩나물 21g(0.3) 김 1g(0.5) 백김치 20g(0.5)	애호박 35g(0.5) 깍두기 20g(0.5)	미역 12g(0.4) 양파 35g(0.5) 배추 35g(0.5)	
과일류	1회				사과 50g(0.5) 배 50g(0.5)
우유·유제품류	2회				우유 200mL(1) 요구르트(호상) 100g(1)

* 괄호 속 숫자는 [표 5-1]의 1인 1회 분량에 기준하는 단위 수

** 쌀 90g은 쌀밥 210g(1공기)이므로, 쌀 30g은 쌀밥 63~70g(1/3공기)임

[표 5-6] 1~2세 1,000kcal A 타입 권장식사 1일 식단표(식사구성안 이용)

식사명	음식명	식품명	분량(g)	곡류	고기, 생선, 달걀, 콩류	채소류	과일류	우유, 유제품류	유지, 당류
식품군별 1일 권장 섭취 패턴(섭취횟수)				1	1.5	4	1	2	3
아침 식사 및 간식	닭살새송이 진밥	쌀	30	0.3					
		닭고기	30		0.5				
		새송이	9			0.3			
	콩나물국	콩나물	21			0.3			
		참기름	5						1
	김구이	김	1			0.5			
	백김치	백김치	20			0.5			
	우유	우유	200					1	
서빙단위수 소계				0.3	0.5	1.6	0	1	1
점심 식사 및 간식	기장밥	쌀	25	0.3					
		기장	5						
	감자미소된장국	감자	47	0.1					
		미소된장							
	고등어 간장조림	고등어	30		0.5				
		간장							
	애호박전	애호박	35			0.5			
		콩기름	5						1
	미니깍두기	미니깍두기	20			0.5			
	사과	사과	50				0.5		
	배	배	50				0.5		
서빙단위수 소계				0.4	0.5	1	1	0	1
저녁 식사 및 간식	쌀밥	쌀	30	0.3					
	미역국	생미역	12			0.4			
		참기름	2.5						0.5
	두부완자 조림	두부	40		0.5				
		양파	35			0.5			
	새콤달콤 배추겉절이	배추	35			0.5			
		참기름	2.5						0.5
	호상 요구르트	호상 요구르트	100					1	
서빙단위수 소계				0.3	0.5	1.4	0	1	1
서빙단위수 총계				1	1.5	4	1	2	3
식품군별 1 서빙당 열량				300	100	15	50	125	45
식품군별 열량(kcal)				300	150	60	50	250	135
총 섭취 열량(kcal)				945					

[표 5-7] 3~5세 1,400kcal 권장 식단계획

		아침	점심	저녁	간식
메뉴	분량	달걀샌드위치 양상추샐러드 고구마튀김 우유	쌀밥 야채카레 콩나물국 돈가스 시금치나물	현미밥 배추된장국 어묵느타리볶음 오이나물 배추김치	과일꼬치 찐 옥수수 호상요구르트
곡류	2회	식빵 35g(0.3) 고구마 70g(0.3)	쌀 45g(0.5) 감자 47g(0.1)	쌀 + 현미: 45g(0.5)	옥수수 70g(0.3)
고기·생선·달걀·콩류	2회	달걀 60g(1)	돼지고기 30g(0.5)	어묵 15g(0.5)	
채소류	6회	양상추, 토마토, 오이, 당근 105g(1.5)	당근, 양파 35g(0.5) 콩나물 35g(0.5) 시금치 70g(1)	배추 35g(0.5) 느타리버섯 30g(1) 오이 35g(0.5) 배추김치 20g(0.5)	
과일류	1회				파인애플 40g(0.4) 거봉 30g(0.3) 딸기 50g(0.5)
우유·유제품류	2회				우유 200mL(1) 요구르트(호상) 100g(1)

[표 5-8] 3~5세 1,400kcal A 타입 권장식사 1일 식단표(식사구성안 이용)

식사명	음식명	식품명	분량(g)	곡류	고기, 생선, 달걀, 콩류	채소류	과일류	우유, 유제품류	유지, 당류
식품군별 1일 권장 섭취 패턴(섭취횟수)				2	2	6	1	2	4
아침 식사 및 간식	달걀 샌드위치	식빵	35	0.3					
		달걀	60		1				
	양상추 샐러드	양상추	35			1.5			
		토마토	30						
		오이	20						
		당근	20						
		마요네즈	2.5						0.5
	고구마 튀김	고구마	70	0.3					
		콩기름	5						1
	파일애플	파인애플	40				0.4		
	거봉	거봉	30				0.3		
	딸기	딸기	50				0.5		
	우유	우유	200					1	
서빙단위수 소계				0.6	1	1.5	1.2	1	1.5

식사명	음식명	식품명	분량(g)	곡류	고기, 생선, 달걀, 콩류	채소류	과일류	우유, 유제품류	유지, 당류
점심 식사 및 간식	쌀밥	쌀	45	0.5					
	야채카레	감자	47	0.1 (0.09)					
		당근	15			0.5			
		양파	20						
		카레	–						
	콩나물국	콩나물	35			0.5			
	돈가스	돼지고기	30		0.5				
		콩기름	5						1
	시금치 나물	시금치	70			1			
		참기름	2.5						0.5
	찐옥수수	옥수수	70	0.3					
서빙단위수 소계				0.9	0.5	2	0	0	1.5
저녁 식사 및 간식	현미밥	쌀	40	0.5					
		현미	5						
	배추 된장국	배추	35			0.5			
		된장	–						
	어묵느타리 볶음	어묵	15		0.5				
		느타리버섯	30			1			
		콩기름	5						1
	오이나물	오이	35			0.5			
	배추김치	배추김치	20			0.5			
	호상 요구르트	호상 요구르트	100					1	
서빙단위수 소계				0.5	0.5	2.5	1.2	1	1
서빙단위수 총계				2	2	6	1.2	2	4
식품군별 1 서빙당 열량				300	100	15	50	125	45
식품군별 열량(kcal)				600	200	90	60	250	180
총 섭취 열량(kcal)				1,380					

[표 5-9] 6~11세 남아 1,900kcal A타입 권장 식단

메뉴	분량	아침	점심	저녁	간식
		쌀밥 호박된장국 달걀찜 감자피망볶음 김구이	잡곡밥 어묵국 두부구이 깻잎간장조림 오이생채	현미밥 미역국 데리야끼치킨 숙주나물 시금치나물 배추김치	우유 과자 바나나요구르트
곡류	3회	쌀 70g(0.8) 감자 140g(0.3)	쌀 + 잡곡: 70g(0.8)	쌀 + 현미: 70g(0.8)	과자 30g(0.3)
고기·생선·달걀·콩류	3.5회	달걀 60g(1)	어묵 30g(1) 두부 40g(0.5)	닭고기 60g(1)	
채소류	7회	애호박 35g(0.5) 당근, 양파 14g(0.2) 피망 35g(0.5) 김 2g(1)	무 35g(0.5) 깻잎 21g(0.3) 오이 70g(1)	미역 15g(0.5) 숙주 35g(0.5) 시금치 70g(1) 배추김치 40g(1)	
과일류	1회				바나나 100g(1)
우유·유제품류	2회				우유 200mL(1) 요구르트(액상) 150mL(1)

[표 5-10] 6~11세 남아 1,900kcal A 타입 권장 식사 1일 식단(식사구성안 이용)

식사명	음식명	식품명	분량(g)	곡류	고기, 생선, 달걀, 콩류	채소류	과일류	우유, 유제품류	유지, 당류
식품군별 1일 권장 섭취 패턴(섭취횟수)				3	3.5	7	1	2	5
아침 식사 및 간식	쌀밥	쌀	70	0.8					
	애호박 된장국	애호박	35			0.5			
		당근	7			0.2			
		양파	7						
		된장							
	달걀찜	달걀	60		1				
	감자피망 볶음	감자	140	0.3					
		피망	35			0.5			
		콩기름	5						1
	김구이	김	2			1			
	과자	과자	30	0.3					
	우유	우유	200					1	
서빙단위수 소계				1.4	1	2.2	0	1	1

식사명	음식명	식품명	분량(g)	곡류	고기, 생선, 달걀, 콩류	채소류	과일류	우유, 유제품류	유지, 당류
점심 식사 및 간식	잡곡밥	쌀	60	0.8 (0.78)					
		보리	5						
		현미	5						
	어묵국	어묵	30		1				
		무	35			0.5			
	두부구이	두부	40		0.5				
		콩기름	5						1
	깻잎간장 조림	깻잎	23			0.3			
		간장	–						
	오이생채	오이	70			1			
	바나나	바나나	100				1		
	액상 요구르트	액상 요구르트	150					1	
서빙단위수 소계				0.8	1.5	1.8	1	1	1
저녁 식사 및 간식	현미밥	쌀	65	0.8 (0.78)					
		현미	5						
	미역국	생미역	15			0.5			
		참기름	5						1
	치킨데리야끼 소스	닭고기	60		1				
		식용유	5						1
		데리야끼 소스	–						
	숙주나물	숙주	35			0.5			
		참기름	2.5						0.5
	시금치나물	시금치	70			1			
		참기름	2.5						0.5
	배추김치	배추김치	40			1			
서빙단위수 소계				0.8	1	3	0	0	3
서빙단위수 총계				3	3.5	7	1	2	5
식품군별 1 서빙당 열량				300	100	15	50	125	45
식품군별 열량(kcal)				900	350	105	50	250	225
총 섭취 열량(kcal)				1,880					

[표 5-11] 12~18세 남자 2,600kcal A타입 권장 식단계획

		아침	점심	저녁	간식
메뉴	분량	쌀밥 참치김치찌개 떡갈비 잔멸치볶음 시금치나물	우동 오징어부추전 배추겉절이 단무지무침	잡곡밥 쇠고기미역국 제육볶음 상추쌈 잡채 열무김치	호상요구르트 우유 사과 포도 오렌지 배
곡류	3.5회	쌀 90g(1)	국수(건면) 90g(1) 부침가루 20g(0.2)	쌀 + 잡곡: 90g(1) 당면 30g(0.3)	
고기·생선·달걀·콩류	5.5회	참치통조림 30g(0.5) 쇠고기 60g(1) 마른멸치(소) 15g(1)	어묵 15g(0.5) 오징어 40g(0.5)	쇠고기 18g(0.3) 돼지고기 90g(1.5) 돼지고기 12g(0.2)	
채소류	8회	배추김치 40g(1) 시금치 70g(1)	쑥갓 7g(0.1) 부추 35g(0.5) 배추 70g(1) 단무지 40g(1)	생미역 15g(0.5) 상추 63g(0.9) 시금치, 당근, 양파 70g(1) 열무김치 40g(1)	
과일류	4회				사과 100g(1) 포도 100g(1) 배 100g(1)
우유·유제품류	2회				요구르트(호상) 100g(1) 우유 200mL(1)

[표 5-12] 12~18세 남자 2,600kcal A 타입 권장식사 1일 식단표(식사구성안 이용)

식사명	음식명	식품명	분량(g)	곡류	고기, 생선 달걀, 콩류	채소류	과일류	우유, 유제품류	유지, 당류
식품군별 1일권장 섭취패턴(섭취횟수)				3.5	5.5	8	4	2	8
아침 식사 및 간식	쌀밥	쌀	90	1					
	참치 김치찌개	참치캔	30		0.5				
		배추김치	40			1			
	떡갈비	쇠고기	60		1				
	잔멸치 볶음	마른건멸치(소)	15		1				
		콩기름	5						1
	시금치 나물	시금치	70			1			
		참기름	5						1
	호상 요구르트	호상 요구르트	100					1	
	사과	사과	100				1		
서빙단위수 소계				1	2.5	2	1	1	2

식사명	음식명	식품명	분량(g)	곡류	고기, 생선 달걀, 콩류	채소류	과일류	우유, 유제품류	유지, 당류
점심 식사 및 간식	우동	국수 (생면 210g 또는 건면 90g)	210	1					
		어묵	15		0.5				
		쑥갓	7			0.1			
	오징어 부추전	오징어	40		0.5				
		부침가루	20	0.2					
		부추	35			0.5			
		콩기름	5						1
	배추겉절이	배추	70			1			
		참기름	5						1
	단무지무침	단무지	40			1			
	우유	우유	100					1	
	포도	포도	100				1		
서빙단위수 소계				1.2	1	2.6	1	1	2
저녁 식사 및 간식	잡곡밥	쌀	70						
		현미	10	1					
		흑미	10						
	쇠고기 미역국	쇠고기	18		0.3				
		생미역	15			0.5			
	제육볶음	콩기름	5						1
		돼지고기	90		1.5				
		참기름	5						1
	상추쌈	상추	63			0.9			
	잡채	시금치	30						
		당근	20			1			
		양파	20						
		당면	30	0.3					
		돼지고기	12		0.2				
		식용유	10						2
	배	배	200				2		
	열무김치	열무김치	40			1			
서빙단위수 소계				1.3	2	3.4	2	0	4
서빙단위수 총계				3.5	5.5	8	4	2	8
식품군별 1 서빙당 열량				300	100	15	50	125	45
식품군별 열량(kcal)				1050	550	120	200	250	360
총 섭취 열량(kcal)				2,530					

[표 5-13] 19~64세 여자 1,900kcal 권장 식단계획

		아침	점심	저녁	간식
메뉴	분량	쌀밥 달걀국 땅콩멸치볶음 애호박나물 깍두기	보리밥 팽이버섯된장국 소불고기 콩나물무침 오이소박이	떡국 갈치카레구이 꽈리고추볶음 배추겉절이 양배추샐러드	우유 토마토 귤 포토
곡류	3회	쌀 90g(1)	쌀 + 보리: 90g(1)	가래떡 150g(1)	
고기·생선· 달걀·콩류	4회	달걀 30g(0.5) 마른멸치(소) 15g(1) 땅콩 6g(0.2)	쇠고기 60g(1)	쇠고기 18g(0.3) 갈치 60g(1)	
채소류	8회	애호박 70g(1) 깍두기 40g(1)	팽이버섯 15g(0.5) 양파 35g(0.5) 콩나물 70g(1) 오이 70g(1)	꽈리고추 35g(0.5) 배추 35g(0.5) 양배추 70g(1)	토마토 70g(1)
과일류	2회				귤 100g(1) 포도 100g(1)
우유·유제품류	1회				우유 200mL(1)

[표 5-14] 19~64세 여자 1,900kcal B타입 권장 식사 1일 식단표(식사구성안 이용)

식사명	음식명	식품명	분량(g)	곡류	고기, 생선 달걀, 콩류	채소류	과일류	우유, 유제품류	유지, 당류
식품군별 1일권장 섭취패턴(섭취횟수)				3	4	8	2	1	4
아침 식사 및 간식	쌀밥	쌀	90	1					
	달걀국	달걀	30		0.5				
	땅콩멸치 볶음	마른멸치 (소)	15		1				
		땅콩	6		0.2				
		식용유	2.5						0.5
	애호박나물	애호박	70			1			
		식용유	2.5						0.5
	깍두기	깍두기	40			1			
	우유	우유	200					1	
서빙단위수 소계				1	1.7	2	0	1	1

식사명	음식명	식품명	분량(g)	곡류	고기, 생선 달걀, 콩류	채소류	과일류	우유, 유제품류	유지, 당류
점심 식사 및 간식	보리밥	쌀	80	1					
		보리	10						
	팽이버섯 된장국	팽이버섯	15			0.5			
		된장	–						
	소불고기	쇠고기	60		1				
		양파	35			0.5			
		참기름	2.5						0.5
	콩나물 무침	콩나물	70			1			
		참기름	2.5						0.5
	오이무침	오이	70			1			
	귤	귤	100				1		
서빙단위수 소계				1	1	3	1	0	1
저녁 식사 및 간식	떡국	가래떡	150	1					
		쇠고기	18		0.3				
	갈치카레 구이	갈치	60		1				
		식용유	5						1
		카레	–						
	꽈리고추 볶음	꽈리고추	35			0.5			
		식용유	2.5						0.5
	배추겉절이	배추	35			0.5			
		참기름	2.5						0.5
	양배추 샐러드	양배추	70			1			
		토마토	70			1			
	포도	포도	100				1		
서빙단위수 소계				1	1.3	3	1	0	2
서빙단위수 총계				3	4	8	2	1	4
식품군별 1 서빙당 열량				300	100	15	50	125	45
식품군별 열량(kcal)				900	400	120	100	125	180
총 섭취 열량(kcal)				1,825					

(2) 식품교환표

식품교환표란 비슷한 영양량을 갖춘 식품들을 하나의 군으로 묶어서 같은 군 안에 포함된 식품들끼리 바꾸어 섭취할 수 있도록 만든 표이다. 이것은 1950년 미국영양사회와 미국 당뇨병협회가 공동으로, 주로 당뇨환자의 식단계획에 활용하기 위하여 만들었다. 그 이후 편리성이 인정되어 당뇨환자는 물론 모든 식단 계획에서 활용하고 있다.

우리나라에서도 미국의 식품교환표를 우리 실정에 맞게 개정하였는데, 현재 1995년 대한영양사회, 대한당뇨학회, 한국영양학회가 공동으로 제정한 식품교환표를 사용하고 있다.

식단 작성 시 식품교환표를 사용하여 식품구성을 하는 경우에는 **[표 5-15]**에서 보는 바와 같이, 다음과 같은 방법으로 교환단위 수를 결정한다.

① 결정된 영양 기준량에서 먼저 탄수화물을 함유한 식품의 교환단위 수를 결정한다.

② 탄수화물 함유식품인 우유, 채소, 과일의 단위수를 결정하고, 이들 식품에서 공급된 탄수화물의 양을 총 탄수화물 기준량에서 뺀 다음, 곡류 1 단위에 함유된 탄수화물 g 수인 23으로 나누고 곡류단위수를 결정한다.

③ 어육류 교환단위 수를 결정한다. 우유, 채소, 곡류에서 얻은 단백질량을 단백질 기준량에서 뺀 다음, 육류 1 단위 단백질량인 8로 나누어 어육류 교환수를 결정한다.

④ 지방교환단위 단위수를 결정한다. 우유, 어육류에서 얻은 지방량을 지방 기준량에서 뺀 다음 5로 나누어 지방 단위수를 결정한다.

[표 5-15] 열량에 따른 식품군별 교환단위 수 결정법

1일 목표열량: 2,500kcal 탄수화물: 65%(406g) 단백질: 15%(94g) 지방: 20%(55g)

교환군	식품군	교환단위수	탄수화물(g)		단백질(g)		지방(g)		열량(kcal)	
			1교환단위당 탄수화물양	교환단위 수에 대한 탄수화물양	1교환단위당 단백질량	교환단위 수에 대한 단백질량	1교환단위당 지방량	교환단위 수에 대한 지방량	1교환단위당 열량	교환단위 수에 대한 열량
5군	우유군	2	11	22	6	12	6	12	125	250
3군	채소군	7	3	21	2	14	–	–	20	140
6군	과일군	2	12	24	–	–	–	–	50	100
				67	(곡류군을 제외한 탄수화물함유식품군에서 나온 탄수화물양)					

교환군	식품군	교환단위수	탄수화물(g)		단백질(g)		지방(g)		열량(kcal)	
			1교환단위당 탄수화물양	교환단위 수에 대한 탄수화물양	1교환단위당 단백질량	교환단위 수에 대한 단백질량	1교환단위당 지방량	교환단위 수에 대한 지방량	1교환단위당 열량	교환단위 수에 대한 열량
	406g(권장탄수화물양) – 67g(곡류군을 제외한 탄수화물함유식품군에서 나온 탄수화물양) = 339g 339g(곡류군에서 제공받아야 할 탄수화물양) ÷ 23g(곡류군 교환단위당 탄수화물양) ≒ 15(곡류군 교환단위 수)									
1군	곡류군	15	23	345	2	30	–	–	100	1500
						56	(어육류군을 제외한 단백질함유식품군에서 나온 단백질량)			
	94g(권장단백질량) – 56g(어육류군을 제외한 단백질함유식품군에서 나온 단백질량) = 38g 38g(어육류군에서 제공받아야 할 단백질량) ÷ 8g(어육류군 교환단위당 단백질량) ≒ 5(어육류군 교환단위 수)									
2군	어육류군 저지방	3	–	–	8	24	2	6	50	150
	어육류군 중지방	2	–	–	8	16	5	10	75	150
	어육류군 고지방	–	–	–	8	–	8	–	100	–
								28	(지방군을 제외한 지방함유식품군에서 나온 지방양)	
	55g(권장지방량) – 28g(지방군을 제외한 지방함유식품군에서 나온 지방양) = 27g 27g(지방군에서 제공받아야 할 지방양) ÷ 5g(지방군 교환단위당 지방양) ≒ 5(지방군 교환단위 수)									
5군	지방군	5	–	–	–	–	5	25	45	225
총영양량			탄수화물 412g		단백질 96g		지방 53g		열량 2,515kcal	

그러나 일일이 계산하지 않아도 [표 5-16]을 보면 미리 계산해서 정리한 열량에 따른 식품군별 교환단위 수 표가 제시되어 있다. 이 표를 보고 열량에 따라, 각 식품군을 제시된 교환수만큼 사용해서 식단을 작성하면 된다. 또 [표 5-17]에 식품군별 1교환 단위량 및 영양량이 제시되어 있다.

[표 5-16] **열량에 따른 식품군별 교환단위 수**

	곡류군	어육류군	채소류	지방군	우유군	과일군
1,200	5	4	6	3	1	1
1,300	6	4	6	3	1	1
1,400	7	4	6	3	1	1
1,500	7	5	7	4	1	1
1,600	8	5	7	4	1	1
1,700	8	5	7	4	1	2
1,800	8	5	7	4	1	2
1,900	9	5	7	4	2	2
2,000	10	5	7	4	2	2
2,100	10	6	7	4	2	2
2,200	11	6	7	4	2	2
2,300	11	7	8	5	2	2
2,400	12	7	8	5	2	2
2,500	13	7	8	5	2	2
2,600	13	8	8	5	2	2
2,700	13	8	9	6	2	3
2,800	14	8	9	6	2	3

[표 5-17] 식품군별 1교환 단위량 및 영양량

식품 교환군	곡류군	어육류군	채소류	지방군	우유군	과일군
영양량 및 열량	탄수화물 23g 단백질 2g 열량 100kcal	저지방: 단백질 8g 지방 2g 열량 50kcal 중지방: 단백질 8g 지방 5g 열량 75kcal 고지방: 단백질 8g 지방 8g 열량 100kcal	탄수화물 3g 단백질 2g 열량 20kcal	지방 5g 열량 45kcal	탄수화물 10g 단백질 6g 지방 7g 열량 125kcal	탄수화물 12g 열량 50kcal
1교환 단위량	쌀 30g 밥(1/3공기) 70g 마른국수 30g 삶은국수(1/2공기) 90g 식빵(1장) 35g	육류(탁구공 크기) 40g 어류(작은 1토막) 50g 치즈(1.5장) 30g 달걀 55g(中 1개) 메추리알 40g(5개) 검정콩 20g 두부 80g 연두부 150g 순두부 200g	가지 콩나물, 당근, 물미역, 시금치, 호박, 고구마순 70g 연근 40g 배추김치, 깍두기, 갓김치, 총각김치 50g 나박김치, 동치미 70g 깻잎 40g 김 2g 곤약 70g	참기름, 들기름, 콩기름 5g(1티스푼) 마가린, 버터 5g (1티스푼) 마요네즈 5g (1티스푼)	우유 200g(1팩) 분유 25g 두유(무가당) 200g (1팩)	사과(1/3쪽) 80g 배(1/4쪽) 110g 귤 120g 단감(1/3쪽) 50g 바나나(1/2쪽) 50g 포도(19알) 80g 수박 150g 과일주스 (무가당, 1/2컵) 100g
	가래떡(썰은 것 11개) 50g 시루떡 50g 인절미 50g 도토리묵, 메밀묵, 녹두묵 200g 감자(中 1개) 140g 고구마(中 1/2개) 70g 콘프레이크(3/4컵) 30g	명란젓·창란젓 40g 건오징어채·잔멸치 15g(1/4컵) 뱅어포(1장) 북어 15g(1/2토막) 쥐치포 15g 어묵(튀긴 것), 어묵(찐 것), 물오징어 새우 50g 꽃게(小 1마리) 굴, 문어, 전복, 조갯살, 홍합(1/3컵) 70g 낙지(1/2컵) 100g 소갈비(小 1토막) 40g	고추잎(생 것) 70g 더덕 40g 마늘종 40g 무말랭이 7g 단호박 40g 당근주스 50g			

* 질환식 식단이 아니고 일반식 식단일 때 어육류는 저지방, 중지방, 고지방을 구분하지 않고 중지방 영양량으로 계산하는 것이 편리함

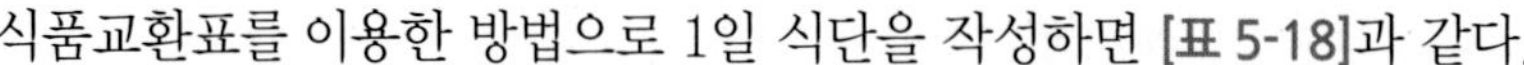

식품교환표를 이용한 방법으로 1일 식단을 작성하면 [표 5-18]과 같다.

[표 5-18] 25세 여자 1일 2,100kcal 목표 1일 3끼 식단(식품교환군 이용)

식사명	음식명	식품명	분량(g)	곡류군	어육류군	채소군	지방군	우유군	과일군
식품군별 1일 교환단위 수				10	6	7	4	2	2
아침 및 간식	보리밥	쌀	70	3					
		보리쌀	20						
	미역국	생미역	70			1			
		참기름	2.5				0.5		
	달걀 프라이	달걀	55		1				
		콩기름	2.5				0.5		
	두부구이	두부	80		1				
		식용유	2.5				0.5		
	배추김치	배추김치	50			1			
	우유	우유	200					1	
	사과	사과	80						1
교환단위 수 소계				3	2	2	1.5	1	1
점심 및 간식	현미밥	쌀	70	3					
		현미	20						
	순두부 찌개	순두부	200		1				
	고등어구이	고등어	100		1				
	콩나물 무침	콩나물	70			1			
		참기름	2.5				0.5		
	깍두기	깍두기	50			1			
	토스트	식빵	35	1					
		버터	0.5				0.5		

식사명	음식명	식품명	분량(g)	곡류군	어육류군	채소군	지방군	우유군	과일군
교환단위 수 소계				4	2	2	1	0	0
저녁 및 간식	조밥	쌀밥	70	3					
		조	20						
	돼지고기구이	돼지고기	80		2				
		참기름	5				1		
	상추쌈	상추	70			1			
		쌈장	–						
	양배추 샐러드	양배추	70			1			
		마요네즈	2.5				0.5		
	바나나	바나나	50						1
	호상 요구르트	호상 요구르트	100					1	
교환단위 수 소계				3	2	3	1.5	1	1
교환단위 수 총계				10	6	7	4	2	2
식품군별 탄수화물량(g)				23	0	3	0	10	12
총 섭취 탄수화물량(g)				(10×23) +(6×0) +(7×3) +(4×0) +(2×10) +(2×12) = 295					
식품군별 단백질량(g)				2	8	2	0	6	0
총 섭취 단백질량(g)				(10×2) + (6×8) +(7×2) +(4×0) +(2×6) +(2×0) = 94					
식품군별 지방량(g)				0	5	0	5	7	0
총 섭취 지방량(g)				(10×0) +(6×5) +(7×0) +(4×5) +(2×7) +(2×0) = 64					
식품군별 열량(kcal)				100	75	20	45	125	50
총 섭취 열량(kcal)				(10×100) +(6×75) +(7×20) +(4×45) +(2×125) +(2×50) =2120					

식품교환표를 이용한 방법으로 한 끼 식단을 작성하면 [표 5-19], [표 5-20]과 같다.

[표 5-19] 25세 여자 1일 2,100kcal / 점심식사 33% 700kcal 목표 한 끼 식단(식품교환군 이용)

식사명	음식명	식품명	분량(g)	곡류군	어육류군	채소군	지방군	우유군	과일군
식품군별 1일 교환단위 수				10	6	7	4	2	2
식품군별 한 끼 교환단위 수				3.3	2	2.3	1.3	0.7	0.7
점심식사 및 간식	현미밥	쌀	70	3					
		현미	20						
	순두부찌개	순두부	200		1				
	고등어구이	고등어	50		1				
	콩나물무침	콩나물	70			1			
		참기름	2.5				0.5		
	호박볶음	애호박	35			0.5			
		참기름	2.5				0.5		
	깍두기	깍두기	50			1			
	토스트	식빵	17.5	0.5					
	우유	우유	200					1	
	사과	사과	80						1
교환단위 수 계				3.5	2	2.5	1	1	1
식품군별 탄수화물량(g)				23	0	3	0	4	12
총 섭취 탄수화물량(g)				(3.5×23) + (2×0) + (2.5×3) + (4×0) + (1×0) + (1×12) = 100					
식품군별 단백질량(g)				2	8	2	0	6	0
총 섭취 단백질량(g)				(3.5×2) + (2×8) + (2.5×2) + (1×0) + (1×6) + (1×0) = 34					
식품군별 지방량(g)				0	5	0	5	7	0
총 섭취 지방량(g)				(3.5×0) + (2×5) + (2.5×0) + (1×5) + (1×7) + (1×0) = 22					
식품군별 열량(kcal)				100	75	20	45	125	50
총 섭취 열량(kcal)				(3.5×100) + (2×75) + (2.5×20) + (1×45) + (1×125) + (1×50) = 770					

[표 5-20] 3~5세 1일 1,400kcal / 점심식사와 간식 50% 700kcal 목표 한 끼 식단(식품교환군 이용)

식사명	음식명	식품명	분량(g)	곡류군	어육류군	채소군	지방군	우유군	과일군
식품군별 1일 교환단위 수				7	4	6	3	1	1
식품군별 50% 교환단위 수				3.5	2	3	1.5	0.5	0.5
오전 간식	달걀 샌드위치	식빵	35	1					
		달걀	27.5		0.5				
	샐러드	양상추	35			0.5			
		마요네즈	2.5				0.5		
	우유	우유	100					0.5	
교환단위 수 소계				1	0.5	0.5	0.5	0.5	0
점심 식사	흑미밥	쌀	50	2					
		흑미	10						
	미역국	생미역	35			0.5			
		쇠고기	20		0.5				
		참기름	2.5				0.5		
	갈치구이	갈치	50		1				
	오이무침	오이	70			1			
	배추김치	배추김치	25			0.5			
교환단위 수 소계				2	1.5	2	0.5	0	0
오후 간식	감자부침	감자	140	0.3					
		밀가루	20	0.2					
		애호박	35			0.5			
		콩기름	2.5				0.5		
	수박	수박	75						0.5
교환단위 수 소계				0.5	0	0.5	0.5	0	0.5
교환단위 수 총계				3.5	2	3	1.5	0.5	0.5
식품군별 탄수화물량(g)				23	0	3	0	10	12
총 섭취 탄수화물량(g)				(3.5x23) +(2x0) +(3x3) +(1.5x0) +(0.5x10) +(0.5x12) = 100.5					
식품군별 단백질량(g)				2	8	2	0	6	0
총 섭취 단백질량(g)				(3.5x2) +(2x8) +(3x2) +(1.5x0) +(0.5x6) +(0.5x0) = 32					
식품군별 지방량(g)				0	5	0	5	7	0
총 섭취 지방량(g)				(3.5x0) +(2x5) +(3x0) +(1.5x5) +(0.5x7) +(0.5x0) = 21					
식품군별 열량(kcal)				100	75	20	45	125	50
총 섭취 열량(kcal)				(3.5x100) +(2x75) +(3x20) +(1.5x45) +(0.5x125) +(0.5x50) = 715					

참고: 감자는 1인1회 분량이 140g(0.3회) 이고 밀가루는 1인 1회 분량이 30g(0.3회)임

예제

25세 저활동, 체중 56.1kg, 키 161.5cm인 한국인 여자의 1일 식단을 식품교환군을 이용해서 작성해 보시오.

① 열량 필요량

354 − (6.91 × 25) + 1.12[(9.36 × 56.1) + (726 × 1.615)] = 2,082kcal(약 2,100kcal)

② 2,100kcal에 대한 식품군별 교환단위 수

단위: 교환단위 수

2,100 kcal	곡류군	어육류군	채소군	지방군	우유군	과일군
	10	6*	7	4	2	2
아침식사 및 간식	3	2	2	1.5	1	1
점심식사 및 간식	4	2	2	1		
저녁식사 및 간식	3	2	3	1.5	1	1

* 정상인의 식단이므로 저지방, 중지방, 고지방을 구분하지 않았음.

③ 끼니별로 할당된 식품군별 교환단위 수에 의해서 식품(음식)의 종류와 단위수 결정

2,100kcal	곡류군 (교환단위 수)	어육류군 (교환단위 수)	채소군 (교환단위 수)	지방군 (교환단위 수)	우유군 (교환단위 수)	과일군 (교환단위 수)
	10	6	7	4	2	2
아침식사 및 간식	3	2	2	1.5	1	1
	보리밥(3단위)	달걀(1단위) 두부(1단위)	생미역(1단위) 김치(1단위)	참기름(0.5단위) 식용유(1단위)	우유(1단위)	사과(1단위)
점심식사 및 간식	4	2	2	1		
	현미밥(3단위) 식빵(1단위)	병어(1단위) 순두부(1단위)	깍두기(1단위) 콩나물(1단위)	참기름(0.5단위) 버터(0.5단위)		
저녁식사 및 간식	3	2	3	1.5	1	1
	조밥(3단위)	돼지고기(2단위)	양배추(1단위) 깻잎(1단위) 김치(1단위)	참기름(1.5단위)	우유(1단위)	귤(1단위)

④ 음식수, 음식명과 조리법 결정

식사명	음식명	식품명	순사용량(g)	식품교환군					
				곡류군	어육류군	채소군	지방군	우유군	과일군
아침 식사 및 간식	보리밥	쌀	70	3					
		보리쌀	20						
	미역국	생미역	70			1			
		참기름	2.5				0.5		
	달걀프라이	달걀	55		1				
		식용유	2.5				0.5		
	두부구이	두부	80		1				
		식용유	2.5				0.5		
	배추김치	배추김치	50			1			
	우유	우유	200					1	
	사과	사과	80						1
소계				3	2	2	1.5	1	1
점심 식사 및 간식	현미밥	쌀	70	3					
		현미	20						
	순두부찌개	순두부	200		1				
	병어구이	병어	50		1				
	콩나물무침	콩나물	70			1			
		참기름	2.5				0.5		
	깍두기	깍두기	50			1			
	토스트	식빵	35	1					
		버터	2.5				0.5		
소계				4	2	2	1	0	0
저녁 식사 및 간식	조밥	쌀	70	3					
		조	20						
	돼지고기 구이	돼지고기	80		2				
		참기름	15				1.5		
	채소무침	양배추	70			1			
		깻잎	40			1			
	배추김치	배추김치	50			1			
	우유	우유	200					1	
	귤	귤	120						1
소계				3	2	3	1.5	1	1
계				10	6	7	4	2	2

3 식단과 가족의 영양량 결정

가정에 따라 가족구성이 다르므로 영양량의 성인환산치를 알아서 영양량 계산에 활용한다. 19~29세의 저활동을 하는 남자의 영양필요량을 1.0 기준으로 하여 나이와 성별에 따라 환산한 값을 성인환산치라고 한다. 이렇게 하면 식단작성을 할 때 개개인의 필요량을 계산해서 더하는 번거로움을 덜 수 있다. [표 5-21]은 2015 한국인 영양소 섭취기준에 따른 성인환산치이며, [표 5-22]는 2남 1녀를 둔 5인 가족의 영양소별 성인환산치를 계산한 예이다.

성인환산치는 저활동을 기준으로 한 것이므로 가족 중 활동적인 일을 하거나 매우 활동적인 일을 하는 구성원이 있을 때는 조절해야 하며, 가족 중 평균체중을 초과하거나 미달되는 구성원이 있을 때도 조절해야 한다. 가족의 성인환산치 합계를 구한 후에는 식품구성량을 계산한다.

대부분의 가정에서는 영양소별로 가족의 영양량을 계산하지 않고 열량 계수만을 가지고 식품량을 결정하고 있으며, 이것에 따라 식품구입비도 계산한다. 이와 같이 가족단위의 영양량 계산은 식품구입량을 결정하는 데 필요할 뿐 아니라 식생활비 예산을 결정하는 데도 필요하다.

[표 5-21] 2015 영양소 섭취기준에 따른 영양소별 성인환산치

연령		에너지	단백질	비타민 A	비타민 D	비타민 E	비타민 C	티아민	리보플라빈	나이아신	비타민 B_6	엽산	칼슘	인	철	아연
영아	0~5 (개월)	0.21	0.15	0.44	0.50	0.25	0.35	0.17	0.20	0.13	0.07	0.16	0.26	0.14	0.03	0.20
	6~11	0.27	0.23	0.56	0.50	0.33	0.45	0.25	0.27	0.19	0.20	0.20	0.38	0.43	0.60	0.30
유아	1~2(세)	0.38	0.23	0.38	0.50	0.42	0.35	0.42	0.33	0.38	0.40	0.38	0.63	0.64	0.60	0.30
	3~5	0.54	0.31	0.44	0.50	0.50	0.40	0.42	0.40	0.44	0.47	0.45	0.75	0.79	0.60	0.40
남자	6~8(세)	0.65	0.46	0.56	0.50	0.58	0.55	0.58	0.60	0.56	0.60	0.55	0.88	0.86	0.90	0.60
	9~11	0.81	0.62	0.75	0.50	0.75	0.70	0.75	0.80	0.75	0.73	0.75	1.00	1.71	1.00	0.80
	12~14	0.96	0.85	0.94	1.00	0.83	0.90	0.92	1.00	0.94	1.00	0.90	1.25	1.71	1.40	0.80
	15~18	1.04	1.00	1.06	1.00	0.92	1.05	1.08	1.13	1.06	1.00	1.00	1.13	1.71	1.40	1.00
	19~29	1.00	1.00	1.00	1.00	1.00	1.00	1.00	1.00	1.00	1.00	1.00	1.00	1.00	1.00	1.00
	30~49	0.92	0.92	0.94	1.00	1.00	1.00	1.00	1.00	1.00	1.00	1.00	1.00	1.00	1.00	1.00
	50~64	0.85	0.92	0.94	1.00	1.00	1.00	1.00	1.00	1.00	1.00	1.00	0.94	1.00	1.00	0.90

연령		에너지	단백질	비타민 A	비타민 D	비타민 E	비타민 C	티아민	리보플라빈	나이아신	비타민 B_6	엽산	칼슘	인	철	아연
남자	65~74	0.77	0.85	0.88	1.50	1.00	1.00	1.00	1.00	1.00	1.00	1.00	0.88	1.00	0.90	0.90
	75이상	0.77	0.85	0.88	1.50	1.00	1.00	1.00	1.00	1.00	1.00	1.00	0.88	1.00	0.90	0.90
여자	6~8(세)	0.58	0.38	0.50	0.50	0.58	0.60	0.58	0.53	0.56	0.60	0.55	0.88	0.79	0.80	0.50
	9~11	0.69	0.62	0.69	0.50	0.75	0.80	0.75	0.67	0.75	0.73	0.75	1.00	1.71	1.00	0.80
	12~14	0.77	0.77	0.81	1.00	0.83	1.00	0.92	0.80	0.94	0.93	0.90	1.13	1.71	1.60	0.80
	15~18	0.77	0.77	0.75	1.00	0.92	0.95	1.00	0.80	0.88	0.93	1.00	1.00	1.71	1.40	0.90
	19~29	0.81	0.85	0.81	1.00	1.00	1.00	0.92	0.80	0.88	0.93	1.00	0.88	1.00	1.40	0.80
	30~49	0.73	0.77	0.81	1.00	1.00	1.00	0.92	0.80	0.88	0.93	1.00	0.88	1.00	1.40	0.80
	50~64	0.69	0.77	0.75	1.00	1.00	1.00	0.92	0.80	0.88	0.93	1.00	1.00	1.00	0.80	0.70
	65~74	0.62	0.69	0.69	1.50	1.00	1.00	0.92	0.80	0.88	0.93	1.00	1.00	1.00	0.80	0.70
	75 이상	0.62	0.69	0.69	1.50	1.00	1.00	0.92	0.80	0.88	0.93	1.00	1.00	1.00	0.70	0.70

[표 5-22] 5인 가족 성인환산치 예

	아버지	어머니	장남	차남	장녀	계
나이	40세	37세	9세	7세	4세	–
에너지	0.92	0.73	0.81	0.65	0.54	3.65
단백질	0.92	0.77	0.62	0.46	0.31	3.08
비타민 A	0.94	0.81	0.75	0.56	0.44	3.50
티아민	1.00	0.92	0.75	0.58	0.42	3.67
리보플라빈	1.00	0.80	0.80	0.60	0.40	3.60
니아신	1.00	0.88	0.75	0.56	0.44	3.63
비타민 C	1.00	1.00	0.70	0.55	0.40	3.65
칼슘	1.00	0.88	1.00	0.88	0.75	4.51
철	1.00	1.40	1.00	0.90	0.60	4.90

Digital Meal Management

Chapter

06

식단대강

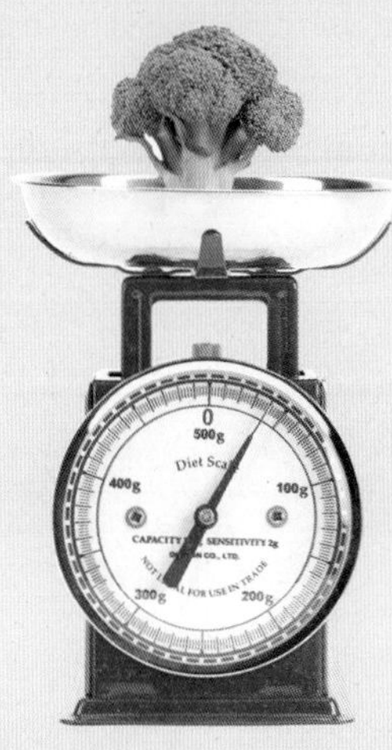

식단대강이란 일정 기간 동안의 식단을 한번에 작성할 때 필요한 것으로써, 식품 선택이나 조리법에서 같은 식품이나 반복되는 조리법을 피하고 다양한 식품이나 조리법을 선택하기 위한 수단이다. 예를 들어 일주일간의 식단대강을 작성하는 데 있어서 식사횟수는 21회(3회×7일=21회)를 기준으로 하여 21회의 식사를 주식과 부식으로 나누어 주식에 있어서 밥, 빵, 국수 및 일품요리 각각의 종류와 횟수를 미리 계획하는 것이다.

식단대강은 음식 종류별로 하는 것이 기본이지만, 단체급식에서는 영양량이나 경제적인 면을 고려한 식단대강도 활용되고 있다.

1 음식종류별 식단대강

음식종류별 식단대강은 기호와 계절음식을 참고로 하여 음식명을 정하는 것이다. 주식은 한 끼에 한 가지 종류이며 부식은 한 끼에 네다섯 가지 종류를 사용한다. 비슷한 종류의 식품이나 조리법이 반복되지 않도록 하며, 계절식품을 활용하여 영양적, 경제적으로 우수한 식단이 되도록 한다. 식단대강을 이용하면 다양하고 변화있는 식단을 작성할 수 있다. 식단대강은 식단을 작성하기 전에 만들어 이것에 따라 식단을 작성하여야 하지만, 경우에 따라서는 식단을 작성한 뒤에 음식명과 조리법별로 분류·기입하여 식단 평가에 이용하기도 한다.

음식종류별 식단대강은 주식을 먼저 기입하고 그 다음에 부식을 기입하는데, 이때 사용횟수도 같이 기입한다. [표 6-1]은 19~29세를 대상으로 한 음식종류별 식단대강의 예이다.

[표 6-1] 19~29세를 대상으로 한 음식종류별 식단대강의 예

구분	종류	횟수	음식명
주식	밥	12	보리밥(2), 완두콩밥(3), 팥밥(2), 조밥(2), 흰밥(2), 채소밥(1)
	빵	5	토스트(2), 프렌치토스트(1), 샌드위치(2)
	국수	2	비빔국수(1), 냉면(1)
	일품요리	2	카레라이스(1), 하이라이스(1)

구분	종류	횟수	음식명
부식	국	11	미소된장국(1), 오이냉국(1), 두부국(1), 배추국(1), 무국(1), 콩나물국(1), 미역냉국(1), 달걀국(1), 미역국(1), 크림스프(2)
	찌개	5	된장찌개(2), 김치찌개(1), 순두부찌개(1), 호박찌개(1)
	구이	6	돼지불고기(1), 오리고기구이(1), 갈치구이(1), 꽁치구이(1), 가자미구이(1), LA갈비구이(1)
	볶음	4	감자볶음(1), 버섯볶음(1), 멸치볶음(1), 어묵볶음(1)
	조림	3	두부조림(1), 고등어조림(1), 연근조림(1)
	튀김	2	감자튀김(1), 오징어튀김(1)
	나물무침	11	호박나물(1), 오이나물(1), 깻잎나물(1), 가지나물(1), 겨자채(1), 양배추 샐러드(2), 콩나물무침(2), 산나물무침(2)
	김치류	17	배추김치(7), 열무김치(5), 오이소박이(3), 나박김치(2)
	기타	5	우유(5)

2 영양량에 따르는 식단대강

영양량에 따른 식단대강이란 근육활동에 따라 열량을 정하고 생활 활동 시간조사에 의해 1일에 필요한 열량을 어떠한 비율로 배분하고 주식과 부식의 비율을 배분하며, 배분된 영양량에 따라 식품구성량을 결정하여 식단을 작성하는 과정 모두를 말한다. 평균체중이며 저활동을 하는 한국인 20대 남자는 1일 약 2,600kcal 정도가 필요하지만, 활동적이거나 매우 활동적인 일을 하는 경우에는 더 필요한 열량을 계산해서 식단을 작성한다. 1일의 영양소요량을 결정한 다음 식사 배분을 하는데, 아침 : 점심 : 저녁 세끼의 식사 비율을 피급식자의 생활 활동 시간조사를 하여 영양량을 배분한다.

한국인의 경우 일반적인 섭취열량은 아침 : 점심 : 저녁 = 1 : 1 : 1.2 정도이며, 육체노동자는 근육활동을 많이 하는 점심식사에 비중을 많이 두고, 사무직 노동자는 저녁식사에 비중을 둔다. 따라서 육체노동자의 경우는 아침 : 점심 : 저녁 = 1 : 1.4 : 1.2를 많이 사용한다. 여대생의 식사배분은 아침 : 점심 : 저녁 = 1 : 1.5 : 1.5가 적합하다. 한편 아동 보호소에 있는 어린이는 아침 : 점심 : 저녁 = 1 : 1.2 : 1.7을 사용한다. 이러한 배분은 모두 생활 활동 시간을 조사하여 결정한 것이다. 그러나 계산상 간편하게 아침 : 점심 : 저녁 = 1 : 1 : 1 의 비율로 결정하는 경우도 많다.

이와 같이 1일 필요열량을 정한 후, 생활 활동 시간조사 결과에 따라 아침, 점심, 저녁의 필요열량을 배분하고 나서 단백질량을 정한다.

[표 6-2] 열량에 따른 주식류 및 주재료

200 ~ 300kcal	300 ~ 400kcal	400 ~ 500kcal
북어죽(260kcal)	버섯쇠고기죽(330kcal)	새싹비빔밥(450kcal)
쌀 60g 북어채 7.5g 채소 50g	쌀 60g 쇠고기 30g 버섯 30g 채소 25g	쌀 90g 두부 40g 새싹채소 30g 들기름 5g
보리밥(300kcal)	프렌치토스트(330kcal)	오므라이스(460kcal)
쌀 80g 보리쌀 10g	식빵 70g 달걀 55g 우유 40g 식용유 5g	쌀 90g 채소 45g 표고버섯 10g 달걀 80g 우유 15g 식용유 10g
채소죽(230kcal)	호밀빵샌드위치(350kcal)	청국장덮밥(470kcal)
쌀 60g 표고버섯15g 채소 40g	호밀식빵 70g 연어 50g 채소 45g 마요네즈 5g	쌀 80g 보리쌀 10g 쇠고기 60g 채소 20g 식용유 5g 청국장 20g
모닝빵(200kcal)	콩나물밥(340kcal)	현미떡국(420kcal)
모닝빵 70g(2개)	쌀 90g 콩나물 40g 미나리 20g 무 10g	현미떡 100g 표고버섯 2g 건미역 2g 다시멸치 4g 참기름 5g 들깨가루 20g

[표 6-3] **열량에 따른 부식류 및 주재료**

50kcal 이하	50 ~ 100kcal	100 ~ 150kcal	150 ~ 200kcal
무갑장과(8kcal)	가지전 (71kcal)	동태콩나물찜(115kcal)	보리샐러드(165kcal)
무 30g 미나리 1g	가지 20g 부침가루 12g 식용유 5g	동태 75g 콩나물 40g 찹쌀가루 10g 참기름 5g	보리쌀 20g 완두콩 15g 채소 30g 올리브유 5g
느타리 무침(28kcal)	해물된장찌개(70kcal)	닭살채소볶음(130kcal)	삼치엿장구이(155kcal)
느타리 40g 채소 15g	새우 5g 오징어 5g 조개살 7g 두부 15g 채소 15g 된장 15g	닭가슴살 40g 채소 15g 식용유 5g	삼치 50g 설탕 15g 식용유 5g
쇠고기죽순볶음(33kcal)	청포묵샐러드(90kcal)	쇠고기버섯꼬치(130kcal)	채소오믈렛(180kcal)
쇠고기 20g 죽순 30g	청포묵 50g 오이 25g 키위 15g 드레싱 15g	쇠고기 40g 버섯 15g 식용유 5g	달걀 83g(1.5개) 채소 20g 식용유 5g
들깨미역국(26 cal)	잔멸치볶음 (70kcal)	버섯연근탕수(130kcal)	취나물햄버거스테이크 (170kcal)
건미역 5g 들깨가루 3g	잔멸치 15g 설탕 5g 마늘 1g	양송이버섯 25g 연근 15g 파프리카 15g 식용유 10g	쇠고기 40g 취나물 15g 당근 5g 빵가루 10g 달걀 10g 케첩 15g

3 경제면에 따르는 식단대강

가족의 수입에 따른 식생활비가 결정되면 주식비, 부식비, 간식비, 외식비로 나누어 계획한다. 주식비는 곡류 및 그 제품과 감자 및 전분류를 포함하여 결정되며, 소득수준과 큰 관계없이 가족 수와 가족의 연령 및 구성원에 의하여 결정되는 데에 반해 부식비, 간식비, 외식비 등은 소득수준과 밀접한 관계가 있다. 식생활비는 소득수준과 가족 수에 따라 영향을 받으며 식품의 양과 질의 상관관계가 높다.

식품에 따라 영양소별로 함유되어 있는 영양량이 다르므로 값싸고 구하기 쉬운 식품의 종류를 알아두어 자기 소득에 알맞은 식품을 선택하도록 한다. 물가변동에 따라 식품 가격에 차이가 많으므로 유념한다.

특히 단백질 식품은 값이 비싼 편이므로 식품의 선정과 가정 경제와는 밀접한 관계가 있다. 일정량의 단백질을 공급하는 식품의 양과 가격은 식품의 종류에 따라 차이가 크다. 단백질은 필수영양소로써 원칙적으로는 체내에서 저장되지 않기 때문에, 매일 식사를 통해 공급해야 한다. 식품에 함유된 단백질은 아미노산의 조성이 다르므로 영양적인 가치가 다르다. 곡류의 불완전단백질도 혼합해서 사용하면 아미노산 보강 효과를 얻을 수 있다. 단백질 공급을 위해서는 대치식품을 활용하는 것이 효율적이다. 비슷한 단백질을 공급하면서도 값이 저렴한 식품을 선택할 수 있어야 한다.

[표 6-4] 단가별 음식분류 - 주식류

상급	새우달걀볶음밥, 치킨마요덮밥, 마파두부덮밥, 두부돈부리덮밥, 스파게티, 샌드위치, 오곡찰밥, 장어덮밥, 냉면, 유니자장면
중급	팥찰밥, 오곡찰밥, 곤드레밥, 뿌리채소밥, 쇠고기주먹밥, 참치새싹비빔밥, 충무김밥, 영양밥, 비빔밥, 떡만두국, 비빔칼국수, 오므라이스
하급	쌀밥, 쌀보리밥, 기장밥, 열무비빔밥, 차수수밥, 완두콩밥, 온국수, 카레라이스, 자장밥, 김치볶음밥, 우동, 하이라이스, 달걀덮밥, 토스트

[표 6-5] 단가별 음식분류 - 국, 찌개 및 전골류

상급	갈비탕, 육개장, 오리탕, 해물탕, 돼지국밥, 낙지연포탕, 쇠소기미역국, 완자탕, 조기찌개, 미꾸라지추어탕, 꽃게탕, 조기국, 갈치찌개, 도미전골
중급	짬뽕국, 닭국, 달래두부된장국, 만둣국, 돼지갈비감자탕, 오징어찌개, 대합미역국, 버섯전골, 냉이된장국, 토란국, 생선찌개, 동태국, 된장찌개
하급	오이미역냉국, 황태달걀국, 시금치된장국, 청국장찌개, 콩나물국, 달걀국, 두부된장국, 감자찌개, 김치찌개, 무청시래기된장국, 강된장찌개

[표 6-6] 단가별 음식분류 - 구이, 전, 볶음 및 튀김류

상급	낙지볶음, 불고기, 불고기낙지전골, 한우버섯볶음, 낙지새우볶음, 오리불고기, 돈까스, 갈치구이, 굴비구이, 더덕구이, 새우튀김, 굴튀김, 새우전
중급	참치채소볶음, 고등어구이, 떡볶이, 닭볶음, 옥수수치즈구이, 잡채, 마파두부, 해물볶음우동, 오징어볶음, 닭튀김, 새우살파래전, 생선전, 해물전
하급	고구마줄기볶음, 두부구이, 마늘종볶음, 김치볶음, 감자볶음, 취나물볶음, 고구마튀김, 버섯탕수, 달걀말이, 부추전, 감자전, 김치전, 가지튀김

[표 6-7] 단가별 음식분류 - 조림, 찜 및 무침류

상급	갑오징어야채무침, 장조림, 돼지갈비찜, 편육, 바비큐, 갈치조림, 도미찜, 두릅나물, 토마토치즈카프리제카나페, 치킨샐러드, 오징어파스타
중급	닭찜, 가자미조림, 꽁치무조림, 달걀찜, 두부조림, 연근조림, 쥐포조림, 명태조림, 대구콩나물찜, 과일샐러드, 양상추샐러드, 망고샐러드
하급	단배추된장조림, 감자조림, 콩자반, 오이생채, 부추겉절이, 콩나물무침, 취나물무침, 참나물무침, 마늘종무침, 파래무침, 무나물, 숙주나물

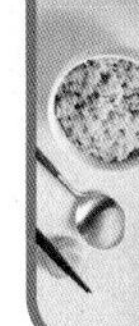

Digital Meal Management

Chapter

07

식단 작성의 실제 및 식단 평가

1 식단 작성 순서

(1) 급여 영양량 결정

단체급식 식단 작성 시 급여 영양량을 결정할 때는 대상의 연령, 성별, 신장, 활동정도에 따른 영양 권장량을 알아야 한다. 그리고 한국인 영양 섭취기준의 수치는 조리에 의한 손실이나 폐기율은 고려하지 않았으므로 이 점의 주의가 필요하다. 조리에 의한 손실율은 비타민 A가 20%이고, 비타민 B_1이 주식일 때 50%, 부식일 때 30%이며, 비타민 B_2는 25%, 비타민 C는 50%이다.

그러나 실제 단체급식소의 경우에는 연령, 성별, 활동정도, 체중, 신장 등에 관하여 각각 다른 여러 조건의 피급식자들에게 급식해야 한다. 그러나 현재 사업소 급식의 실정은 모든 조건을 고려할 수 없는 상황이므로, 급식식단 각각의 평균 영양소요량을 결정하여 식단을 작성해야 한다. 피급식자의 연령 폭이 클 경우, 열량 목표량을 2~3종으로 설정하여 음식의 종류와 양을 증가시키면서, 피급식자 각각의 필요 영양량을 충족시켜 주는 것이 좋다.

(2) 3식의 영양량 배분

주식의 경우는 아침 : 점심 : 저녁 = 1 : 1 : 1 또는 0.9 : 1 : 1 이 적당하며, 부식의 경우는 1 : 1.5 : 1.5 또는 3 : 4 : 5 가 적당하다. 그리고 간식의 경우는 1일 총 열량의 10~15%가 적당하다. 현대 사회에서는 아침식사를 거르는 경우가 많으며, 이 경우 하루의 영양필요량은 나머지 두 끼의 식사로 보충하기 어려우므로, 3끼 식사를 다 하는 것이 좋다. 한편 근육노동자나 영유아 등의 경우에는 식사 횟수를 늘이거나 간식을 추가하여 식단계획을 하는 것이 좋다.

(3) 식량구성의 결정

식량구성은 대상, 식비, 지역성, 기호 등에 의하여 달라지며 흔히 식사구성안 또는 식품교환표를 참고하여 결정한다. 그리고 이때 식비의 제한과 기호, 지리적 조건 등을 고려하여, 부식의 종류와 양을 결정하는 것이 좋다. 또한 미량영양소의 보급방법도 계획해야 한다.

(4) 조리배합 및 식단표 표기

사용하는 식품과 양이 결정되면, 기호를 존중하고, 요리의 재료와 분량의 적량을 알아야 한다. 그리고 재료의 적당한 조리법과 식품의 조리배합을 고려해야 하며, 일정한 부피가 있도록 하고, 유지의 적당한 이용도 생각해야 한다. 한편 1회의 식사량은 500~700g이 적당하다고 한다. 또 조리 배합 시에는 기호도 조사를 참고하는 것이 좋다.

식단표 표기는 주식을 먼저 표기하고 다음에 부식을 표기하는 것이 좋다.

(5) 식단 평가

식단 평가에는 식단 평가 점검표를 작성하여 이용하는 것이 유용하다.

2 성인을 위한 식단 작성

다음은 WCAFS 식단 작성 프로그램을 사용하여 급식조리 식단을 작성하는 방법이다. WCAFS 식단 작성 프로그램은 유아급식, 성인급식, 학교급식, 영양상담으로 구성되어 있다.

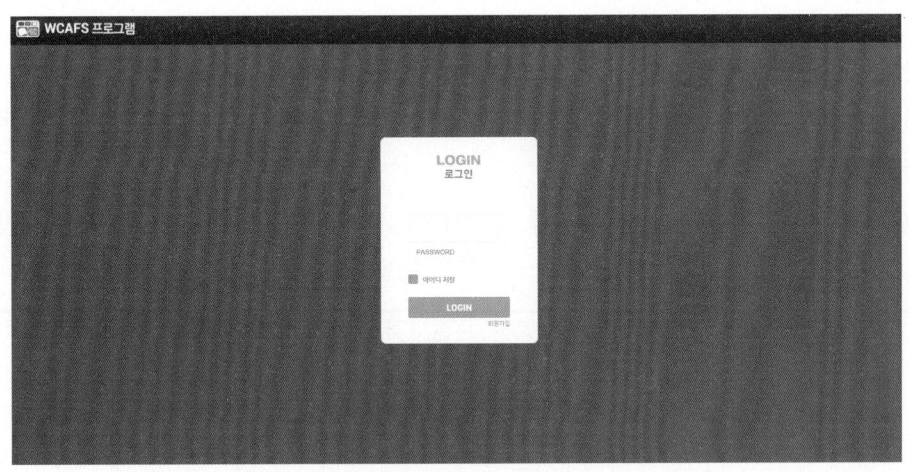

[그림 7-1] WCAFS 식단 작성 프로그램 초기화면

※ WCAF 식단 작성 프로그램 홈페이지 리뉴얼에 따른 해당 페이지 디자인은 변경될 수 있습니다.

[그림 7-1] WCAFS 식단 작성 프로그램 초기화면에 아이디 및 패스워드를 입력하여 로그인 할 수 있으며, 아이디 저장 기능을 가지고 있다. 하단의 회원가입 버튼을 누르면 [그림 7-2]의 화면을 볼 수 있다.

[그림 7-2] 회원가입 및 S/N 코드번호 입력 화면

회원가입 화면에서는 사용자가 사용할 아이디와 비밀번호를 설정하고 사용자의 이름, 연락처, 코드번호를 입력하면 회원가입이 완료된다. 아이디는 중복확인을 통해 유일한 아이디로만 생성이 되며 이름, 연락처 등은 동명이인이 있을 경우 전화번호로 구분하기 위하여 회원가입 시 등록하게 된다.

S/N 코드번호는 도서의 뒷장 판권에 부착되어 있다. S/N 코드번호를 등록하면 일반사용자로 등록이 되고, WCAFS 식단 작성 프로그램을 사용할 수 있는 권한이 부여된다(단, 일반사용자는 저장, 출력 등 기능적인 부분에 제한이 있음). 전문가용 코드를 사용하고자 하는 이용자들은 WCAFS 식단 작성프로그램 회원가입 시 안내 문구를 참조하면 된다.

아이디와 패스워드를 입력하여 로그인을 하면 [그림 7-3]의 WCAFS 식단 작성 프로그램 메인화면을 볼 수 있다. 메인화면에서는 생애주기별 식단 작성이 가능한 세 가지 프로그램과 영양상담이 나타나 있으며, 사용자가 원하는 프로그램을 선택할 수 있다.

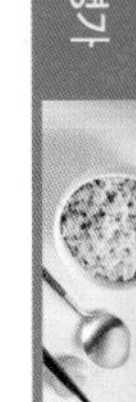

[그림 7-3] WCAFS 식단 작성 프로그램 메인 화면

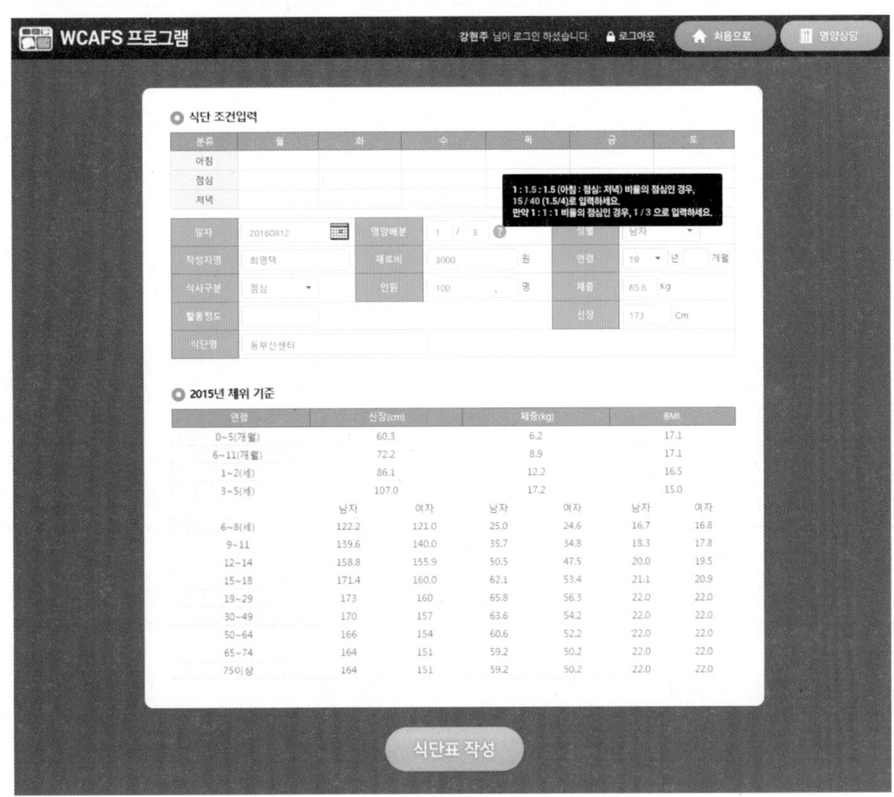

[그림 7-4] 성인급식 식단 조건 입력 화면

메인화면 [그림 7-3]에서 '성인급식'을 선택하면 [그림 7-4]의 식단 조건 입력 화면이 나타난다. '식단 조건 입력' 화면에서는 일자, 작성자, 영양배분, 재료비, 인원, 식사구분, 성별, 연령, 체중, 신장, 활동정도, 식단명 등을 입력할 수 있다. 식단 조건 입력 화면 아래에 있는 2015년 체위기준표를 통해 연령별 표준체중 및 신장을 확인할 수 있으며, 조건 입력이 완료되면 화면 하단의 식단표 작성 버튼을 누른다.

'식단 조건 입력'이 끝나고 '식단표 작성' 버튼을 누르면 [그림 7-5]의 '식단표 작성' 화면이 나타난다. '식단표 작성' 화면에서는 주식, 부식, 오전 간식, 오후 간식, 야식, 기타 등으로 구분하여 입력할 수 있으며, 추가할 음식을 통해 원하는 음식을 입력하여 클릭하면, 그 음식을 구성하는 식품의 종류와 양이 화면에 같이 나타난다. 그리고 식품의 양은 식품교환 단위 수로 자동 환산되어 나타난다.

[그림 7-5] 성인급식 식단표 작성 화면

식단을 구성하여 모두 입력한 후에는 각 음식별 식품의 추가 및 삭제, 사용량의 변경 등을 할 수 있다([그림 7-6]의 성인 급식 식단 식품 추가 및 삭제, 사용량 변경 참조).

음식에 다른 재료를 추가할 경우에는 다음과 같이 진행한다. 화면 좌측하단의 추가할 식품에서 식품을 추가할 음식을 선택한 후 '식품 검색창'을 통해 추가할 식품을 고른 뒤 사용량을 입력하면 구성된 음식에 새로운 식품을 추가할 수 있다(추가할 식품 전체보기 참고용 기능 포함).

다음은 구성한 음식을 삭제하고 싶은 경우 구성된 식단의 음식명 하단에 삭제 버튼을 누르면 해당 음식을 삭제할 수 있으며, 구성된 음식 중에서 특정 식품만 삭제하고 싶은 경우에는 화면 우측에 식품별 삭제 버튼을 누르면 된다[그림 7-6].

[그림 7-6] 성인급식 식단 식품 추가 및 삭제, 사용량 변경 화면

사용량의 변경은 화면 하단에 '전체수정' 버튼을 누르면 모든 식품의 사용량 및 교환단위 환산 데이터 칸이 활성화되어 필요한 식품의 양을 수정할 수 있다. 수정한 데이터의

칸은 빨간색으로 표시되고, 사용량 수정이 끝나면 완료 버튼을 누른다. 전체수정 버튼을 누르면 자동으로 완료 버튼으로 변경된다.

WCAFS 식단 작성 프로그램의 특징은 가식율에 따라 1인분 구입량이 계산되며 식단 작성조건 입력에서 기입한 인원수에 따라 다인분 순사용량 합계, 다인분 구입량 합계가 나타나고, 사용자가 식품 가격을 입력하면 총 구매 가격 합계까지 자동으로 산출되어 화면에 표시된다.

식단표 작성이 완료되면 화면 상단의 '영양 섭취량', '성인병 예방평가', '지방산 섭취량'을 검색해 볼 수 있다.

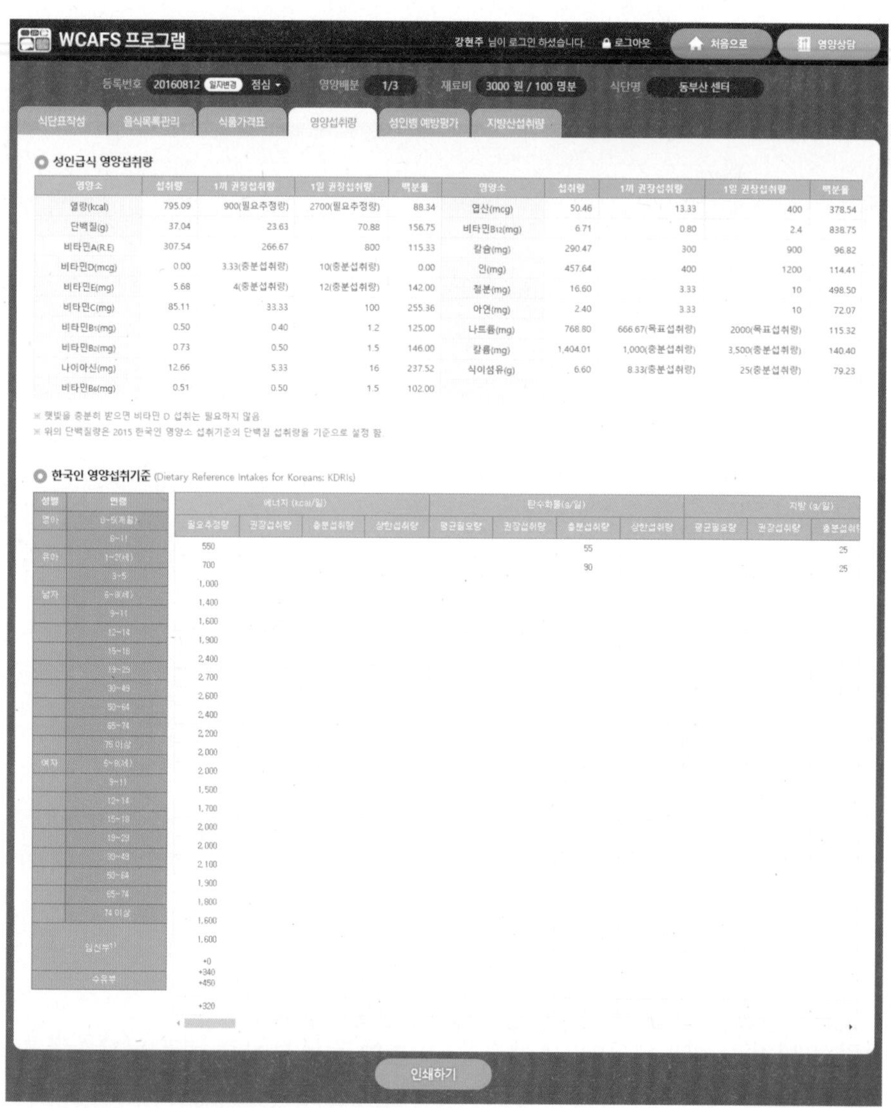

영양소	섭취량	1끼 권장섭취량	1일 권장섭취량	백분율	영양소	섭취량	1끼 권장섭취량	1일 권장섭취량	백분율
열량(kcal)	795.09	900(필요추정량)	2700(필요추정량)	88.34	엽산(mcg)	50.46	13.33	400	378.54
단백질(g)	37.04	23.63	70.88	156.75	비타민B12(mg)	6.71	0.80	2.4	838.75
비타민A(R.E)	307.54	266.67	800	115.33	칼슘(mg)	290.47	300	900	96.82
비타민D(mcg)	0.00	3.33(충분섭취량)	10(충분섭취량)	0.00	인(mg)	457.64	400	1200	114.41
비타민E(mg)	5.68	4(충분섭취량)	12(충분섭취량)	142.00	철분(mg)	16.60	3.33	10	498.50
비타민C(mg)	85.11	33.33	100	255.36	아연(mg)	2.40	3.33	10	72.07
비타민B1(mg)	0.50	0.40	1.2	125.00	나트륨(mg)	768.80	666.67(목표섭취량)	2000(목표섭취량)	115.32
비타민B2(mg)	0.73	0.50	1.5	146.00	칼륨(mg)	1,404.01	1,000(충분섭취량)	3,500(충분섭취량)	140.40
나이아신(mg)	12.66	5.33	16	237.52	식이섬유(g)	6.60	8.33(충분섭취량)	25(충분섭취량)	79.23
비타민B6(mg)	0.51	0.50	1.5	102.00					

[그림 7-7] 성인급식 영양 섭취량 검색 화면

화면상단의 '영양 섭취량'을 클릭하면 식단표 작성에서 구성한 식단에 대한 영양 섭취량을 [그림 7-7]과 같이 볼 수 있다. 영양 섭취량의 경우, 조건 입력에서 입력한 영양배분에 따른 권장량을 기준으로 하여 작성한 식단의 열량, 단백질, 비타민, 무기질 등을 비교해 볼 수 있는 표로 나타나고, 백분율로도 환산되며, 인쇄도 가능하다.

화면 상단의 '성인병 예방평가'를 클릭하면 '영양 섭취량' 화면과 마찬가지로 식단 작성에서 구성한 식단을 기준으로 [그림 7-8]의 화면을 볼 수 있다. '성인병 예방평가'에서는 열량, 탄수화물, 단백질뿐만 아니라 첨가당, 식이섬유, 총 지방, 트랜스지방, 콜레스테롤, 나트륨, 칼륨, 동물성 단백질 비 등을 볼 수 있으며, 인쇄도 가능하다.

성인급식 성인병 예방평가

영양소		1끼 섭취량	1끼 권장섭취량	1일 권장섭취량	1일 권장섭취기준
열량(kcal)		795.09	900	2700(필요추정량)	-
탄수화물(g)		111.08	123.75~146.25	371.25~438.75	55~65%
첨가당(g)		2.00(섭취추정량)	22.5이하	67.5이하	10%이하
식이섬유(g)		6.6	8.33(충분섭취량)	25(충분섭취량)	25(충분섭취량)
단백질(g)		37.04	15.75~45	47.25~135	7~20%
지질	총지방(g)	19.15	15~30	45~90	15~30%
	PUFA : MUFA : SPA	1.15 : 1.48 : 1		1 : 1 : 1	
	ω6계 지방산(g)	4.33	4~10	12~30	4~10%
	ω3계 지방산(g)	0.36	1내외	3내외	1%내외
	포화지방산(g)	4.07	7미만	21미만	7%미만
	트랜스지방산(g)	0	1미만	3미만	1%미만
기타	콜레스테롤(mg)	12.16	100미만(목표섭취량)	300미만(목표섭취량)	300mg미만(목표섭취량)
	나트륨(mg)	768.80	666.67(목표섭취량)	2000이하(목표섭취량)	2000이하(목표섭취량)
	칼륨(mg)	1,404.01	1000(충분섭취량)	3500(충분섭취량)	3500(충분섭취량)
	동물성 단백질 비	0.50	-	-	-

※ 첨가당은 식약처 자료를 바탕으로 식품별 추정량을 설정하였음.
※ 위의 단백질 1끼 권장섭취량은 2015 한국인 영양소 섭취기준의 에너지 적정비율을 기준으로 설정 함.

[그림 7-8] 성인급식 성인병 예방평가 화면

화면 상단의 '지방산 섭취량'을 클릭하면 [그림 7-9]의 화면을 볼 수 있으며, 세분화된 지방산 섭취량을 한눈에 볼 수 있고, 인쇄도 가능하다.

Butyric	Caproic	Caprylic	Capric	Decenoic	Lauric	Myristic	Myristole
0	0	0	0	0	0	0.22	0
Palmitic	Palmitoleic	Stearic	Oleic	Linoleic(LA)(ω6)	Linolenic(LNA)(ω3)	Stearidonic	Arachidic
2.81	0.32	1.06	5.70	4.32	0.34	0.02	0.00
Eicosenoic	Eicosadienoic	Eicosatrienoic	Eicosatetraenoic(ω3)	Arachidonic(AA)(ω6)	EPA(ω3)	Behenic	Docosenoic
0.01	0.00	0	0	0.01	0.00	0.00	0
Docosapentaenoic(ω3)	Docosapentaenoic(ω6)	DHA(ω3)	Lignoceric	Tetracosenoic	Others		
0.00	0	0.00	0	0.00	0.08		
PUFA	MUFA	SFA	ω3 series	ω6 series	Cholesterol		
4.72	6.01	4.07	0.36	4.33	12.16		단위 : mg

[그림 7-9] 성인급식 지방산 섭취량 화면

[그림 7-10] 성인급식 음식 목록 관리 화면

데이터베이스에 구축되어 있는 음식 외에 새로운 음식을 추가하고자 할 경우 [그림 7-10]의 '음식 목록 관리'에서 다음과 같은 방법으로 실행한다.

화면 좌측의 '음식분류'에서 밥류, 국류, 탕류 등 다양한 카테고리 중에서 해당하는 분류를 선택하고 검색창에 음식명을 기입한 후 '등록하기' 버튼을 누른다.

음식명을 등록한 후에는 '음식목록 검색창'에서 등록한 음식명을 검색한다. 검색한 음식명을 클릭하면 '음식 재료표'에 음식명이 뜨면서 재료칸은 빈칸으로 표시가 된다. 마지막으로 음식을 구성할 식품을 '추가할 식품목록'에서 검색하여 양을 설정해서 추가하면 새로운 음식을 추가할 수 있다. 추가기능으로는 위생팁, 구매팁, 조리법, 음식사진 등을 입력하면 자동 저장되어 사용이 가능하다.

식품 가격을 확인하고 싶은 경우 또는 식품 가격을 새로 설정하고 싶은 경우에는 화면 상단의 '식품 가격표'를 클릭하면 [그림 7-11]의 화면을 볼 수 있다. 식품 가격을 새로 입력하고자 할 경우, 검색창에서 해당식품을 검색하고 단위 및 단가를 입력하면 자동으로 g당 단가로 환산되어 식단표 작성 화면으로 연동된다.

식품번호	식품명	단위(g)	단가(원)	삭제
06002	가지,생것	1,000	5,000	
16001	간장,왜간장	1,700	9,500	
16002	간장,재래간장	18,000	32,000	
02029	감자녹말	100	270	
01195	경단	100	150	
10003	계란,난백,생것	150	200	
10001	계란,전란,생것	150	200	
16004	계피가루	50	780	
06023	고추,붉은고추,생것	100	300	
16005	고추가루	200	5,000	
06034	김치,깍두기	100	1,100	
06038	김치,배추김치	1,000	8,900	
05037	깨,참깨,흰깨,볶은것	500	20,000	
16008	깨소금	1,000	6,500	
12017	다시마,말린것	500	3,200	
09005	닭고기,날것	500	3,500	
06055	당근,생것	100	1,200	
02035	당면	1,000	3,400	
04007	대두,검정콩,말린것	1,000	12,000	

[그림 7-11] 성인급식 식품 가격표 화면

[표 7-1] 성인급식 식단표

일자 : 2016.08.12　　점심　　1/3　　재료비 : 4,500원　　100명분　　식단명 : 동부산센터

식단				식품 교환단위 수							가식율 (%)	1인분 구입량(g)	1인분 가격(원)	순사용량 합계(g)	구입량 합계(g)	구입가격 합계(원)
구분	음식명	식품명	1인분 순사용량(g)	곡류군	어육류군	채소군	지방군	우유군	과일군	기타						
주식	쌀밥	쌀, 논벼, 백미, 일반형	90.000	3.000	0.000	0.000	0.000	0.000	0.000		100	90.000	193.500	9,000.000	9,000.000	19,350.000
		찹쌀, 백미	20.000	0.667	0.000	0.000	0.000	0.000	0.000		100	20.000	49.500	2,000.000	2,000.000	4,950.000
부식	탕국	물	167.000	0.000	0.000	0.000	0.000	0.000	0.000	*	100	167.000	200.400	16,700.000	16,700.000	20,040.000
		무, 조선무	33.000	0.000	0.000	0.471	0.000	0.000	0.000		95	34.737	97.263	3,300.000	3,473.700	9,726.300
		두부	25.000	0.000	0.313	0.000	0.000	0.000	0.000		100	25.000	60.000	2,500.000	2,500.000	6,000.000
		곤약	20.000	0.000	0.000	0.000	0.000	0.000	0.000	*	100	20.000	0.000	2,000.000	2,000.000	0.000
		쇠고기, 한우, 양지	10.000	0.000	0.250	0.000	0.000	0.000	0.000		100	10.000	360.000	1,000.000	1,000.000	36,000.000
		대합, 생것	6.700	0.000	0.096	0.000	0.000	0.000	0.000		25	26.800	0.000	670.000	2,860.000	0.000
		조갯살, 생것	6.700	0.000	0.096	0.000	0.000	0.000	0.000		100	6.700	0.000	670.000	670.000	0.000
		마늘, 구근	2.000	0.000	0.000	0.040	0.000	0.000	0.000		83	2.410	10.843	200.000	241.000	1,084.300
		참기름	1.200	0.000	0.000	0.000	0.240	0.000	0.000		100	1.200	10.640	120.000	120.000	1,064.000
		간장, 재래간장	1.000	0.000	0.000	0.000	0.000	0.000	0.000	*	100	1.000	4.722	100.000	100.000	472.200
		표고버섯, 참나무, 표고버섯 말린것	0.700	0.000	0.000	0.070	0.000	0.000	0.000		100	0.700	12.950	70.000	70.000	1,295.000
		후추가루	0.200	0.000	0.000	0.000	0.000	0.000	0.000	*	100	0.200	10.780	20.000	20.000	1,078.000
	무생채 (A)	무, 조선무	52.000	0.000	0.000	0.743	0.000	0.000	0.000		95	54.737	153.263	5,200.000	5,473.700	15,326.300
		식초	1.950	0.000	0.000	0.000	0.000	0.000	0.000	*	100	1.950	2.275	195.000	195.000	227.500
		파, 소파	1.300	0.000	0.000	0.019	0.000	0.000	0.000		85	1.529	5.009	130.000	152.900	500.900
		고추가루	1.300	0.000	0.000	0.000	0.000	0.000	0.000	*	100	1.300	18.200	130.000	130.000	1,820.000
		마늘, 구근	0.650	0.000	0.000	0.013	0.000	0.000	0.000		83	0.783	3.524	65.000	78.300	352.400
		설탕, 백설탕	0.500	0.017	0.000	0.000	0.000	0.000	0.000		100	0.500	0.497	50.000	50.000	49.700
		깨, 참깨, 흰깨, 볶은것	0.390	0.000	0.000	0.000	0.049	0.000	0.000		100	0.390	3.081	39.000	39.000	308.100
		소금, 식염	0.130	0.000	0.000	0.000	0.000	0.000	0.000	*	100	0.130	0.105	13.000	13.000	10.500
	불고기	쇠고기, 등심, 한우	80.000	0.000	2.000	0.000	0.000	0.000	0.000		100	80.000	0.000	8,000.000	8,000.000	0.000
		당근, 생것	13.300	0.000	0.000	0.190	0.000	0.000	0.000		96	13.854	113.604	1,330.000	1,385.400	11,360.400
		파, 소파	13.300	0.000	0.000	0.190	0.000	0.000	0.000		85	15.647	51.244	1,330.000	1,564.700	5,124.400
		느타리버섯, 생것	13.300	0.000	0.000	0.190	0.000	0.000	0.000		100	13.300	0.000	1,330.000	1,330.000	0.000

식단				식품 교환단위 수							가식율 (%)	1인분 구입량(g)	1인분 가격(원)	순사용량 합계(g)	구입량 합계(g)	구입가격 합계(원)
구분	음식명	식품명	1인분 순사용량(g)	곡류군	어육류군	채소군	지방군	우유군	과일군	기타						
부식	불고기	배,생것	6.000	0.000	0.000	0.000	0.000	0.000	0.060		74	8.108	83.784	600.000	810.800	8,478.400
		생강	3.500	0.000	0.000	0.070	0.000	0.000	0.000		100	3.500	8.750	350.000	350.000	875.000
		콩기름	3.000	0.000	0.000	0.000	0.600	0.000	0.000		100	3.000	11.233	300.000	300.000	1,123.300
		마늘,구근	2.000	0.000	0.000	0.040	0.000	0.000	0.000		83	2.410	10.843	200.000	241.000	1,084.300
		참기름	1.700	0.000	0.000	0.000	0.340	0.000	0.000		100	1.700	15.073	170.000	170.000	1,507.300
		간장, 왜간장	1.000	0.000	0.000	0.000	0.000	0.000	0.000	*	100	1.000	5.872	100.000	100.000	587.200
		설탕, 백설탕	0.500	0.017	0.000	0.000	0.000	0.000	0.000		100	0.500	0.497	50.000	50.000	49.700
		깨소금	0.400	0.000	0.000	0.000	0.050	0.000	0.000		100	0.400	8.211	40.000	40.000	821.100
		후추가루	0.300	0.000	0.000	0.000	0.000	0.000	0.000	*	100	0.300	16.170	30.000	30.000	1,617.000
	깻잎조림	들깻잎, 생것	20.800	0.000	0.000	1.040	0.000	0.000	0.000		100	20.800	0.000	2,080.000	2,080.000	0.000
		양파, 생것	6.500	0.000	0.000	0.130	0.000	0.000	0.000		92	7.065	4.239	650.000	706.500	423.900
		파, 소파	5.200	0.000	0.000	0.074	0.000	0.000	0.000		85	6.118	20.035	520.000	611.800	2,003.500
		마늘, 구근	1.300	0.000	0.000	0.026	0.000	0.000	0.000		83	1.566	7.048	130.000	156.600	704.800
		간장, 왜간장	1.000	0.000	0.000	0.000	0.000	0.000	0.000	*	100	1.000	5.872	100.000	100.000	587.200
		고추, 붉은고추, 생것	0.650	0.000	0.000	0.009	0.000	0.000	0.000		94	0.692	7.969	65.000	69.200	796.900
		고추가루	0.650	0.000	0.000	0.000	0.000	0.000	0.000	*	100	0.650	9.100	65.000	65.000	910.000
		설탕, 백설탕	0.500	0.017	0.000	0.000	0.000	0.000	0.000		100	0.500	0.497	50.000	50.000	49.700
		깨, 참깨, 흰깨, 볶은것	0.390	0.000	0.000	0.000	0.049	0.000	0.000		100	0.390	3.081	39.000	39.000	308.100
		참기름	0.390	0.000	0.000	0.000	0.078	0.000	0.000		100	0.390	3.458	39.000	39.000	345.800
	배추김치	배추, 배추, 생것	80.000	0.000	0.000	1.143	0.000	0.000	0.000		92	86.957	269.565	8,000.000	8,695.700	26,956.500
		고추가루	12.000	0.000	0.000	0.000	0.000	0.000	0.000	*	100	12.000	168.000	1,200.000	1,200.000	16,800.000
		파, 대파	5.000	0.000	0.000	0.071	0.000	0.000	0.000		84	5.952	35.714	500.000	595.200	3,571.400
		고추, 붉은고추, 생것	2.000	0.000	0.000	0.029	0.000	0.000	0.000		94	2.218	24.519	200.000	221.800	2,451.900
		마늘, 구근	2.000	0.000	0.000	0.040	0.000	0.000	0.000		83	2.410	10.843	200.000	241.000	1,084.300
		설탕, 백설탕	0.500	0.017	0.000	0.000	0.000	0.000	0.000		100	0.500	0.497	50.000	500.000	49.700
		생강	0.500	0.000	0.000	0.010	0.000	0.000	0.000		100	0.500	1.250	50.000	500.000	125.000
		소금, 일반염	0.500	0.000	0.000	0.000	0.000	0.000	0.000	*	100	0.500	1.500	50.000	500.000	150.000
1끼 교환단위합계				3.734	2.754	4.608	1.406	0.000	0.060		1인분가격(원)			합계가격(원)		
1끼 권장교환단위수				4.000	2.333	2.667	1.667	0.667	0.667		예산가격		계산가격	예산가격		계산가격
1일 권장교환단위수				12	7	8	5	2	2		4.500		0.000	450,000.000		0.000

* 식품교환단위에는 포함되지 않지만 음식을 구성하는 데 있어서 중요한 역할을 하는 식품의 종류(예: 간장, 소금 등의 양념류)

[표 7-2] 성인급식 식단표 한 끼 영양 섭취량 분석

등록번호 20160812 식사구분 점심 영양배분 1/3 인원 100 재료비 4,500원 연령/성별 19/남
체중 65.8kg 식단명 동부산센터

	섭취량	1끼 권장섭취량	1일 권장섭취량	백분율		섭취량	1끼 권장섭취량	1일 권장섭취량	백분율
열량(Kcal)	795.09	900 (필요추정량)	2,700 (필요추정량)	88.34	엽산 (mcg)	50.46	13.33	400	378.54
단백질(g)	37.04	23.63	70.88	156.75	비타민B_{12} (mg)	6.71	0.8	2.4	838.75
비타민 A (RAE)	307.54	266.67	800	115.33	칼슘 (mg)	290.47	300	900	96.82
비타민 D (mcg)	0	3.33 (충분섭취량)	10 (충분섭취량)	0	인 (mg)	457.64	400	1,200	114.41
비타민 E (mg)	5.68	4 (충분섭취량)	12 (충분섭취량)	142	철분 (mg)	16.6	3.33	10	498.5
비타민 C (mg)	85.11	33.33	100	255.36	아연 (mg)	2.4	3.33	10	72.07
비타민B_1 (mg)	0.5	0.4	1.2	125	나트륨 (mg)	768.80	666.67 이하 (목표섭취량)	2,000 이하 (목표섭취량)	115.32
비타민B_2 (mg)	0.73	0.5	1.5	146	칼륨 (mg)	1,404.01	1,000 (충분섭취량)	3,500 (충분섭취량)	140.4
니아신 (mg)	12.66	5.33	16	237.52	식이섬유 (g)	6.6	8.33 (충분섭취량)	25 (충분섭취량)	79.23
비타민B_6 (mg)	0.51	0.5	1.5	102					

[표 7-3] 성인급식 식단표 성인병 예방평가

등록번호 20160812 식사구분 점심 영양배분 1/3 인원 100 재료비 4,500원 연령/성별 19/남
체중 65.8kg 식단명 동부산센터

영양소		1끼 섭취량	1끼 권장섭취량	1일 권장섭취량	1일권장섭취기준
열량(kcal)		795.09	900 (필요추정량)	2,700 (필요추정량)	-
탄수화물(g)		111.08	123.75~146.25	371.25~438.75	55~65%
첨가당(g)		2.00 (섭취추정량)	22.5 이하	67.5 이하	10% 이하
식이섬유(g)		6.6	8.33 (충분섭취량)	25 (충분섭취량)	25 (충분섭취량)
단백질(g)		37.04	15.75~45	47.25~135	7~20%
지질	총 지방(g)	19.15	15~30	45~90	15~30%
	PUFA: MUFA: SFA	1.15 : 1.48 : 1	1 : 1 : 1		
	W-6계 지방산(g)	4.33	4~10	12~30	4~10%

영양소		1끼 섭취량	1끼 권장섭취량	1일 권장섭취량	1일권장섭취기준
지질	W-3계 지방산(g)	0.36	1 내외	3 내외	1% 내외
	포화지방산(g)	4.07	7 미만	21 미만	7% 미만
	트랜스지방산(g)	0	1 미만	3 미만	1% 미만
	콜레스테롤(mg)	12.16	100 미만 (목표섭취량)	300 미만 (목표섭취량)	300 미만 (목표섭취량)
기타	나트륨(mg)	768.80	666.67 이하 (목표섭취량)	2000 이하 (목표섭취량)	2000 이하 (목표섭취량)
	칼륨(mg)	1,404.01	1,000 (충분섭취량)	3,500 (충분섭취량)	3,500 (충분섭취량)
	동물성 단백질 비	0.5	-	-	-

[표 7-4] 성인급식 지방산 섭취량

등록번호 20160812 식사구분 점심 영양배분 1/3 인원 100 재료비 4,500원 연령/성별 19/남
체중 65.8kg 식단명 동부산센터 (단위: g)

Butyric	Caproic	Caprylic	Capric	Decenoic	Lauric	Myristic	Myristole
0.00	0.00	0.00	0.00	0.00	0.00	0.22	0.00
Palmitic	Paimitoleic	Stearic	Oleic	Linolelc (LA)(W6)	Linolenic (LNA)(W3)	Stearidonic	Arachidic
2.81	0.32	1.06	5.70	4.32	0.34	0.02	0.00
Elcosenoic	Elcosadienoic	Elcosatrienoic	Elcosatetra enoic(W3)	Arachidonic (AA)(W6)	EPA(W3)	Behenic	Docosenoic
0.01	0.00	0.00	0.00	0.01	0.00	0.00	0.00
Docosapenta enoic(W3)	Docosapenta enoic(W6)	DHA(W3)	Lignoceric	Tetracosenoic	Others		
0.00	0.00	0.00	0.00	0.00	0.08		
PUFA	MUFA	SFA	W3 series	W6 series	Cholesterol (mg)		
4.72	6.01	4.07	0.36	4.33	12.16		

3 유아기 아동을 위한 식단 작성

유아교육기관에서의 간식, 점심급식에서 합리적인 영양섭취를 통하여 전반적인 영양개선 효과를 기대할 수 있다. 식습관의 형성과 개선을 유도할 수 있으며, 통합적인 교육 활동을 실시할 수 있다. 경제적인 측면에서 급식의 단가를 낮출 수 있다.

유아를 위한 점심 및 간식의 기본 계획를 세우면 다양한 식품의 배합을 통해 개개인의 영양필요량을 만족시킬 수 있다. 신체발육에 필요한 칼슘과 단백질이 풍부하고, 음식을 적절히 변화시킴으로써 항상 새로운 느낌을 주는 식단을 구성한다. 소화하기 쉬운 방법으로 조리하며, 자극성이 강한 조미료는 되도록 사용하지 않는다. 식품에 대한 유아의 기호를 고려하고, 음식의 색상, 질감, 형태, 맛에 있어서 적당한 조화를 이루도록 한다. 음식은 수회로 나누어 공급하며, 간식은 세 끼의 식사에서 부족할 수 있는 영양소를 보충할 수 있게 구성한다.

(1) 유아를 위한 식단 작성의 순서

1) 일일 및 한 끼 필요 영양소량을 결정한다

유치원 아동(3~5세)에게 필요한 열량은 1일 1,400kcal이다. 1일 필요 열량 및 영양량의 1/3 정도는 점심식단에서 공급하고, 1/10 정도는 간식을 통하여 공급한다. 3~5세 어린이의 경우 점심식사에서 열량 약 420kcal 정도를 공급하며 간식을 통해서 오전, 오후 각각 140kcal 정도를 공급한다. 종일제 유치원의 경우에는 비슷한 영양가의 간식을 1회 정도 더 공급한다.

[표 7-5] 유아급식 구성 기준

식사분류	1일 영양량에 대한 비율(%)	열량 (kcal)
1일 열량	100	1,400
아침 식사	25(20)	350(280)
오전 간식	10	140
점심 식사	30	420
오후 간식	10	140
저녁 식사	25(30)	350(420)

2) 필요한 영양소를 공급하기 위한 음식 및 식품 구성을 계획한다

① 유아가 1일 섭취해야 할 식품의 종류와 양을 염두에 두고, 먼저 주식을 밥과 빵, 국수, 일품음식 중에서 어떤 요일에 무엇을 급식할 것인가를 정한다.

② 식단의 기본 형태를 고려하여 주식의 종류를 정한다.

③ 주식이 정해지면 국의 종류와 조리법을 정한다. 식품에 대한 유아의 기호를 고려하여 고깃국, 생선국, 된장국, 찌개, 맑은국이 번갈아 구성되도록 한다.

④ 주찬이 되는 음식의 종류와 조리법을 결정한다.
주찬은 유아의 식품 기호뿐 아니라 국과의 조화나 식사의 특성 등을 고려하여 쇠고기, 돼지고기, 닭고기, 생선, 달걀, 두부, 콩 등을 적절히 섞어가며 정한다. 조리방법도 구이, 조림, 볶음, 튀김 등으로 다양하게 변화시킴으로써 같은 식품재료를 사용하더라도 식단에 새로운 변화를 준다.

⑤ 주식과 주찬이 정해지면 채소 반찬이 빠지지 않도록 유의한다. 채소의 조리방법은 생채, 숙채, 샐러드 등으로 다양하게 하며 부반찬과 김치의 종류를 정한다.

⑥ 점심식단의 기본 틀을 정하면 식을 위한 음식 종류를 점심식단 및 교육과정을 고려하여 결정한다. 이때 식품의 종류를 열량이나 비타민, 무기질을 보충할 수 있는 식품을 중심으로 분류한 후 결정한다**[표 7-6]**.

[표 7-6] 유아를 위한 식단 작성 과정

1단계		
기본형태	**식품의 종류**	**주요영양소**
주식	곡류음식	탄수화물
국	고기, 생선(달걀, 두부, 콩), 채소	단백질, 비타민, 무기질
주찬	고기, 생선, 달걀, 두부, 콩	단백질
부찬	채소 및 해조류	비타민, 무기질
김치	채소	비타민, 무기질
양념	기름, 장류, 설탕	지방, 탄수화물
간식	우유, 과일, 곡류	칼슘, 비타민, 무기질, 탄수화물

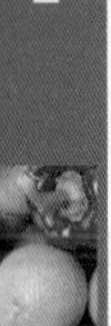

2단계		
기본형태	식품의 종류	음식의 종류
주식	밥, 면, 빵	보리밥, 완두콩밥, 비빔국수, 샌드위치
국	고기국, 된장국, 각종 찌개	쇠고기국, 배추된장국, 생선찌개
주찬	쇠고기찬, 돼지고기찬, 생선 음식, 달걀류 음식	불고기, 돼지고기 커틀릿, 달걀채소말이
부찬	채소 음식	감자볶음, 시금치나물, 콩나물무침, 미역줄기볶음
김치	김치류	배추김치, 깍두기, 열무물김치
간식	열량 보충 간식	비스킷, 떡, 찐감자, 옥수수
	단백질 보충 간식	어묵구이, 미트볼, 소시지, 팬케익
	무기질 및 비타민 보충 간식	과일류, 채소샐러드, 유·발효제품
	수분 보충 간식	우유 및 과일주스류

3) 식단 작성 시 참고자료

- 지금까지 사용했거나 다른 유아교육기관의 식단표
- 시장가격표
- 표준조리법 식단카드
- 식품별, 요리별 좋아하는 음식명 리스트
- 전문잡지

4) 식단의 대강표와 식단 목록표를 이용하여 1일 섭취해야 할 식품을 중심으로 음식의 종류와 수를 결정한다

반복하는 식단의 주기를 기본으로 하여 밥을 급식하는 횟수와 부식의 종류와 양을 결정한다. 음식은 소화가 용이하며, 가격면에서 현실성이 있도록 구성한다. 다양한 조리방법을 선택하여 식단에 변화를 준다. 식단의 반복 주기를 5일 혹은 10일 혹은 1개월을 중심으로 정하고, 주식을 고려하여 간식의 종류와 분량을 결정한다. 교육내용을 고려하여 활동량이 많은 날은 열량 및 수분의 공급이 충분하도록 준비하며, 일손이 부족한 날은 일품요리(예: 카레라이스, 자장밥)로 준비하여 조리 및 배식에 필요한 노동량을 줄일 수 있도록 한다.

5) 식품의 종류 및 필요량을 산출한다

식단이 정해지면 어떤 재료를 얼마만큼 준비해야 하는가를 검토한다. 검토 시 식품의 폐기율과 조리에 의한 중량·부피변화도 사전에 고려해서 작성한다. 식품의 재고량을 항상 미리 파악해야 한다. 눈대중량을 익혀두고 표준조리법 카드를 작성해 두면 급식관리에 도움이 된다.

6) 다음의 식단 평가 점검표를 이용하여 작성된 식단표를 검토한다

① 균형있는 영양섭취를 위하여 식사 구성탑의 5가지 식품들이 골고루 포함되어 있는가?
② 식품의 구입 가능성과 급식 예산을 충분히 고려한 현실적인 식단인가?
③ 계절 식품을 이용하였는가?
④ 각 식단에서 음식의 색, 맛, 질감, 형태, 조리방법, 온도 등의 대비가 이루어졌는가?
⑤ 식단이 완성되기까지 인력, 기구 등의 이용 가능성을 고려하였는가?
⑥ 특정한 식품이나 맛이 너무 자주 반복되지 않았는가?
⑦ 전체적인 조화는 어떠하며 유아가 즐겁게 식사할 수 있겠는가?
⑧ 음식의 조리와 배식이 시간적, 공간적으로 무리가 없는가?
⑨ 전체적인 교육 프로그램과 일치하는가?

(2) 컴퓨터를 활용한 식단 작성

메인화면 [그림 7-3]에서 유아급식을 선택하게 되면 [그림 7-12]의 식단 조건 입력 화면이 나타난다. '식단 조건 입력 화면' 에서는 일자, 작성자, 영양배분, 재료비, 인원, 식사구분, 성별, 연령, 체중, 신장, 활동정도(3세 이상의 경우), 식단명 등을 입력할 수 있다. 조건 입력 화면 아래에 있는 2015년 체위기준표를 통해 연령별 표준체중 및 신장을 확인할 수 있으며, 조건 입력이 완료되면 화면 하단의 식단표 작성 버튼을 누른다.

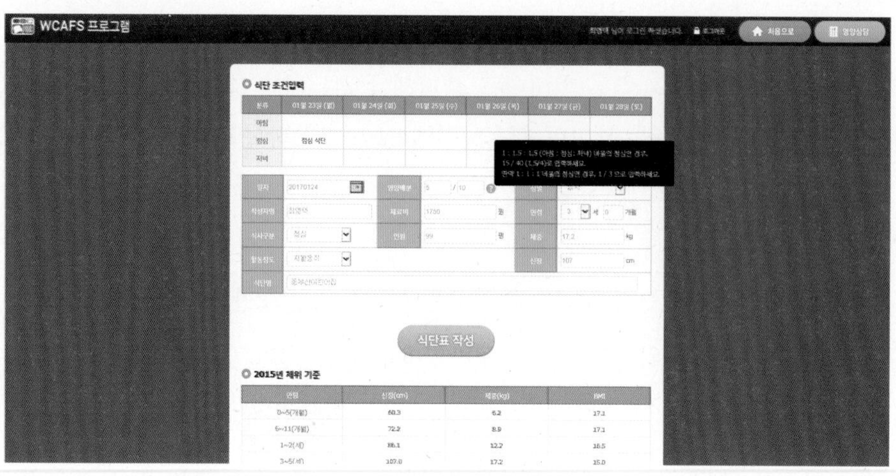

[그림 7-12] **유아급식 식단 조건 입력 화면**

'식단 조건 입력'이 끝나고 '식단표 작성' 버튼을 누르면 [그림 7-13]의 '식단표 작성' 화면이 나타난다. '식단표 작성' 화면에서는 주식, 부식, 오전 간식, 오후 간식, 야식, 기타 등으로 구분하여 입력할 수 있으며, 추가할 음식을 통해 원하는 음식을 입력하여 클릭하면 그 음식을 구성하는 식품의 종류와 양이 화면에 같이 나타난다. 그리고 식품의 양은 식품교환 단위 수로 자동 환산되어 나타난다.

[그림 7-13] **유아급식 식단표 작성 화면**

식단을 구성하여 모두 입력한 후에는 각 음식별 식품의 추가 및 삭제, 사용량의 변경 등을 할 수 있다([그림 7-14]의 유아급식 식단 식품 추가 및 삭제, 사용량 변경 참조).

음식에 다른 재료를 추가할 경우에는 다음과 같이 진행한다. 화면 좌측하단의 추가할 식품에서 식품을 추가할 음식을 선택한 후 '식품 검색창'을 통해 추가할 식품을 고른 뒤 사용량을 입력하면 구성된 음식에 새로운 식품을 추가할 수 있다(추가할 식품 전체보기 참고용 기능 포함).

다음은 구성한 음식을 삭제하고 싶은 경우, 구성된 식단의 음식명 하단에 삭제 버튼을 누르면 해당 음식을 삭제할 수 있으며, 구성된 음식 중에서 특정 식품만 삭제하고 싶은 경우에는 화면 우측에 식품별 삭제 버튼을 누르면 된다[그림 7-14].

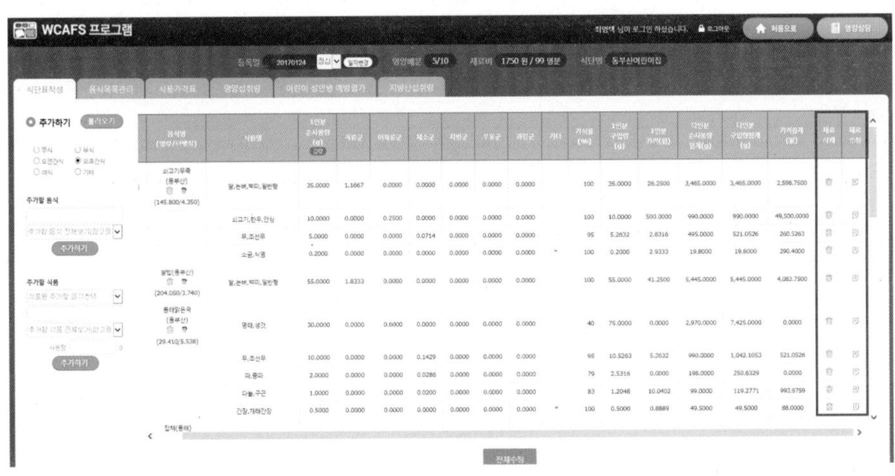

[그림 7-14] 유아급식 식품 추가 및 삭제, 사용량 변경 화면

사용량의 변경은 화면 하단에 '전체수정' 버튼을 누르면 모든 식품의 사용량 및 교환단위 환산 데이터 칸이 활성화되어 필요한 식품의 양을 수정할 수 있다. 수정한 데이터의 칸은 빨간색으로 표시된다. 사용량 수정이 끝나면 완료 버튼을 누른다. 전체 수정 버튼을 누르면 자동으로 완료 버튼으로 변경된다.

WCAFS 식단 작성 프로그램의 특징은 가식율에 따라 1인분 구입량이 계산되며 식단 작성조건 입력에서 기입한 인원수에 따라 다인분 순사용량 합계, 다인분 구입량 합계가 나타나며, 사용자가 식품 가격을 입력하면 총 구매 가격 합계까지 자동으로 산출되어 화면에 표시된다.

식단표 작성이 완료되면 화면 상단의 '영양 섭취량', '어린이 성인병 예방평가', '지방산 섭취량'을 검색해 볼 수 있다.

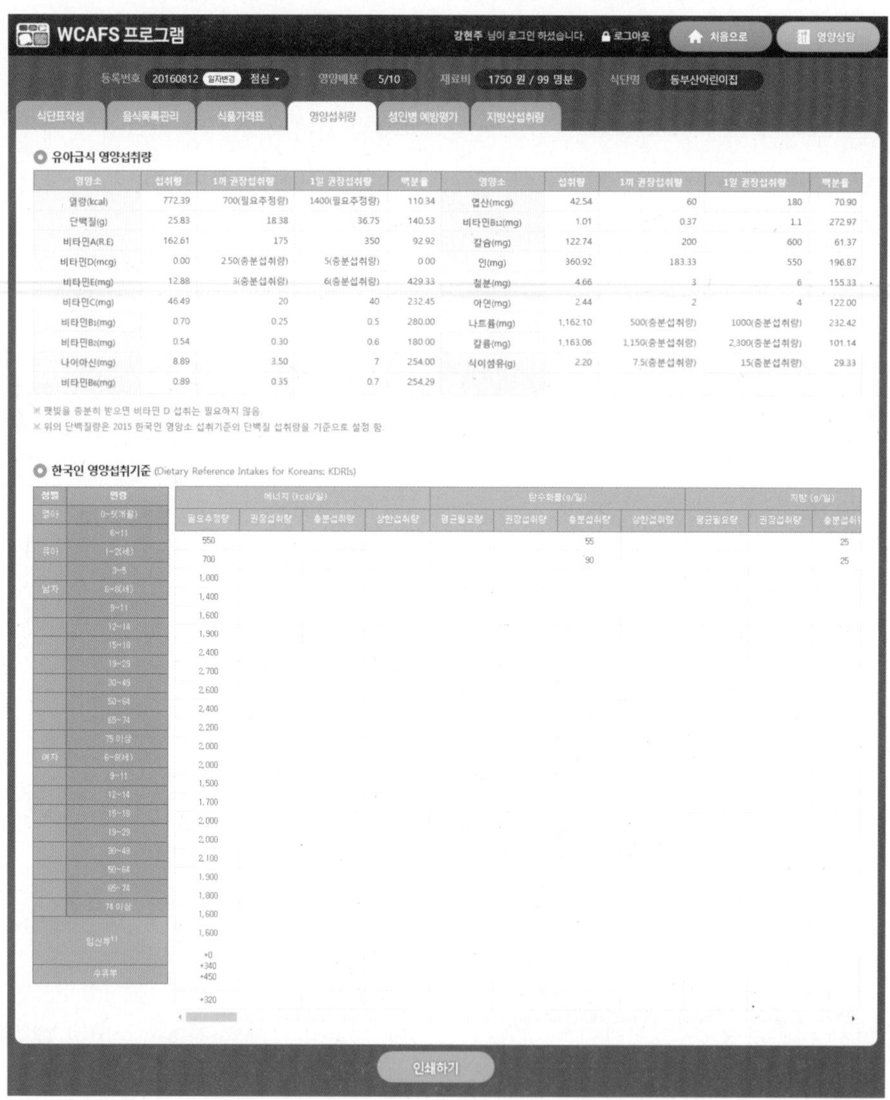

[그림 7-15] **유아급식 영양 섭취량 검색 화면**

화면상단의 '영양 섭취량'을 클릭하면 식단표 작성에서 구성한 식단에 대한 영양 섭취량을 [그림 7-15]와 같이 볼 수 있다. 영양 섭취량의 경우, 조건 입력에서 입력한 영양배분에 따른 권장량을 기준으로 작성한 식단의 열량, 단백질, 비타민, 무기질 등을 비교해 볼 수 있는 표로 나타나고, 백분율로도 환산되며, 인쇄도 가능하다.

화면 상단의 '어린이 성인병 예방평가'를 클릭하면 '영양 섭취량' 화면과 마찬가지로 식단 작성에서 구성한 식단을 기준으로 [그림 7-16]의 화면을 볼 수 있다. '어린이 성인병 예방평가'에서는 열량, 탄수화물, 단백질뿐만 아니라 첨가당, 식이섬유, 총 지방, 트랜스 지방, 콜레스테롤, 나트륨, 칼륨, 동물성 단백질 비 등을 볼 수 있으며, 인쇄도 가능하다.

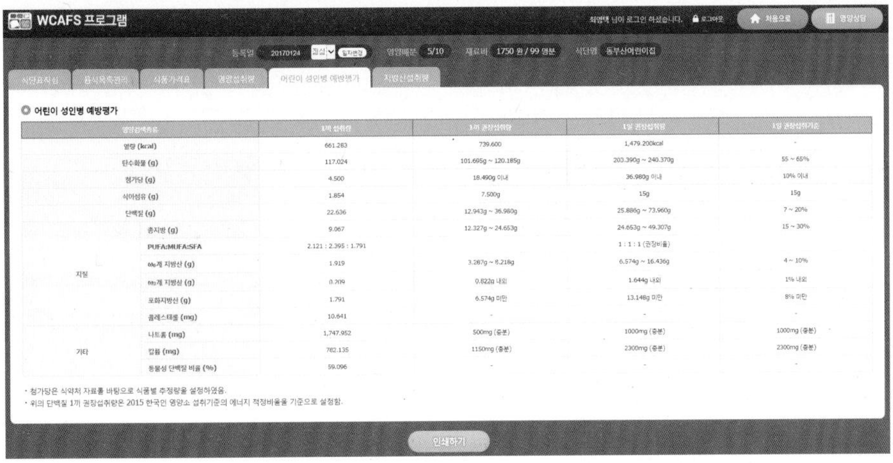

WCAFS 프로그램

◎ 어린이 성인병 예방평가

영양성분종류		1끼 섭취량	1끼 권장섭취량	1일 권장섭취량	1일 권장섭취기준
열량 (kcal)		661.283	739.600	1,479.200kcal	-
탄수화물 (g)		117.024	101.695g ~ 120.185g	203.390g ~ 240.370g	55 ~ 65%
첨가당 (g)		4.500	18.490g 이내	36.980g 이내	10% 이내
식이섬유 (g)		1.854	7.500g	15g	15g
단백질 (g)		22.636	12.943g ~ 36.980g	25.886g ~ 73.960g	7 ~ 20%
지질	총지방 (g)	9.067	12.327g ~ 24.653g	24.653g ~ 49.307g	15 ~ 30%
	PUFA:MUFA:SFA	2.121 : 2.395 : 1.791		1 : 1 : 1 (권장비율)	
	ω6계 지방산 (g)	1.919	3.287g ~ 8.218g	6.574g ~ 16.436g	4 ~ 10%
	ω3계 지방산 (g)	0.209	0.822g 내외	1.644g 내외	1% 내외
	포화지방산 (g)	1.791	6.574g 미만	13.148g 미만	8% 미만
	콜레스테롤 (mg)	10.641	-	-	-
기타	나트륨 (mg)	1,747.952	500mg (충분)	1000mg (충분)	1000mg (충분)
	칼륨 (mg)	782.135	1150mg (충분)	2300mg (충분)	2300mg (충분)
	동물성 단백질 비율 (%)	59.096	-	-	-

· 첨가당은 식약처 자료를 바탕으로 식품별 추정량을 설정하였음.
· 위의 단백질 1끼 권장섭취량은 2015 한국인 영양소 섭취기준의 에너지 적정비율을 기준으로 설정함.

인쇄하기

[그림 7-16] **유아급식 어린이 성인병 예방평가 화면**

화면 상단의 '지방산 섭취량'을 클릭하면 [그림 7-17]의 화면을 볼 수 있으며, 세분화된 지방산 섭취량을 한눈에 볼 수 있고, 인쇄도 가능하다.

WCAFS 프로그램

◎ 지방산섭취량

Butyric	Caproic	Caprylic	Capric	Decenoic	Lauric	Myristic	Myristole
0.00	0.00	0.00	0.00	0.00	0.00	0.07	0.00
Palmitic	**Palmitoleic**	**Stearic**	**Oleic**	**Linoleic(LA)(ω6)**	**Linolenic(LNA)(ω3)**	**Steandonic**	**Arachidic**
1.19	0.12	0.49	2.24	1.91	0.16	0.00	0.01
Eicosenoic	**Eicosadienoic**	**Eicosatrienoic**	**Eicosatetraenoic(ω3)**	**Arachidonic(AA)(ω6)**	**EPA(ω3)**	**Behenic**	**Docosenoic**
0.01	0.01	0.00	0.00	0.00	0.02	0.00	0.00
Docosapentaenoic(ω3)	**Docosapentaenoic(ω6)**	**DHA(ω3)**	**Lignoceric**	**Tetracosenoic**	**Others**		
0.00	0.00	0.03	0.00	0.00	0.04		
PUFA	**MUFA**	**SFA**	**(ω3) Series**	**(ω6) Series**	**Cholesterol**		
2.12	2.39	1.79	0.21	1.92	10.64		단위 : mg

인쇄하기

[그림 7-17] **유아급식 지방산 섭취량 화면**

데이터베이스에 구축되어 있는 음식 외에 새로운 음식을 추가하고자 할 경우 [그림 7-18]의 '음식 목록 관리'에서 다음과 같은 방법으로 실행한다.

화면 좌측의 '음식분류'에서 밥류, 국류, 탕류 등 다양한 카테고리 중에서 해당하는 분류를 선택하고 검색창에 음식명을 기입한 후 '등록하기' 버튼을 누른다.

음식명을 등록한 후에는 '음식목록 검색창'에서 등록한 음식명을 검색한다. 음식명을 클릭하면 '음식 재료표'에 음식명이 뜨면서 재료칸은 빈칸으로 표시가 된다. 마지막으로 그 음식을 구성할 식품을 '추가할 식품목록'에서 검색하여 양을 설정해서 추가하면 새로운 음식을 추가할 수 있다. 추가기능으로는 위생팁, 구매팁, 조리법, 음식사진 등을 입력하면 자동 저장되어 사용이 가능하다.

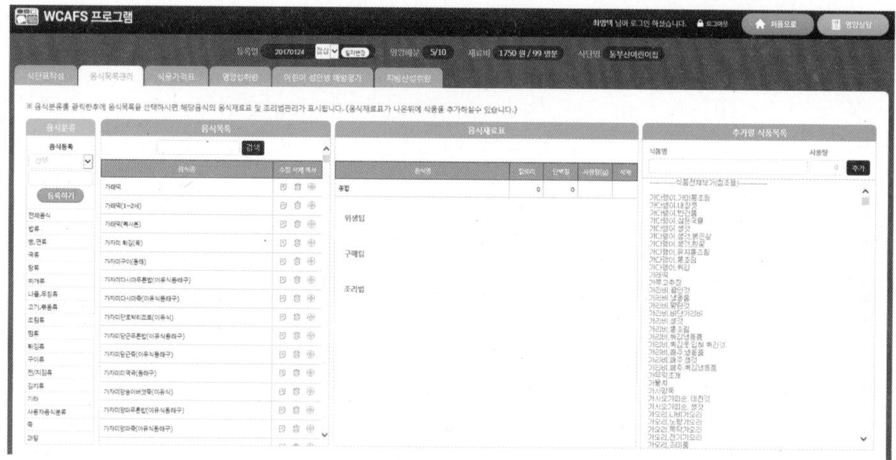

[그림 7-18] 유아급식 음식 목록 관리 화면

식품 가격을 확인하고 싶은 경우 또는 식품 가격을 새로 설정하고 싶은 경우에는 화면 상단의 '식품 가격표'를 클릭하면 [그림 7-19]의 화면을 볼 수 있다. 식품 가격을 새로 입력하고자 할 경우, 검색창에서 해당식품을 검색하고 단위 및 단가를 입력하면 자동으로 g 당 단가로 환산되어 식단표 작성 화면으로 연동된다.

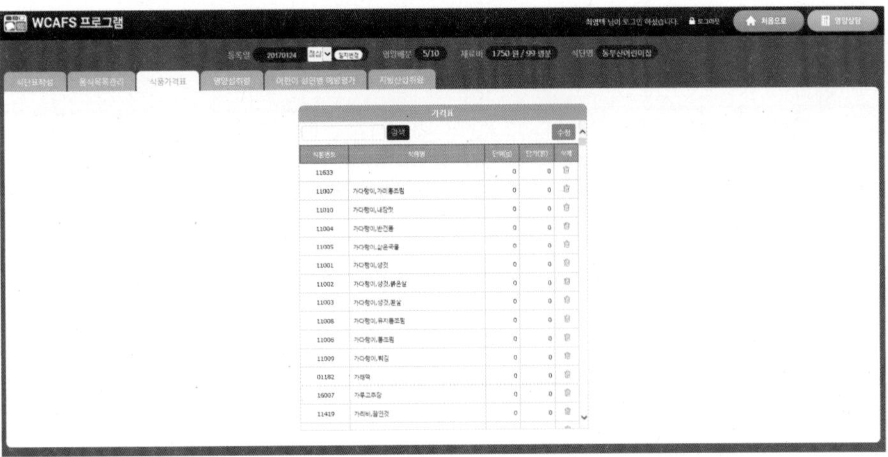

[그림 7-19] **유아급식 식품 가격표 화면**

[표 7-7] 유아급식 식단표

일자 : 2016.08.12　점심　영양배분 : 05/10　재료비 : 1,750원　100명분　식단명 : 동부산 어린이집

식단				식품 교환단위 수							가식율 (%)	1인분 구입량(g)	1인분 가격(원)	순사용량 합계(g)	구입량 합계(g)	구입가격 합계(원)
구분	음식명	식품명	1인분 순사용량(g)	곡류군	어육류군	채소군	지방군	우유군	과일군	기타						
오전 간식	포도10알 (동부산)	포도, 생것	100.000	0.000	0.000	0.000	0.000	0.000	1.000		71	140.845	0.000	9,900.000	13943.655	0.000
주식	검정콩밥 (동부산)	쌀, 논벼, 백미, 일반형	50.000	1.667	0.000	0.000	0.000	0.000	0.000		100	50.000	37.500	4,950.000	4950.000	3,712.500
		대두, 검정콩, 말린것	5.000	0.000	0.250	0.000	0.000	0.000	0.000		100	5.000	60.000	495.000	495.000	5,940.000
부식	쇠고기 미역국 (동부산)	쇠고기, 한우, 양지	15.000	0.000	0.375	0.000	0.000	0.000	0.000		100	15.000	0.000	1,485.000	1485.000	0.000
		미역, 말린것	1.500	0.000	0.000	0.750	0.000	0.000	0.000		100	1.500	0.000	148.500	148.500	0.000
		간장, 재래간장	1.500	0.000	0.000	0.000	0.000	0.000	0.000	*	100	1.500	2.667	148.500	148.500	264.033
	닭가슴살 카레강정 (동부산)	닭고기, 가슴살, 날것	45.000	0.000	1.125	0.000	0.000	0.000	0.000		65	69.231	0.000	4,455.000	6853.869	0.000
		콩기름	10.000	0.000	0.000	0.000	2.000	0.000	0.000		100	10.000	74.889	990.000	990.000	7,414.011
		당근, 생것	5.000	0.000	0.000	0.071	0.000	0.000	0.000		96	5.208	62.500	495.000	515.592	6,187.500
		양파, 생것	5.000	0.000	0.000	0.100	0.000	0.000	0.000		92	5.435	9.058	495.000	538.065	896.742
		피망, 푸른것	5.000	0.000	0.000	0.071	0.000	0.000	0.000		83	6.024	78.313	495.000	596.376	7,752.987
		달걀, 난백, 생것	5.000	0.000	0.091	0.000	0.000	0.000	0.000		100	5.000	6.667	495.000	495.000	660.033
		밀녹말	3.000	0.100	0.000	0.000	0.000	0.000	0.000		100	3.000	0.000	297.000	297.000	0.000
		카레가루	3.000	0.000	0.000	0.000	0.000	0.000	0.000	*	100	3.000	0.000	297.000	297.000	0.000
		마요네즈	2.000	0.000	0.000	0.000	0.286	0.000	0.000		100	2.000	0.000	198.000	198.000	0.000
		버터	1.000	0.000	0.000	0.000	0.167	0.000	0.000		100	1.000	0.000	99.000	99.000	0.000
		설탕, 백설탕	0.500	0.017	0.000	0.000	0.000	0.000	0.000		100	0.500	0.533	49.500	49.500	52.767
		마늘, 구근	0.500	0.000	0.000	0.010	0.000	0.000	0.000		83	0.602	5.020	49.500	59.598	496.980
		미림	0.500	0.000	0.000	0.000	0.000	0.000	0.000	*	100	0.500	0.000	49.500	49.500	0.000
		소금, 식염	0.200	0.000	0.000	0.000	0.000	0.000	0.000	*	100	0.200	2.933	19.800	19.800	290.367
		후추가루	0.200	0.000	0.000	0.000	0.000	0.000	0.000	*	100	0.200	3.200	19.800	19.800	316.800

식단				식품 교환단위 수							가식율 (%)	1인분 구입량(g)	1인분 가격(원)	순사용량 합계(g)	구입량 합계(g)	구입가격 합계(원)
구분	음식명	식품명	1인분 순사용량(g)	곡류군	어육류군	채소군	지방군	우유군	과일군	기타						
부식	배추김치 (동부산)	배추, 배추, 생것	20.000	0.000	0.000	0.286	0.000	0.000	0.000		92	21.739	231.884	1,980.000	2152.161	22,956.516
		찹쌀가루	3.000	0.100	0.000	0.000	0.000	0.000	0.000		100	3.000	19.714	297.000	297.000	1,951.686
		고추가루	2.000	0.000	0.000	0.000	0.000	0.000	0.000	*	100	2.000	50.000	198.000	198.000	4,950.000
		마늘,구근	1.000	0.000	0.000	0.020	0.000	0.000	0.000		83	1.205	10.040	99.000	119.295	993.960
		파, 소파	1.000	0.000	0.000	0.014	0.000	0.000	0.000		85	1.177	4.941	99.000	116.523	489.159
		멸치, 젓	0.800	0.000	0.016	0.000	0.000	0.000	0.000		100	0.800	6.800	79.200	79.200	673.200
		새우, 젓	0.800	0.000	0.016	0.000	0.000	0.000	0.000		100	0.800	20.800	79.200	79.200	2,059.200
		설탕, 백설탕	0.500	0.017	0.000	0.000	0.000	0.000	0.000		100	0.500	0.533	49.500	49.500	52.767
		소금, 식염	0.500	0.000	0.000	0.000	0.000	0.000	0.000	*	100	0.500	7.333	49.500	49.500	725.967
		생강	0.200	0.000	0.000	0.004	0.000	0.000	0.000		100	0.200	1.200	19.800	19.800	118.800
	애호박전 (동부산)	호박, 애호박	30.000	0.000	0.000	0.429	0.000	0.000	0.000		100	30.000	0.000	2,970.000	2970.000	0.000
		달걀, 난황, 생것	10.000	0.000	0.182	0.000	0.000	0.000	0.000		100	10.000	0.000	990.000	990.000	0.000
		올리브유	10.000	0.000	0.000	0.000	2.000	0.000	0.000		100	10.000	0.000	990.000	990.000	0.000
		밀, 밀가루, 중력분	5.000	0.167	0.000	0.000	0.000	0.000	0.000		100	5.000	0.000	495.000	495.000	0.000
		소금, 일반염	0.500	0.000	0.000	0.000	0.000	0.000	0.000	*	100	0.500	0.000	49.500	49.500	0.000
오후 간식	찐감자 (동부산)	감자, 찐것	100.000	0.769	0.000	0.000	0.000	0.000	0.000		98	102.041	0.000	9,900.000	10102.059	0.000
1끼 교환단위 합계				2.836	2.055	1.755	4.652	0.000	1.000			1인분 가격(원)		합계가격(원)		
1끼 권장교환단위수				3.500	2.000	3.000	1.500	0.500	0.500			예산가격	계산가격	예산가격	계산가격	
1일 권장교환단위수				7	4	6	3	1	1			1.750	0.000	173.250	0.000	

* 식품교환단위에는 포함되지 않지만 음식을 구성하는 데 있어서 중요한 역할을 하는 식품의 종류(예: 간장, 소금 등의 양념류)

[표 7-8] 한 끼 영양 섭취량

등록번호 20160812 식사구분 점심 영양배분 5/10 인원 99명 재료비 1,750원 연령/성별 3/남
체중 17.2kg 식단명 동부산어린이집

	섭취량	1끼 권장섭취량	1일 권장섭취량	백분율		섭취량	1끼 권장섭취량	1일 권장섭취량	백분율
열량 (Kcal)	772.39	700 (필요추정량)	1,400 (필요추정량)	110.34	엽산 (mcg)	42.54	60	180	70.9
단백질(g)	25.83	18.38	36.75	140.53	비타민 B_{12} (mg)	1.01	0.37	1.1	272.97
비타민 A (RAE)	162.61	175	350	92.92	칼슘 (mg)	122.74	200	600	61.37
비타민 D (mcg)	0	2.5 (충분섭취량)	5 (충분섭취량)	0	인 (mg)	360.92	183.33	550	196.87
비타민 E (mg)	12.88	3 (충분섭취량)	6 (충분섭취량)	429.33	철분 (mg)	4.66	3	6	155.33
비타민 C (mg)	46.49	20	40	232.45	아연 (mg)	2.44	2	4	122
비타민 B_1 (mg)	0.7	0.25	0.5	280	나트륨 (mg)	1,162.10	500 이하 (충분섭취량)	1,000 이하 (충분섭취량))	232.42
비타민 B_2 (mg)	0.54	0.3	0.6	180	칼륨 (mg)	1,163.06	1,150 (충분섭취량)	2,300 (충분섭취량)	101.14
니아신 (mg)	8.89	3.5	7	254	식이섬유 (g)	2.2	7.5 (충분섭취량)	15 (충분섭취량)	29.33
비타민 B_6 (mg)	0.89	0.35	0.7	254.29					

[표 7-9] 어린이 성인병 예방평가

등록번호 20160812 식사구분 점심 영양배분 5/10 인원 99명 재료비 1,750원 연령/성별 3/남
체중 17.2kg 식단명 동부산어린이집

영양소	1끼 섭취량	1끼 권장섭취량	1일 권장섭취량	1일권장섭취기준
열량(kcal)	772.39	700 (필요추정량)	1,400 (필요추정량)	–
탄수화물(g)	80.49	96.25~113.75	192.5~227.5	55~65%
첨가당(g)	1.00 (섭취추정량)	17.5 이하	35 이하	10% 이하
식이섬유(g)	2.2	7.5 (충분섭취량)	15 (충분섭취량)	15 (충분섭취량)
단백질(g)	25.83	12.25~35	24.5~70	7~20%

영양소		1끼 섭취량	1끼 권장섭취량	1일 권장섭취량	1일권장섭취기준
지질	총 지방(g)	32.65	11.67~23.33	23.33~46.66	15~30%
	PUFA: MUFA: SFA	1.48 : 2.14 : 1	1 : 1 : 1		
	W-6계 지방산(g)	8.83	3.11~7.78	6.22~15.56	4~10%
	W-3계 지방산(g)	0.99	0.78 내외	1.56 내외	1% 내외
	포화지방산(g)	6.61	6.22 미만	12.44 미만	8% 미만
	트랜스지방산(g)	0	0.78 미만	1.56 미만	1% 미만
	콜레스테롤(mg)	161.9	-	-	-
기타	나트륨(mg)	1,162.10	500 이하 (충분섭취량)	1,000 이하 (충분섭취량)	1,000 이하 (충분섭취량)
	칼륨(mg)	1,161.76	1,150 (충분섭취량)	2,300 (충분섭취량)	2,300 (충분섭취량)
	동물성 단백질 비	0.61	-	-	-

[표 7-10] 지방산 섭취량

등록번호 20160812 **식사구분** 점심 **영양배분** 5/10 **인원** 99명 **재료비** 1,750원 **연령/성별** 3/남
체중 17.2kg **식단명** 동부산어린이집

(단위:g)

Butyric	Caproic	Caprylic	Capric	Decenoic	Lauric	Myristic	Myristole
0.00	0.00	0.00	0.03	0.00	0.03	0.21	0.00
Palmitic	Paimitoleic	Stearic	Oleic	Linolelc (LA)(W6)	Linolenic (LNA)(W3)	Stearidonic	Arachidic
4.17	0.33	1.55	10.22	8.32	0.89	0.00	0.00
Elcosenoic	Elcosadienoic	Elcosatrienoic	Elcosatetra enoic(W3)	Arachidonic (AA)(W6)	EPA(W3)	Behenic	Docosenoic
0.02	0.00	0.01	0.01	0.05	0.00	0.00	0.00
Docosapenta enoic(W3)	Docosapenta enoic(W6)	DHA(W3)	Lignoceric	Tetracosenoic	Others		
0.00	0.00	0.06	0.00	0.00	0.42		
PUFA	MUFA	SFA	W3 series	W6 series	Cholesterol (mg)		
9.30	10.59	6.00	0.95	8.34	161.91		

(3) 급식관리 업무

1) 급식관리자의 업무

① 주간 업무

가. 주간 식단표 작성

나. 시장 가격 조사

다. 물품구입 신청 및 결재

라. 식당 대청소 및 소독

마. 게시판 영양교육 자료 교체

② 월간 업무

가. 우유 등 음료 및 총 급식수 확인 및 급식품 통계표 작성

나. 한달분 주식 곡류 및 저장 양념류의 구입

다. 일시 납품 식품의 구입 신청

라. 월간 식단 계획

마. 조리원 교육 계획

③ 분기 업무

가. 식단 작성을 위한 기초조사

나. 분기 보고

다. 효과분석(연말)

라. 식품비, 연료비, 인건비, 분기 정산

마. 급식에 대한 설문지 조사(가정, 유아)

2) 식품의 구입과 검수

① 식품 및 기본 양념류의 구입 원칙

가. 채소류 및 생식품은 1주일 단위로 구입하는 것이 좋다. 보관이 가능한 감자, 양파, 당근 등은 2주 단위로 구입해도 좋다.

나. 참기름, 마요네즈 등 소스와 밀가루 및 국수류는 1개월 또는 3개월 단위로 구매하며, 간장, 식용류, 식초, 소금 등은 분기별 또는 6개월 단위로 한 번에 구입하는 것이 좋다.

다. 깨, 마늘, 고추 등은 생산 계절에 일괄 구입하는 것이 좋다.

라. 과자류는 1~2주일 단위로 구입하고, 우유 및 유제품은 총 구매 단위를 월별로 확

정하여 계약한 후 매일 배달하도록 한다.

② 식품의 검수

가. 주문한 식품의 수량 및 규격을 검사한다.

나. 검수 때는 물품 상태와 제조년월일을 확인한 후 저울에 달아서 검수한다.

다. 관능검사법을 이용하여 식품의 신선도, 건조도, 색깔, 냄새 등을 검사한다.

라. 식품의 특성과 보관 기간을 참작하여 보관한다.

마. 잔량은 장부에 기재한다.

③ 조리지도

가. 기본적인 조리원리를 지도하고 식품에 대한 과학적인 지식을 교육한다.

나. 조리과정과 조리시간 관리와 통제요소에 대한 관리를 한다.

다. 영양 손실이 적은 조리법을 고안하고 적용한다.

라. 조리방법을 개발하여 식단을 다양화시킨다.

마. 조리의 기술면에서 전문화가 이루어지도록 한다.

④ 위생적인 식품관리의 일반 원칙

가. 청결의 기본수칙 : 원료, 시설·설비, 기구·용기, 식품 취급 및 식품취급자의 청결을 준수한다.

나. 신속의 기본 원칙 : 원료의 신속한 조리, 조리한 음식은 신속하게 섭취한다.

다. 냉장 또는 온장 : 식품에 따라 5℃ 이하에서 냉장 보관하거나 60℃ 이상에서 온장 보관한다.

라. 음료류: 음료류는 반드시 끓여서 충분하게 준비한다.

4 학령기 아동을 위한 식단 작성

(1) 학교급식의 의의 및 목적

아동들에게 적절한 영양량 공급으로 성장기 아동의 건전한 심신발달을 도모하고 나아가 국민식생활 개선에 기여한다. 편식 교정 및 올바른 식사태도와 식습관을 형성하도록 한다. 또한 예의범절이나 생활태도 학습으로 학교생활을 올바르게 하고 동시에 사교성과

협동심을 함양한다. 지역사회에서의 식생활 개선 및 식량의 생산과 소비에 대한 올바른 이해와 정부의 식량 소비 정착에 기여한다.

(2) 학교급식의 기본 계획 요약

학생 및 지역사회의 영양실태를 통하여 지역특성을 고려한 식단 계획, 기호 위주의 특정 영양소가 과잉되거나 결핍되지 않도록 노력한다.

1) 균형 잡힌 영양공급 방안 : 『학교급식법 시행규칙』제5조제2항

- 곡류·전분류, 채소·과일류, 어육류·콩류, 우유·유제품 등 다양한 종류의 식품 사용
- 염분·유지류·단순당류 또는 식품첨가물 등을 과다 사용 금지
- 당 함량이 높은 물엿·설탕 및 나트륨 함량이 높은 소금·장류·젓갈 등 사용 최소화
- 화학조미료 미사용
- 가급적 자연식품과 계절식품을 사용
  - 주 3회 이상 잡곡밥, 나물반찬(생채, 숙채, 무침 등)
  - 주 2회 이하 튀김류, 가공식품, 김치 외 절임식품
  - 주 2회 이상 해조류, 신선한 과일
  - 탄산음료, 사탕 등 제공 금지

2) 영양관리기준은 계절별로 연속 5일씩 1인당 평균영양공급량을 평가하되, 준수범위는 다음과 같다.

- 에너지는 학교급식의 영양관리기준 에너지의 ±10%로 하되, 탄수화물 : 단백질 : 지방의 에너지 비율이 각각 55~70% : 7~20% : 15~30%가 되도록 한다.
- 단백질은 학교급식 영양관리기준의 단백질량 이상으로 공급하되, 총 공급에너지 중 단백질 에너지가 차지하는 비율이 20%를 넘지 않도록 한다.
- 비타민 A, 티아민, 리보플라빈, 비타민 C, 칼슘, 철은 학교급식 영양관리기준의 권장 섭취량 이상으로 공급하는 것을 원칙으로 하되, 최소한 평균필요량 이상이어야 한다.

3) 나트륨 저감화 노력

- 학교급별 급식 한 끼당 나트륨 줄이기 정책목표 설정
  - 2017년까지 초등학교 900mg, 중학교 1,000mg, 고등학교 1,300mg, 평균 1,067mg 수준으로 저감화 추진

• 염도 측정 및 조미료류(소금, 간장, 고추장, 된장)는 계량하여 조리
• '국 자율의 날' 운영 및 국 권고염도 0.6~0.7% 수준으로 단계적 저감화

4) 트랜스지방 섭취 제한

5) 알레르기유발식품 표시제 시행 철저

– 학교급식 식단표에 알레르기 유발식품 정보공지 의무화(학교급식법 개정, 2015. 4.)
  • 종류: ① 난류, ② 우유, ③ 메밀, ④ 땅콩, ⑤ 대두, ⑥ 밀, ⑦ 고등어, ⑧ 게, ⑨ 새우, ⑩ 돼지고기, ⑪ 복숭아, ⑫ 토마토, ⑬ 아황산류(권장), ⑭ 호두, ⑮ 닭고기, ⑯ 쇠고기, ⑰ 오징어, ⑱ 조개류(굴, 전복, 홍합 포함)

[표 7-11] 학령기·청소년기의 영양관리기준

구분	학년	에너지 (kcal)	단백질 (g)	비타민A (RAE)	티아민 (비타민 B_1) (mg)	리보플라빈 (비타민 B_2) (mg)	비타민C (mg)	칼슘 (mg)	철분 (mg)
		필요 추정량	권장 섭취량	권장 섭취량	권장 섭취량	권장 섭취량	권장 섭취량	권장 섭취량	권장 섭취량
남자	초등 1~3학년	567	10	150	0.24	0.30	18.4	234	3.0
	초등 4~6학년	700	13.4	200	0.30	0.40	23.4	267	3.4
	중학생	834	18.4	250	0.37	0.50	30.0	334	4.7
	고등학생	900	21.7	284	0.44	0.57	35.0	300	4.7
여자	초등 1~3학년	500	8.4	134	0.24	0.27	20.0	234	2.7
	초등 4~6학년	600	13.4	184	0.30	0.34	26.7	267	3.4
	중학생	667	16.7	217	0.37	0.40	33.4	300	5.4
	고등학생	667	16.7	200	0.40	0.40	31.7	267	4.7

(3) 컴퓨터를 활용한 식단 작성

메인화면 [그림 7-3]에서 학교급식을 선택하게 되면 [그림 7-20]의 식단 조건 입력 화면이 나타난다. '식단 조건 입력' 화면에서는 일자, 작성자, 영양배분, 재료비, 인원, 식사구분, 성별, 연령, 체중, 신장, 활동정도, 식단명 등을 입력할 수 있다. 식단 조건 입력 화면 아래에 있는 2015년 체위기준표를 통해 연령별 표준체중 및 신장을 확인할 수 있으며, 조건 입력이 완료되면 화면 하단의 식단표 작성 버튼을 누른다.

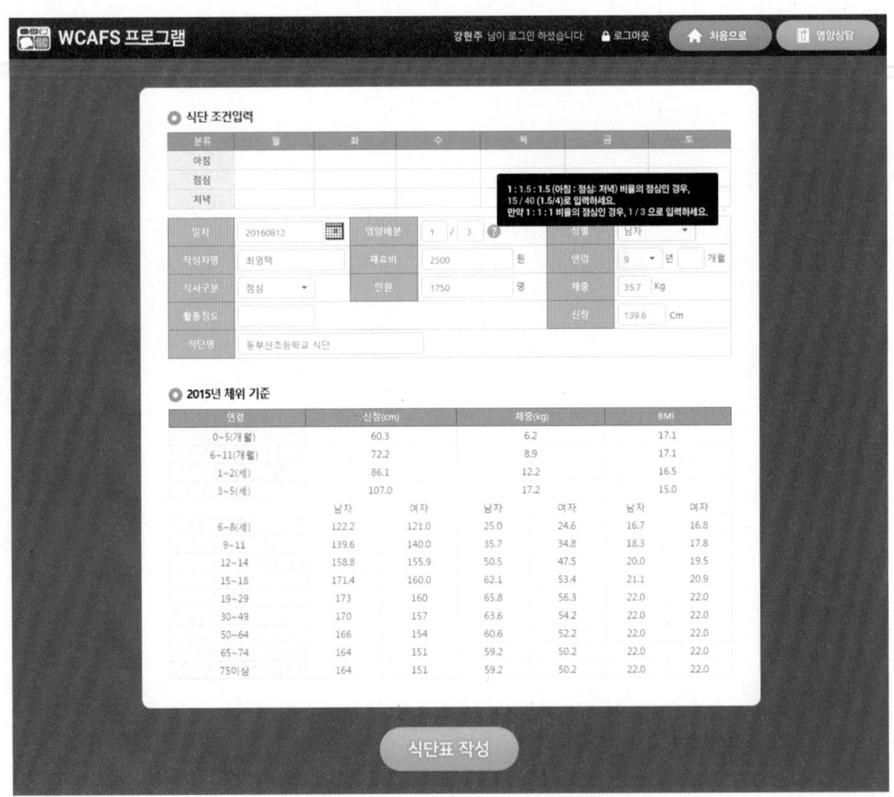

연령	신장(cm)		체중(kg)		BMI	
0~5(개월)	60.3		6.2		17.1	
6~11(개월)	72.2		8.9		17.1	
1~2(세)	86.1		12.2		16.5	
3~5(세)	107.0		17.2		15.0	
	남자	여자	남자	여자	남자	여자
6~8(세)	122.2	121.0	25.0	24.6	16.7	16.8
9~11	139.6	140.0	35.7	34.8	18.3	17.8
12~14	158.8	155.9	50.5	47.5	20.0	19.5
15~18	171.4	160.0	62.1	53.4	21.1	20.9
19~29	173	160	65.8	56.3	22.0	22.0
30~49	170	157	63.6	54.2	22.0	22.0
50~64	166	154	60.6	52.2	22.0	22.0
65~74	164	151	59.2	50.2	22.0	22.0
75이상	164	151	59.2	50.2	22.0	22.0

[그림 7-20] 학교급식 식단 조건 입력 화면

'식단 조건 입력'이 끝나고 '식단표 작성' 버튼을 누르면 [그림 7-21]의 '식단표 작성' 화면이 나타난다. '식단표 작성' 화면에서는 주식, 부식, 오전 간식, 오후 간식, 야식, 기타 등으로 구분하여 입력할 수 있으며, 추가할 음식을 통해 원하는 음식을 입력하여 클릭하면, 그 음식을 구성하는 식품의 종류와 양이 화면에 같이 나타난다. 그리고 식품의 양은 식품교환 단위 수로 자동 환산되어 나타난다.

식단을 구성하여 모두 입력한 후에는 각 음식별 식품의 추가 및 삭제, 사용량의 변경 등을 할 수 있다([그림 7-22]의 학교 급식 식단 식품 추가 및 삭제, 사용량 변경 참조).

음식에 다른 재료를 추가할 경우에는 다음과 같이 진행한다. 화면 좌측하단의 추가할 식품에서 식품을 추가할 음식을 선택한 후 '식품검색창'을 통해 추가할 식품을 고른 뒤 사용량을 입력하면 구성된 음식에 새로운 식품을 추가할 수 있다(추가할 식품 전체보기 참고용 기능 포함).

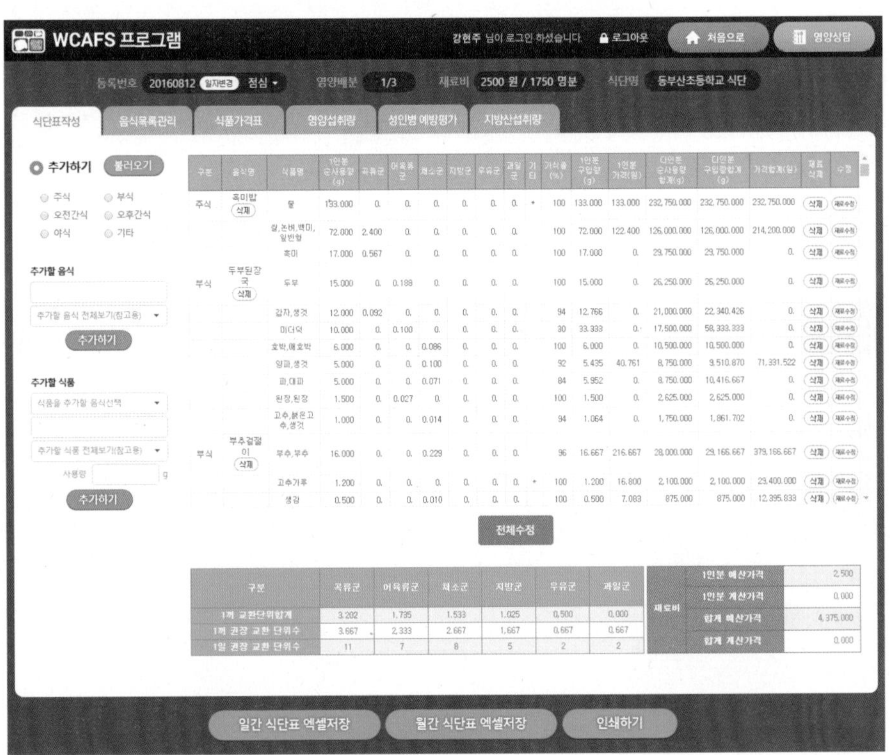

[그림 7-21] 학교급식 식단 프로그램 식단표 작성

다음은 구성한 음식을 삭제하고 싶은 경우 구성된 식단의 음식명 하단에 삭제 버튼을 누르면 해당 음식을 삭제할 수 있으며, 구성된 음식 중에서 특정 식품만 삭제하고 싶은 경우에는 화면 우측에 식품별 삭제 버튼을 누르면 된다**[그림 7-22]**.

[그림 7-22] 학교급식 식단 식품 추가 및 삭제, 사용량 변경 화면

식단표 작성이 완료되면 화면 상단의 '영양 섭취량', '성인병 예방평가', '지방산 섭취량'을 검색해 볼 수 있다.

화면상단의 '영양 섭취량'을 클릭하면 식단표 작성에서 구성한 식단에 대한 영양 섭취량을 [그림 7-23]과 같이 볼 수 있다. 영양 섭취량의 경우, 조건 입력에서 입력한 영양배분에 따른 권장량을 기준으로 작성한 식단의 열량, 단백질, 비타민, 무기질 등을 비교해 볼 수 있는 표로 나타나고, 백분율로도 환산되며, 인쇄도 가능하다.

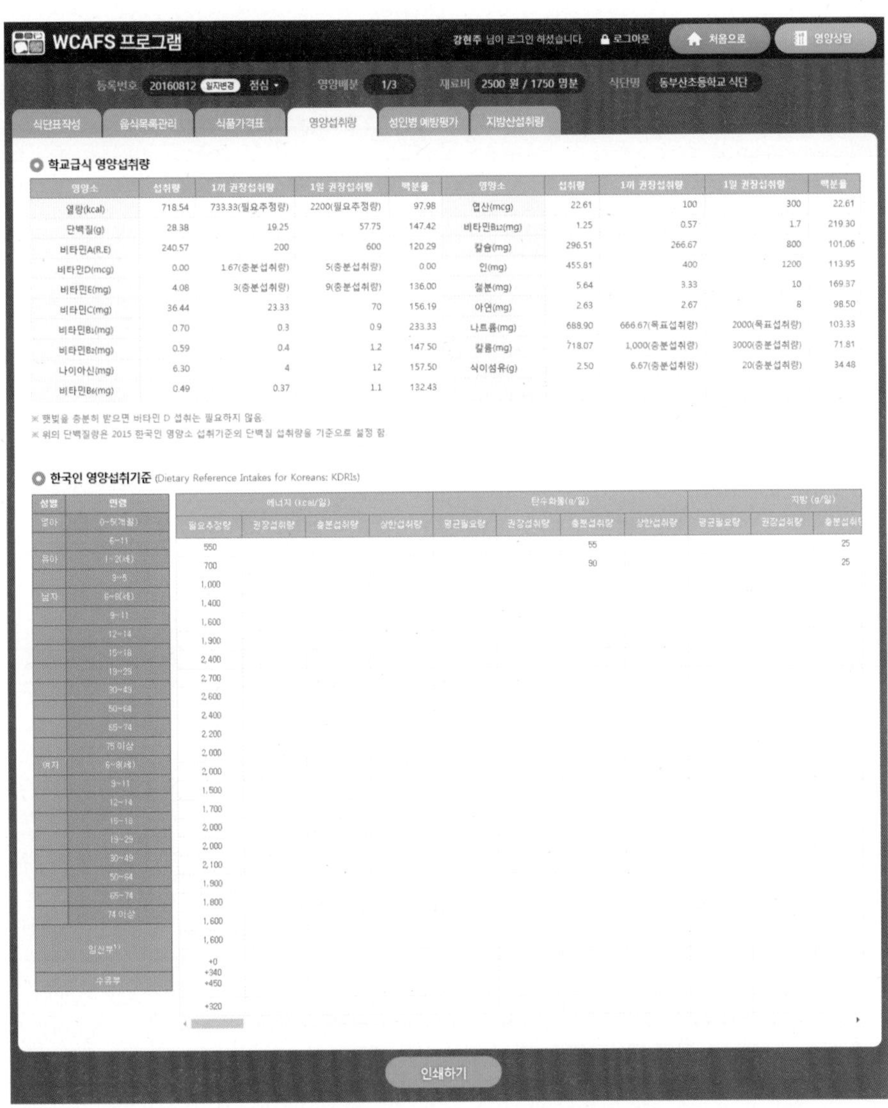

영양소	섭취량	1끼 권장섭취량	1일 권장섭취량	백분율	영양소	섭취량	1끼 권장섭취량	1일 권장섭취량	백분율
열량(kcal)	718.54	733.33(필요추정량)	2200(필요추정량)	97.98	엽산(mcg)	22.61	100	300	22.61
단백질(g)	28.38	19.25	57.75	147.42	비타민B12(mg)	1.25	0.57	1.7	219.30
비타민A(R.E)	240.57	200	600	120.29	칼슘(mg)	296.51	266.67	800	101.06
비타민D(mcg)	0.00	1.67(충분섭취량)	5(충분섭취량)	0.00	인(mg)	455.81	400	1200	113.95
비타민E(mg)	4.08	3(충분섭취량)	9(충분섭취량)	136.00	철분(mg)	5.64	3.33	10	169.37
비타민C(mg)	36.44	23.33	70	156.19	아연(mg)	2.63	2.67	8	98.50
비타민B1(mg)	0.70	0.3	0.9	233.33	나트륨(mg)	688.90	666.67(목표섭취량)	2000(목표섭취량)	103.33
비타민B2(mg)	0.59	0.4	1.2	147.50	칼륨(mg)	718.07	1,000(충분섭취량)	3000(충분섭취량)	71.81
나이아신(mg)	6.30	4	12	157.50	식이섬유(g)	2.50	6.67(충분섭취량)	20(충분섭취량)	34.48
비타민B6(mg)	0.49	0.37	1.1	132.43					

[그림 7-23] 학교급식 영양 섭취량 검색 화면

화면 상단의 '성인병 예방평가'를 클릭하면 '영양 섭취량' 화면과 마찬가지로 식단 작성에서 구성한 식단을 기준으로 [그림 7-24]의 화면을 볼 수 있다. '성인병 예방평가'에서는 열량, 탄수화물, 단백질뿐만 아니라 첨가당, 식이섬유, 총 지방, 트랜스지방, 콜레스테롤, 나트륨, 칼륨, 동물성 단백질 비 등을 볼 수 있으며, 인쇄도 가능하다.

영양소		1끼 섭취량	1끼 권장섭취량	1일 권장섭취량	1일 권장섭취기준
열량(kcal)		718.54	733.33	2,200(필요추정량)	-
탄수화물(g)		103.34	100.83~119.17	302.5~357.5	55~65%
첨가당(g)		12.30(섭취추정량)	18.33이하	55이하	10%이내
식이섬유(g)		2.50	6.67(충분섭취량)	20(충분섭취량)	20(충분섭취량)
단백질(g)		28.38	12.83~36.67	38.5~110	7~20%
지질	총지방(g)	18.58	12.22~24.44	36.67~73.33	15~30%
	PUFA : MUFA : SPA	0.90 : 1.05 : 1	1 : 1 : 1	1 : 1 : 1	1 : 1 : 1
	ω_6계 지방산(g)	3.60	3.26~8.15	9.78~24.44	4~10%
	ω_3계 지방산(g)	0.36	0.81	2.44내외	1%내외
	포화지방산(g)	4.43	6.52	18.56미만	8%미만
	트랜스지방산(g)	0	0.81	2.44미만	1%미만
	콜레스테롤(mg)	152.09	-	-	-
기타	나트륨(mg)	688.90	666.67(목표섭취량)	2000(목표섭취량)	2000(목표섭취량)
	칼륨(mg)	718.07	1000(충분섭취량)	3000(충분섭취량)	3000(충분섭취량)
	동물성 단백질 비	0.41	-	-	-

※ 첨가당은 식약처 자료를 바탕으로 식품별 추정량을 설정하였음.
※ 위의 단백질 1끼 권장섭취량은 2015 한국인 영양소 섭취기준의 에너지 적정비율을 기준으로 설정 함.

[그림 7-24] **학교급식 성인병 예방평가 화면**

화면 상단의 '지방산 섭취량'을 클릭하면 [그림 7-25]의 화면을 볼 수 있으며, 세분화된 지방산 섭취량을 한눈에 볼 수 있고, 인쇄도 가능하다.

Butyric	Caproic	Caprylic	Capric	Decenoic	Lauric	Myristic	Myristole
0.12	0.07	0.04	0.08	0.01	0.09	0.37	0.03
Palmitic	Palmitoleic	Stearic	Oleic	Linoleic(LA)(ω_6)	Linolenic(LNA)(ω_3)	Stearidonic	Arachidic
2.66	0.25	0.91	4.33	3.54	0.34	0	0.00
Eicosenoic	Eicosadienoic	Eicosatrienoic	Eicosatetraenoic(ω_3)	Arachidonic (AA)(ω_6)	EPA(ω_3)	Behenic	Docosenoic
0.01	0	0	0	0.05	0	0.00	0
Docosapentaenoic(ω_3)	Docosapentaenoic(ω_6)	DHA(ω_3)	Lignoceric	Tetracosenoic	Others		
0	0	0.02	0	0	0.11		
PUFA	MUFA	SFA	ω_3 series	ω_6 series	Cholesterol		
3.98	4.63	4.43	0.36	3.60	152.09		단위 : mg

[그림 7-25] **학교급식 지방산 섭취량 화면**

데이터베이스에 구축되어 있는 음식 외에 새로운 음식을 추가하고자 할 경우 [그림 7-26]의 '음식 목록 관리' 에서 다음과 같은 방법으로 실행한다.

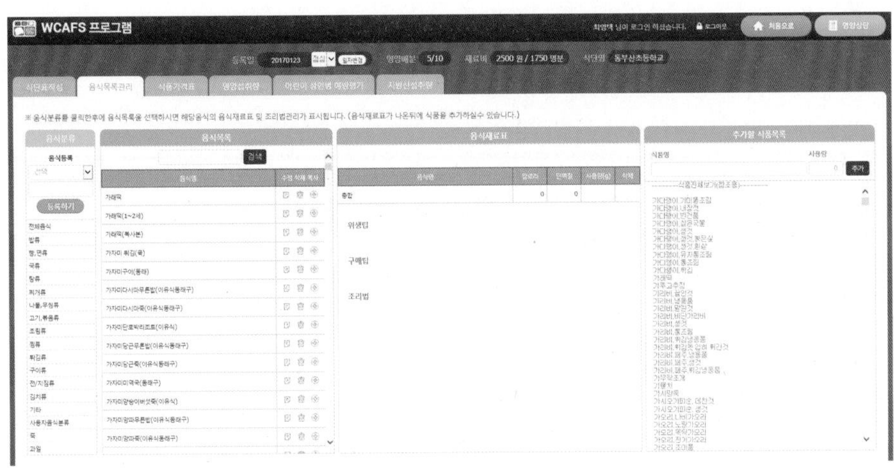

[그림 7-26] **학교급식 음식목록관리**

화면 좌측의 '음식분류' 에서 밥류, 국류, 탕류 등 다양한 카테고리 중에서 해당하는 분류를 선택하고 검색창에 음식명을 기입한 후 '등록하기' 버튼을 누른다.

음식명을 등록한 후에는 '음식목록 검색창' 에서 등록한 음식명을 검색한다. 음식명을 클릭하면 '음식 재료표' 에 음식명이 뜨면서 재료칸은 빈칸으로 표시가 된다. 마지막으로 그 음식을 구성할 식품을 '추가할 식품목록' 에서 검색하여 양을 설정해서 추가하면 새로운 음식을 추가할 수 있다. 추가기능으로는 위생팁, 구매팁, 조리법, 음식사진 등을 입력하면 자동 저장되어 사용이 가능하다.

식품 가격을 확인하고 싶은 경우 또는 식품 가격을 새로 설정하고 싶은 경우에는 화면 상단의 '식품 가격표' 를 클릭하면 [그림 7-27]의 화면을 볼 수 있다. 식품 가격을 새로 입력하고자 할 경우, 검색창에서 해당식품을 검색하고 단위 및 단가를 입력하면 자동으로 g당 단가로 환산되어 식단표 작성 화면으로 연동된다.

[그림 7-27] 학교급식 식품 가격표

[표 7-12] 학교급식 식단표 작성

일자 : 2016.08.12 점심 영양배분 : 01/03 재료비 : 2,500원 100명분 식단명 : 동부산초등학교

구분	음식명	식품명	1인분 순사용량(g)	곡류군	어육류군	채소군	지방군	우유군	과일군	기타	가식율 (%)	1인분 구입량(g)	1인분 가격(원)	순사용량 합계(g)	구입량 합계(g)	구입가격 합계(원)
식단				식품교환 단위수												
주식	흑미밥	물	133.000	0.000	0.000	0.000	0.000	0.000	0.000	*	100	133.000	133.000	13,300.000	13,300.000	13,300.000
		쌀, 논벼, 백미, 일반형	72.000	2.400	0.000	0.000	0.000	0.000	0.000		100	72.000	122.400	7,200.000	7,200.000	12,240.000
		흑미	17.000	0.567	0.000	0.000	0.000	0.000	0.000		100	17.000	0.000	1,700.000	1,700.000	0.000
부식	두부된장국	두부	15.000	0.000	0.188	0.000	0.000	0.000	0.000		100	15.000	0.000	1,500.000	1,500.000	0.000
		감자, 생것	12.000	0.092	0.000	0.000	0.000	0.000	0.000		94	12.766	0.000	1,200.000	1,276.600	0.000
		미더덕	10.000	0.000	0.100	0.000	0.000	0.000	0.000		30	33.333	0.000	1,000.000	3,333.300	0.000
		호박, 애호박	6.000	0.000	0.000	0.086	0.000	0.000	0.000		100	6.000	0.000	600.000	600.000	0.000
		양파, 생것	5.000	0.000	0.000	0.100	0.000	0.000	0.000		92	5.435	40.761	500.000	543.500	4,076.1
		파, 대파	5.000	0.000	0.000	0.071	0.000	0.000	0.000		84	5.952	0.000	500.000	595.200	0.000
		된장, 된장	1.500	0.000	0.027	0.000	0.000	0.000	0.000		100	1.500	0.000	150.000	150.000	0.000
		고추, 붉은고추, 생것	1.000	0.000	0.000	0.014	0.000	0.000	0.000		94	1.064	0.000	100.000	106.400	0.000
	부추겉절이	부추, 부추	16.000	0.000	0.000	0.229	0.000	0.000	0.000		96	16.667	216.667	1,600.000	1,666.700	21,666.700
		고추가루	1.200	0.000	0.000	0.000	0.000	0.000	0.000	*	100	1.200	16.800	120.000	120.000	1,680.000
		생강	0.500	0.000	0.000	0.010	0.000	0.000	0.000		100	0.500	7.083	50.000	50.000	708.300
		깨, 참깨, 흰깨, 볶은것	0.300	0.000	0.000	0.000	0.038	0.000	0.000		100	0.300	2.100	30.000	30.000	210.000
		설탕, 백설탕	0.100	0.003	0.003	0.000	0.000	0.000	0.000		100	0.100	0.110	10.000	10.000	11.000
	돼지불고기	돼지고기, 등심, 구운것	35.000	0.000	0.875	0.000	0.000	0.000	0.000		79	44.304	0.000	3,500.000	4,430.400	0.000
		느타리버섯, 생것	11.100	0.000	0.000	0.159	0.000	0.000	0.000		100	11.100	0.000	1,110.000	1,110.000	0.000
		파, 대파	5.600	0.000	0.000	0.080	0.000	0.000	0.000		84	6.667	0.000	560.000	666.700	0.000
		콩기름	4.000	0.000	0.000	0.000	0.800	0.000	0.000		100	4.000	14.440	400.000	400.000	1,440.000
		설탕, 백설탕	2.900	0.097	0.097	0.000	0.000	0.000	0.000		100	2.900	3.190	290.000	290.000	319.000
		생강	2.900	0.000	0.000	0.058	0.000	0.000	0.000		100	2.900	41.083	290.000	290.000	4,108.300
		마늘, 구근	2.600	0.000	0.000	0.052	0.000	0.000	0.000		93	3.133	10.233	260.000	313.300	1,023.300
		청주	1.700	0.000	0.000	0.000	0.000	0.000	0.000	*	100	1.700	0.000	170.000	170.000	0.000
		간장, 왜간장	1.000	0.000	0.000	0.000	0.000	0.000	0.000	*	100	1.000	0.000	100.000	100.000	0.000

식단				식품교환 단위수							가식율 (%)	1인분 구입량(g)	1인분 가격(원)	순사용량 합계(g)	구입량 합계(g)	구입가격 합계(원)
구분	음식명	식품명	1인분 순사용량(g)	곡류군	어육류군	채소군	지방군	우유군	과일군	기타						
부식	돼지불고기	고추장	1.000	0.000	0.000	0.000	0.000	0.000	0.000	*	100	1.000	0.000	100.000	100.000	0.000
		고추가루	0.800	0.000	0.000	0.000	0.000	0.000	0.000	*	100	0.800	11.200	80.000	80.000	1,120.000
		깨소금	0.700	0.000	0.000	0.000	0.088	0.000	0.000		100	0.700	0.000	70.000	70.000	0.000
		참기름	0.500	0.000	0.000	0.000	0.100	0.000	0.000		100	0.500	14.000	50.000	50.000	1,400.000
		후추가루	0.200	0.000	0.000	0.000	0.000	0.000	0.000	*	100	0.200	1.533	20.000	20.000	153.300
	달걀찜	달걀, 전란, 생것	30.000	0.000	0.546	0.000	0.000	0.000	0.000		86	34.884	52.326	3,000.000	3,488.400	5,232.600
		물	17.000	0.000	0.000	0.000	0.000	0.000	0.000	*	100	17.000	17.000	1,700.000	1,700.000	1,700.000
		당근, 생것	2.800	0.000	0.000	0.040	0.000	0.000	0.000		96	2.917	23.625	280.000	291.700	2,362.500
	달걀찜	파, 소파	2.800	0.000	0.000	0.040	0.000	0.000	0.000		85	3.294	13.177	280.000	329.400	1,317.700
		설탕, 백설탕	0.200	0.007	0.000	0.000	0.000	0.000	0.000		100	0.200	0.220	20.000	20.000	22.000
		소금, 식염	0.200	0.000	0.000	0.000	0.000	0.000	0.000	*	100	0.200	0.800	20.000	20.000	80.000
	깍두기 (동부산)	무, 조선무	40.000	0.000	0.000	0.571	0.000	0.000	0.000		95	42.105	294.737	4,000.000	4,210.500	29,473.700
		설탕, 백설탕	1.000	0.033	0.000	0.000	0.000	0.000	0.000		100	1.000	1.100	100.000	100.000	110.000
		고추가루	1.000	0.000	0.000	0.000	0.000	0.000	0.000	*	100	1.000	14.000	100.000	100.000	1,400.000
		마늘, 구근	0.700	0.000	0.000	0.014	0.000	0.000	0.000		83	0.843	2.755	70.000	84.300	275.500
		파, 소파	0.500	0.000	0.000	0.007	0.000	0.000	0.000		85	0.588	2.353	50.000	588.000	235.300
		소금, 식염	0.200	0.000	0.000	0.000	0.000	0.000	0.000	*	100	0.200	0.800	20.000	20.000	80.000
		찹쌀가루	0.100	0.003	0.000	0.000	0.000	0.000	0.000		100	0.100	0.714	10.000	10.000	71.400
		생강	0.100	0.000	0.000	0.002	0.000	0.000	0.000		100	0.100	1.417	10.000	10.000	144.170
간식	요플레	요구르트, 호상	100.000	0.000	0.000	0.000	0.000	0.500	0.000		100	100.000	230.769	10,000.000	10,000.000	23,076.900
1끼 교환단위 합계				3.202	1.836	1.533	0.226	0.500	0.000			1인분가격(원)		합계가격(원)		
1끼 권장교환단위수				3.667	2.333	2.667	1.667	0.667	0.668			예산가격	계산가격	예산가격	계산가격	
1일 권장교환단위수				11.000	7.000	8.000	5	2	2			2.500	0.000	250.000	0.000	

* 식품교환단위에는 포함되지 않지만 음식을 구성하는 데 있어서 중요한 역할을 하는 식품의 종류(예: 간장, 소금 등의 양념류)

[표 7-13] 한 끼 영양 섭취량

등록번호 20160812 식사구분 점심 영양배분 1/3 인원 100명 재료비 2,500원 연령/성별 9/남
체중 37.5kg 식단명 동부산 초등학교

	섭취량	1끼 권장섭취량	1일 권장섭취량	백분율		섭취량	1끼 권장섭취량	1일 권장섭취량	백분율
열량 (kcal)	718.54	733.33 (필요추정량)	2,200 (필요추정량)	97.98	엽산(mcg)	22.61	100	300	22.61
단백질(g)	28.38	19.25	57.75	147.42	비타민B_{12} (mg)	1.25	0.57	1.7	219.3
비타민 A (RAE)	240.57	200	600	120.29	칼슘(mg)	296.51	266.67	800	101.06
비타민 D (mcg)	0	1.67 (충분섭취량)	5 (충분섭취량)	0	인(mg)	455.81	400	1,200	113.95
비타민 E (mg)	4.08	3 (충분섭취량)	9 (충분섭취량)	136	철분(mg)	5.64	3.33	10	169.37
비타민 C (mg)	36.44	23.33	70	156.19	아연(mg)	2.63	2.67	8	98.5
비타민B_1 (mg)	0.7	0.3	0.9	233.33	나트륨(mg)	688.90	666.67 이하 (목표섭취량)	2,000 이하 (목표섭취량)	103.33
비타민B_2 (mg)	0.59	0.4	1.2	147.5	칼륨(mg)	718.07	1,000 (충분섭취량)	3,000 (충분섭취량)	71.81
니아신(mg)	6.3	4	12	157.5	식이섬유(g)	2.5	6.67 (충분섭취량)	20 (충분섭취량)	34.48
비타민B_6 (mg)	0.49	0.37	1.1	132.43					

[표 7-14] 성인병 예방평가

등록번호 20160812 식사구분 점심 영양배분 1/3 인원 100명 재료비 2,500원 연령/성별 9/남
체중 37.5kg 식단명 동부산 초등학교

영양소		1끼 섭취량	1끼 권장섭취량	1일 권장섭취량	1일권장섭취기준
열량(kcal)		718.54	733.33 (필요추정량)	2,200 (필요추정량)	–
탄수화물(g)		103.34	100.83~119.17	302.5~357.5	55~65%
첨가당(g)		12.30 (섭취추정량)	18.33 이하	55 이하	10% 이내
식이섬유(g)		2.5	6.67 (충분섭취량)	20 (충분섭취량)	20 (충분섭취량)
단백질(g)		28.38	12.83~36.67	38.5~110	7~20%
지질	총 지방(g)	18.58	12.22~24.44	36.67~73.33	15~30%
	PUFA: MUFA: SFA	0.90 : 1.05 : 1	1 : 1 : 1		

영양소		1끼 섭취량	1끼 권장섭취량	1일 권장섭취량	1일권장섭취기준
지질	W-6계 지방산(g)	3.60	3.26~8.15	9.78~24.44	4~10%
	W-3계 지방산(g)	0.36	0.81 내외	2.44 내외	1% 내외
	포화지방산(g)	4.43	6.52 미만	18.56 미만	8% 미만
	트랜스지방산(g)	0	0.81 미만	2.44 미만	1% 미만
	콜레스테롤(mg)	152.09	-	-	-
기타	나트륨(mg)	688.90	666.67 이하 (목표섭취량)	2,000 이하 (목표섭취량)	2,000이하 (목표섭취량)
	칼륨(mg)	718.07	1,000 (충분섭취량)	3,000 (충분섭취량)	3,000 (충분섭취량)
	동물성 단백질 비	0.41	-	-	-

[표 7-15] 지방산 섭취량

등록번호 20160812 식사구분 점심 영양배분 1/3 인원 100명 재료비 2,500원 연령/성별 9/남
체중 37.5kg 식단명 동부산 초등학교

Butyric	Caproic	Caprylic	Capric	Decenoic	Lauric	Myristic	Myristole
0.12	0.07	0.04	0.08	0.01	0.09	0.37	0.03
Palmitic	Paimitoleic	Stearic	Oleic	Linolelc (LA)(W6)	Linolenic (LNA)(W3)	Stearidonic	Arachidic
2.66	0.25	0.91	4.33	3.54	0.34	0.00	0.00
Elcosenoic	Elcosadienoic	Elcosatrienoic	Elcosatetra enoic(W3)	Arachidonic	EPA(W3)	Behenic	Docosenoic
0.01	0.00	0.00	0.00	0.05	0.00	0.00	0.00
Docosapenta enoic	Docosapenta enoic(W6)	DHA(W3)	Lignoceric	Tetracosenoic	Others		
0.00	0.00	0.02	0.00	0.00	0.11		
PUFA	MUFA	SFA	W3 series	W6 series	Cholesterol (mg)		
3.98	4.63	4.43	0.36	3.60	152.09		

5 영양상담을 위한 식단 작성

메인화면 [그림 7-3]에서 '영양상담'을 선택하게 되면 '영양상담 등록' 화면이 나타난다. [그림 7-28]의 등록 화면에서는 등록일자, 상담일자, 상담자명, 활동정도, 신장, 체중, 운동종목 및 운동시간 등을 입력할 수 있으며, 필요 시 개인별 인적사항도 입력이 가능하다. 'BMI', '표준체중', '표준체중범위', '비만도' 등은 자동으로 계산되어 화면에 나타난다.

[그림 7-28] 영양상담 등록 화면

피상담인의 기본 정보를 입력하고 등록버튼을 누른 뒤, 상담일자를 클릭하면 '식사 섭취표 작성' 버튼이 생성된다.

'식사섭취표 작성' 버튼을 클릭하면 식사섭취표 작성이 가능하고, 저장된 내용은 [그림 7-29]와 같이 '회원명부'에서 불러 올 수 있다.

[그림 7-29] 회원명부 검색 화면

영양사는 피상담인를 대상으로 24시간 회상법, 식사섭취 기록지 등을 토대로 아침, 점심, 저녁, 간식의 '식사 섭취표' [그림 7-30]을 화면에서 작성한다.

화면 왼쪽에 있는 식사구분을 클릭하여 화면을 활성화 시킨 후, 화면 중앙에 있는 음식 목록 창에서 피상담자의 섭취 음식을 추가한다.

화면 우측하단에 있는 '섭취율'을 100% 기준으로 피상담인의 섭취정도에 따라 차등 적용이 가능하다. 만약 쌀밥 반 공기(50%)를 섭취했다고 말하는 경우, 섭취율에 50으로 입력한다. 섭취율에 따라 자동으로 사용량이 변환되어 저장되며, 영양분석이 이뤄진다. 아침, 점심, 저녁, 간식의 입력 방법은 동일하다.

[그림 7-30] **식사섭취표 작성 화면**

식사섭취표 작성이 완료되면 [그림 7-30]의 식사섭취표 작성 화면 중앙 하단에 있는 '영양분석 결과보기'를 클릭하여 [그림 7-31] 영양분석 결과보기 화면을 볼 수 있다.

영양분석 결과보기에서는 '1일 영양소 섭취상태 분석', '1일 성인병 예방을 위한 영양평가', '1일 지방산 섭취량' 뿐만 아니라 기간별 영양 섭취상태, 성인병 예방 영양평가, 지방산 섭취량을 볼 수 있고, 기간별 체중변화까지 확인할 수 있다.

[그림 7-31] 영양분석 결과보기 화면

[그림 7-31]의 '영양분석 결과보기' 화면에서 '1일 영양소 섭취상태 분석'을 클릭하면 [그림 7-32]의 화면을 볼 수 있다. '1일 영양소 섭취상태 분석' 화면에서는 섭취량을 숫자로 표시된 표로도 볼 수 있지만, 섭취량과 표준체중기준, 현체중기준의 비교 그래프로도 확인이 가능하다.

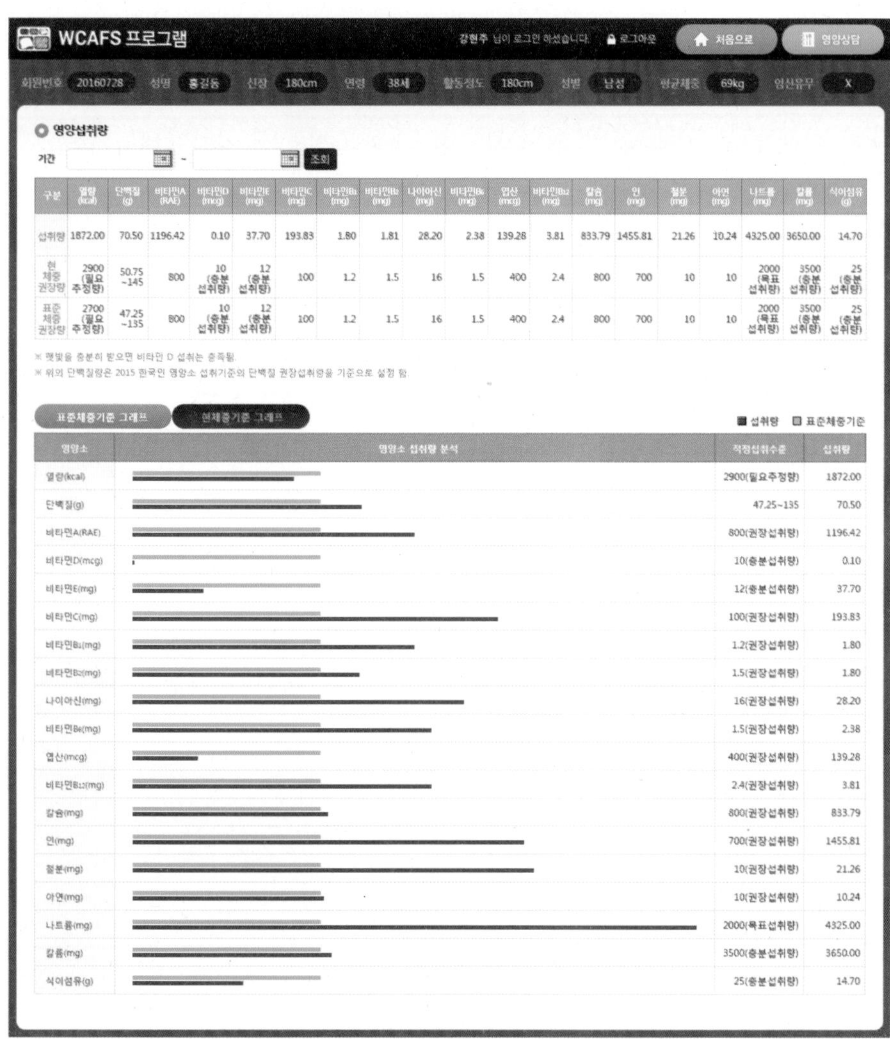

구분	열량(kcal)	단백질(g)	비타민A(RAE)	비타민D(mcg)	비타민E(mg)	비타민C(mg)	비타민B1(mg)	비타민B2(mg)	나이아신(mg)	비타민B6(mg)	엽산(mcg)	비타민B12(mg)	칼슘(mg)	인(mg)	철분(mg)	아연(mg)	나트륨(mg)	칼륨(mg)	식이섬유(g)
섭취량	1872.00	70.50	1196.42	0.10	37.70	193.83	1.80	1.81	28.20	2.38	139.28	3.81	833.79	1455.81	21.26	10.24	4325.00	3650.00	14.70
현체중 권장량	2900 (필요추정량)	50.75~145	800	10 (충분섭취량)	12 (충분섭취량)	100	1.2	1.5	16	1.5	400	2.4	800	700	10	10	2000 (목표섭취량)	3500 (충분섭취량)	25 (충분섭취량)
표준체중 권장량	2700 (필요추정량)	47.25~135	800	10 (충분섭취량)	12 (충분섭취량)	100	1.2	1.5	16	1.5	400	2.4	800	700	10	10	2000 (목표섭취량)	3500 (충분섭취량)	25 (충분섭취량)

※ 햇빛을 충분히 받으면 비타민 D 섭취는 충족됨.
※ 위의 단백질량은 2015 한국인 영양소 섭취기준의 단백질 권장섭취량을 기준으로 설정 함.

영양소	영양소 섭취량 분석	적정섭취수준	섭취량
열량(kcal)		2900(필요추정량)	1872.00
단백질(g)		47.25~135	70.50
비타민A(RAE)		800(권장섭취량)	1196.42
비타민D(mcg)		10(충분섭취량)	0.10
비타민E(mg)		12(충분섭취량)	37.70
비타민C(mg)		100(권장섭취량)	193.83
비타민B1(mg)		1.2(권장섭취량)	1.80
비타민B2(mg)		1.5(권장섭취량)	1.80
나이아신(mg)		16(권장섭취량)	28.20
비타민B6(mg)		1.5(권장섭취량)	2.38
엽산(mcg)		400(권장섭취량)	139.28
비타민B12(mg)		2.4(권장섭취량)	3.81
칼슘(mg)		800(권장섭취량)	833.79
인(mg)		700(권장섭취량)	1455.81
철분(mg)		10(권장섭취량)	21.26
아연(mg)		10(권장섭취량)	10.24
나트륨(mg)		2000(목표섭취량)	4325.00
칼륨(mg)		3500(충분섭취량)	3650.00
식이섬유(g)		25(충분섭취량)	14.70

[그림 7-32] 1일 영양소 섭취상태 분석 화면

[그림 7-31]의 영양분석 결과보기 화면에서 '1일 성인병 예방을 위한 영양평가'를 클릭하면 [그림 7-33]의 화면이 나타난다. 이 화면에서는 열량, 탄수화물, 단백질, 지방뿐만 아니라 첨가당(섭취추정량), 식이섬유, 지방산 섭취비율(PUFA : MUFA : SFA), W-6 및 W-3지방산 섭취량, 포화지방산, 콜레스테롤, 나트륨, 칼륨 등의 섭취량과 동물성 단백질 비도 확인할 수 있다.

영양소		1일 섭취량	1일 권장섭취량	1일 권장섭취기준
열량(kcal)		2330.75	2700(필요추정량)	-
탄수화물(g)		258.14	371.25~438.75	55~65%
첨가당(g)		9.13(섭취추정량)	67.5이하	10%이하
식이섬유(g)		14.70	25(충분섭취량)	25(충분섭취량)
단백질(g)		86.18	47.25~135	7~20%
지질	총 지방(g)	97.50	45~90	15~30%
	PUFA : MUFA : SPA	1.633 : 1.347 : 1	1 : 1 : 1	1 : 1 : 1
	ω6계 지방산(g)	22.79	12~30	4~10%
	ω3계 지방산(g)	2.75	3내외	1%내외
	포화지방산(g)	15.81	21미만	7%미만
	트랜스지방산(g)	0	3미만	1%미만
	콜레스테롤(mg)	436.31	300미만(목표섭취량)	300mg미만(목표섭취량)
기타	나트륨(mg)	15322.50	2000이하(목표섭취량)	2000이하(목표섭취량)
	칼륨(mg)	3698.09	3500(충분섭취량)	3500(충분섭취량)
	동물성 단백질 비	0.54	-	-

※ 첨가당은 식약처 자료를 바탕으로 식품별 추정량을 설정하였음.
※ 위의 단백질 1끼 권장섭취량은 2015 한국인 영양소 섭취기준의 에너지 적정비율을 기준으로 설정 함.

[그림 7-33] 성인병 예방평가 화면

[그림 7-31] 영양분석 결과보기 화면에서 '1일 지방산 섭취량'을 클릭하면 [그림 7-34]의 화면이 나타난다. 이 화면에서는 세부적인 지방산 섭취량을 볼 수 있도록 구성하였다.

나머지 기능은 다음 [그림 7-35]의 '기간별 현체중 권장량대비 영양소 섭취율', [그림 7-36]의 '영양상담 식사기록지', [그림 7-37]의 '영양평가 결과지'와 같이 나타난다.

WCAFS 프로그램 강현주 님이 로그인 하셨습니다. 로그아웃 처음으로 영양상담

회원번호 20160728 성명 홍길동 신장 180cm 연령 38세 활동정도 180cm 성별 남성 평균체중 69kg 임신유무 X

영양상담 지방산 섭취량

기간 ~ 조회

Butyric	Caproic	Caprylic	Capric	Decenoic	Lauric	Myristic	Myristole
0.00	0.00	0.00	0.01	0.00	0.01	0.51	0.01
Palmitic	Paimitoleic	Stearic	Oleic	Linoleic(LA)(ω6)	Linolenic(LNA)(ω3)	Stearidonic	Arachidic
10.85	0.92	4.35	20.07	22.64	2.53	0.02	0.02
Elcosenoic	Elcosadienoic	Elcosatrienoic	Elcosatetra enoic(ω3)	Arachidonic (AA)(ω6)	EPA(ω3)	Behenic	Docosenoic
0.06	0.04	0.00	0.00	0.16	0.08	0.00	0.00
Docosapenta enoic(ω3)	Docosapenta enoic(ω6)	DHA(ω3)	Lignoceric	Tetracosenoic	Others		
0.00	0.00	0.09	0.00	0.00	0.70	-	-
PUFA	MUFA	SFA	ω3 series	ω6 series	Cholesterol		
25.59	21.18	15.81	2.75	22.79	436.22	-	-

[그림 7-34] 지방산 섭취량 화면

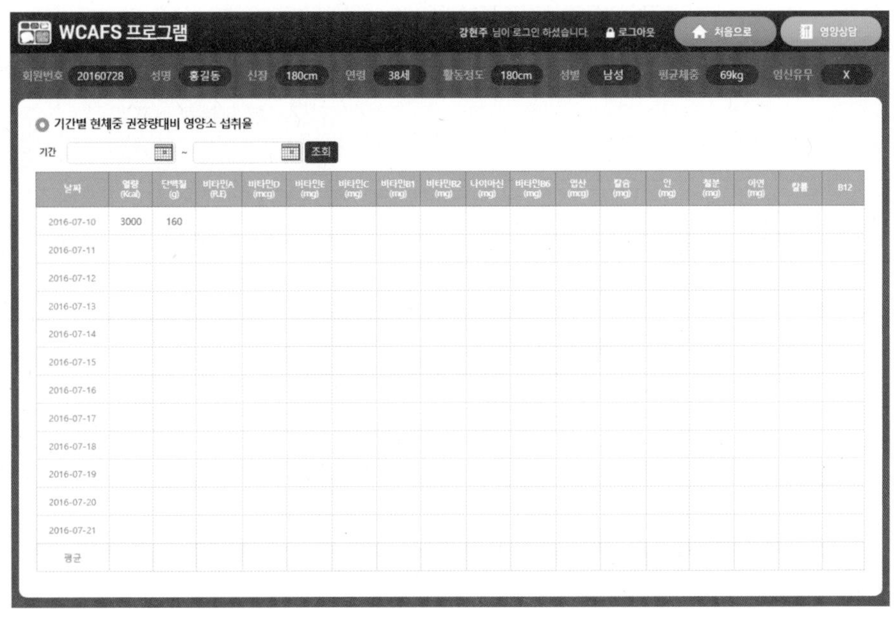

날짜	열량 (Kcal)	단백질 (g)	비타민A (R.E)	비타민D (mcg)	비타민E (mg)	비타민C (mg)	비타민B1 (mg)	비타민B2 (mg)	나이아신 (mg)	비타민B6 (mg)	엽산 (mcg)	칼슘 (mg)	인 (mg)	철분 (mg)	아연 (mg)	칼륨	B12
2016-07-10	3000	160															
2016-07-11																	
2016-07-12																	
2016-07-13																	
2016-07-14																	
2016-07-15																	
2016-07-16																	
2016-07-17																	
2016-07-18																	
2016-07-19																	
2016-07-20																	
2016-07-21																	
평균																	

[그림 7-35] 기간별 현체중 권장량대비 영양소 섭취율 화면

영양상담 식사기록지

개인정보

등록번호	20160501	성명	홍길동	신장	180cm	연령	38세
생년월일	19790924	성별	남성	체중	67kg	임신유무	X
활동정도	적음	운동정도	보통				

영양상담 식사기록

구분	음식명	음식분량	재료종류	장소
아침				
오전간식				
점심				
오후간식				
저녁				
야간간식				

[그림 7-36] 영양상담 기록지

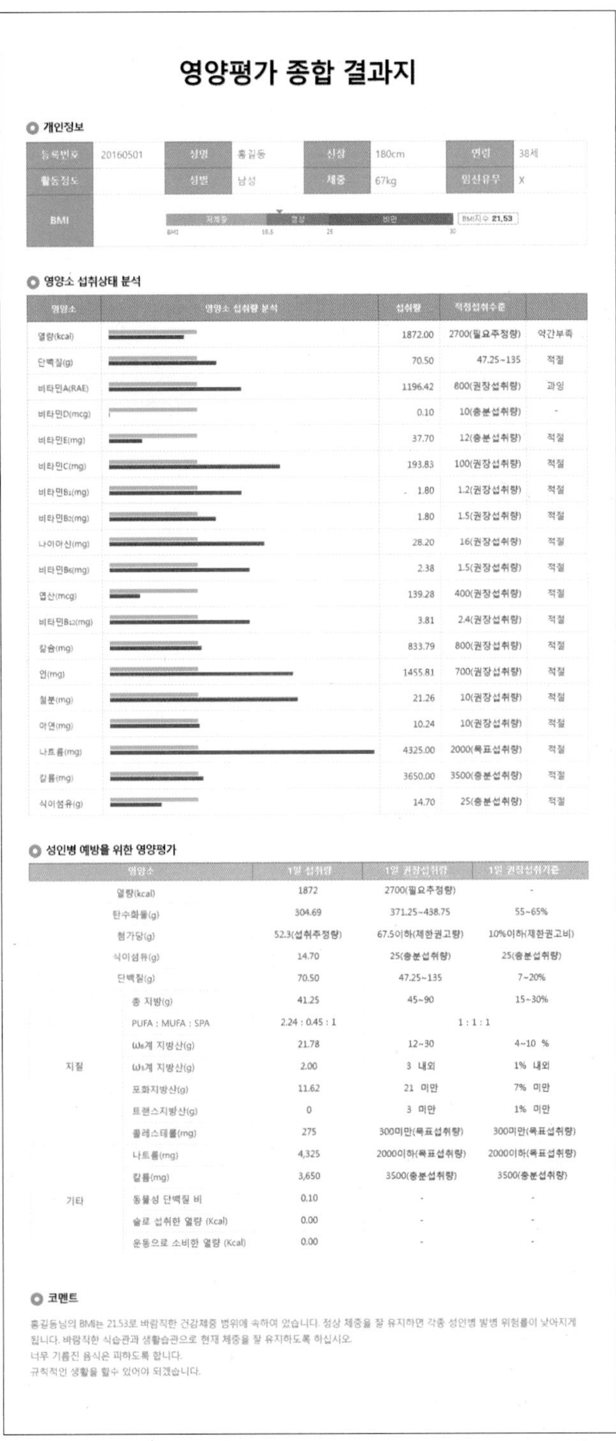

영양평가 종합 결과지

개인정보

등록번호	20160501	성명	홍길동	신장	180cm	연령	38세
활동정도		성별	남성	체중	67kg	임신유무	X
BMI	저체중 / 정상 / 비만 (BMI 18.5 25 30)					BMI지수 21.53	

영양소 섭취상태 분석

영양소	영양소 섭취량 분석	섭취량	적정섭취수준	
열량(kcal)		1872.00	2700(필요추정량)	약간부족
단백질(g)		70.50	47.25~135	적절
비타민A(RAE)		1196.42	800(권장섭취량)	과잉
비타민D(mcg)		0.10	10(충분섭취량)	-
비타민E(mg)		37.70	12(충분섭취량)	적절
비타민C(mg)		193.83	100(권장섭취량)	적절
비타민B_1(mg)		1.80	1.2(권장섭취량)	적절
비타민B_2(mg)		1.80	1.5(권장섭취량)	적절
나이아신(mg)		28.20	16(권장섭취량)	적절
비타민B_6(mg)		2.38	1.5(권장섭취량)	적절
엽산(mcg)		139.28	400(권장섭취량)	적절
비타민B_{12}(mg)		3.81	2.4(권장섭취량)	적절
칼슘(mg)		833.79	800(권장섭취량)	적절
인(mg)		1455.81	700(권장섭취량)	적절
철분(mg)		21.26	10(권장섭취량)	적절
아연(mg)		10.24	10(권장섭취량)	적절
나트륨(mg)		4325.00	2000(목표섭취량)	적절
칼륨(mg)		3650.00	3500(충분섭취량)	적절
식이섬유(g)		14.70	25(충분섭취량)	적절

성인병 예방을 위한 영양평가

영양소		1일 섭취량	1일 권장섭취량	1일 권장섭취기준
	열량(kcal)	1872	2700(필요추정량)	-
	탄수화물(g)	304.69	371.25~438.75	55~65%
	첨가당(g)	52.3(섭취추정량)	67.5이하(제한권고량)	10%이하(제한권고비)
	식이섬유(g)	14.70	25(충분섭취량)	25(충분섭취량)
	단백질(g)	70.50	47.25~135	7~20%
지질	총 지방(g)	41.25	45~90	15~30%
	PUFA : MUFA : SPA	2.24 : 0.45 : 1	1 : 1 : 1	
	ω_6계 지방산(g)	21.78	12~30	4~10 %
	ω_3계 지방산(g)	2.00	3 내외	1% 내외
	포화지방산(g)	11.62	21 미만	7% 미만
	트랜스지방산(g)	0	3 미만	1% 미만
	콜레스테롤(mg)	275	300미만(목표섭취량)	300미만(목표섭취량)
기타	나트륨(mg)	4,325	2000이하(목표섭취량)	2000이하(목표섭취량)
	칼륨(mg)	3,650	3500(충분섭취량)	3500(충분섭취량)
	동물성 단백질 비	0.10	-	-
	술로 섭취한 열량 (Kcal)	0.00	-	-
	운동으로 소비한 열량 (Kcal)	0.00	-	-

코멘트

홍길동님의 BMI는 21.53로 바람직한 건강체중 범위에 속하여 있습니다. 정상 체중을 잘 유지하면 각종 성인병 발병 위험률이 낮아지게 됩니다. 바람직한 식습관과 생활습관으로 현재 체중을 잘 유지하도록 하십시오.
너무 기름진 음식은 피하도록 합니다.
규칙적인 생활을 할수 있어야 되겠습니다.

[그림 7-37] 영양평가 결과지

6 식단 평가

식단의 평가는 식단계획에서 매우 중요한 과정이며 반드시 시행해야 한다. 식단의 평가 내용으로는 점검표에 의한 영양, 관능, 관리 측면에서의 균형을 평가할 수 있으며, [표 7-16]에 평가 점검표의 예를 제시하였다. 이때 계획된 식단이 피급식자의 영양필요량이 적합한지를 알기 위해서는 영양가 산출표를 활용한다. 또한 영양면뿐 아니라 경제면, 기호면, 능률면, 식량정책면 등도 평가해야 한다.

[표 7-16] 식단 평가점검의 예

항목		응답란	
		예	아니오
영양	모든 식품이 영양 요구량을 만족시키는가?		
	비타민 C가 풍부한 식품이 자주 포함되었는가?		
	비타민 A가 풍부한 식품이 1주일에 두 번 이상 포함되었는가?		
	철분이 풍부한 식품이 자주 포함되었는가?		
관리	현재의 재고품목이 식단 계획에 반영되었는가?		
	식단의 조리를 위해 기기 사용이 적절히 분배되었는가?		
	종업원의 작업량이 적절히 분배되었는가?		
	계획된 식단의 조리방법이 종업원의 기술수준과 일치하는가?		
관능	색상의 조화가 이루어졌는가?		
	풍미의 조화(담백한 맛, 신맛, 단맛)가 이루어졌는가?		
	형태, 크기의 다양성이 있는가?		
	질감(바삭바삭함, 단단함, 부드러움)의 대조가 이루어졌는가?		
	온도(뜨거운 음식과 찬 음식)의 조화가 이루어졌는가?		
	피급식자의 기호성에 적합한 것인가?		
기타	계절식품의 적절한 사용이 이루어졌는가?		
	주기에 따른 식품비의 적절한 분배가 이루어졌는가?		
	예산 범위 내의 식단 계획인가?		

Chapter

08

식품 구매 및 저장

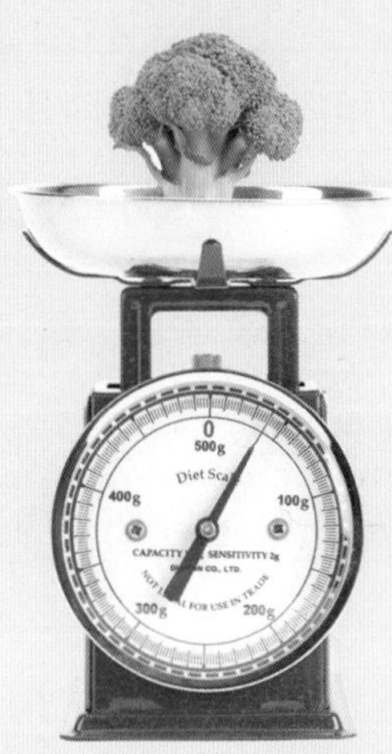

1 식품 구매 계획

(1) 식품 구매 계획의 필요성

식품 구매를 할 때에는 식단에 따라 필요한 식품을 결정한 후, 예산 범위 내에서 무엇을, 언제, 어디서 구매할 것인가에 대한 의사결정을 하고, 이를 위해서 식품의 품질에 따른 가격 비교, 상표에 따른 가격 비교, 포장단위에 따른 가격 비교, 식품의 가공정도에 따른 가격 비교, 구매 시점에 따른 가격 비교, 구매 장소에 따른 가격 비교 등을 해야 한다.

식품 구매 계획은 품질이 좋은 식품을 적당한 양만큼 식비 예산에 맞춰 살 수 있고, 식품 구입에 드는 시간과 노력을 줄일 수 있다.

(2) 식품 구매 계획 시 고려할 사항

1) 식품의 저장성

식품의 저장성이란 실온에 오래 보관하더라도 상하지 않는 성질을 말하며, 수분 함량이 많은 식품은 저장성이 낮고, 수분 함량이 적은 식품은 저장성이 높다. 저장성이 높은 식품인 곡류, 콩류, 조미료 등은 일정 기간 사용할 분량을 한꺼번에 구입하는 것이 좋다. 저장성이 낮은 식품인 채소, 고기, 생선 등은 필요한 분량만 구입하는 것이 바람직하다.

[표 8-1] 식품의 저장성을 고려한 구입 분량

구입량	해당 식품
하루 분량	신선도가 중요한 횟감용 생선, 쉽게 물러지는 딸기 등의 과일류, 유통기한이 짧은 우유, 쉽게 상하는 두부, 채소 등
2~3일 분량	생선, 쇠고기, 돼지고기, 배추, 오이, 가지 등
1주일 분량	달걀, 양파, 감자, 소시지, 햄, 냉동식품, 김, 미역, 다시마 등
1개월 이상 분량	곡류, 콩류, 국수, 라면, 설탕, 참기름, 고춧가루, 깨소금, 밀가루, 통조림, 병조림, 버터, 마가린, 건조식품 등

2) 식품의 폐기율

폐기율이란 식품의 전체 무게 중 다듬을 때 버려지거나 먹지 못하는 부분의 비율로

$$\frac{\text{버려지는 부분의 무게(g)}}{\text{식품 전체의 무게(g)}} \times 100(\%)$$

어패류는 다른 식품들에 비해 폐기율이 높고, 과일류, 채소류도 신선하지 않을 경우 폐기율이 높아진다.

3) 구입 장소

식품 구입 장소는 냉장, 냉동 시설 등 위생적인 관리가 되는 구입 장소가 안전하다.

① 수퍼마켓

수퍼마켓에는 육류, 채소류, 과일류, 수산물, 유제품, 냉동식품 등 크게 6개의 식품군과 비식품으로 나눠져 있다. 체인을 가진 수퍼마켓은 규모가 클수록 저렴한 가격으로 구입할 수 있다. 또한 주변에 경쟁하는 점포가 있을 경우 상점끼리의 가격경쟁을 통하여 소비자는 더 싼 가격으로 구입할 수 있다.

② 대형마트

대형마트는 철저한 셀프서비스에 의한 대량판매방식을 이용하여 시중가격 보다 20~30% 싸게 판매하는 가장 일반적인 유통업체이다. 농수산물에서 공산품에 이르기까지 다양한 상품을 구비하여 회원제 창고업 형태와 함께 유통업체를 주도하고 있다.

③ 편의점

주로 역 주변·도로변 등 이용하기 편리한 곳에 입지하여 장시간 영업을 하며, 점포에 따라서는 연중무휴 24시간 영업체제로 생필품을 판매하는 점포도 있다. 맞벌이부부·1인가구 등 비교적 목적구매 성향이 두드러진 고객을 겨냥하여 미국에서 시작되었다. 1989년 중반 한국에 도입된 편의점은 미국인들의 편의지향 생활방식이 낳은 종합소매업의 혁신적인 형태이다. 아파트 밀집지역이나 사람과 차량 등의 통행량이 많은 장소에서 소비자가 각종 생활용품을 쉽게 구입할 수 있도록 장시간 영업하는 방식을 택하고 있다.

[표 8-2] 식품 구매 장소

구입 장소	특징
재래 시장	식품의 종류가 다양하며 가격이 저렴한 편임
도매 시장	가격이 저렴하고 신선하나 대량으로만 판매하므로 한꺼번에 많은 양의 식품을 구입하거나 공동 구매할 때 이용하면 경제적임
대형 할인점	식품의 종류가 다양하고 개방형 매장이어서 식품 선택이 편리하며, 묶음 판매가 주를 이루므로 과소비나 충동구매의 가능성이 큼
농·수·축협 공판장	신선한 식품을 비교적 싼값으로 구입할 수 있음
온라인 쇼핑몰	인터넷이나 전화, TV 홈쇼핑 등 온라인의 특성상 과장 광고에 현혹되기 쉬우므로, 식품 표시 정보가 충분하고 정확한 지 확인할 필요가 있음

4) 구입 시기

식품 구입 시기는 배가 고픈 시간대를 피해야 충동구매를 줄일 수 있다. 구입 장소의 할인 시간대를 활용하면 식비를 절약할 수 있다.

(3) 식품 구매 정보

1) 식품 표시

식품 표시란 식품을 가공할 때 들어가는 원료식품, 식품첨가물, 기구 및 용기, 포장지에 기재하는 문자, 숫자 또는 도형 등으로 소비자들에게 식품에 대한 정보를 제공하는 역할을 한다. 식품 표시의 내용으로는 제품명, 원료명, 원산지, 유통기한, 보존 방법, 중량, 영양 성분 등 식품 구매에 유익한 정보를 제공해 준다.

① 유통기한

유통업체 입장에서 식품 등의 제품을 소비자에게 판매해도 되는 최종시한을 말한다. 이 기한을 넘긴 식품은 부패 또는 변질되지 않았더라도 판매를 할 수 없으며, 제조업체로 반품된다. 식품위생법에 따르면 식품 제조 가공업체는 자체 실험을 통해 각 제품의 유통기한을 정하고, 이를 해당 관청에 신고해 승인을 받는다. 유통기한 관련 표시방법은 식품종류에 따라 조금씩 다르며 유통기한, 제조일자, 포장일자, 소비기한(유효일), 품질유지기한 등이 있다.

[표 8-3] 유통기한 관련 표시 방법의 종류

종류	의미	해당식품 및 주의점
유통기한 (shelf life)	유통업자가 제품을 유통하거나 판매할 수 있는 최종일	도시락, 설탕, 빙과류, 가공소금류 등은 제조일자 또는 제조일로부터 00까지로 유통기한 표시 예 도시락 : 00월00일00시까지
제조일자 (manufacture date)	최종공정을 마친 날짜 포장을 제외한 더 이상의 가공이 필요하지 않은 시점	도시락, 설탕, 빙과류, 가공소금류 등
포장일자 (date of package)	식품을 포장한 날짜	
소비기한 (use by date)	정해진 보관방법으로 보관했을 때 위생적으로 안전성이 보장되는 최종일	소비기한이 지난 식품은 소비할 수 없음
품질유지기한 (best before date)	정해진 보관방법으로 보관했을 때 최상의 품질을 유지하는 최종일	김치절임식품, 간장, 된장 등 조미식품, 다(茶)류, 잼류, 벌꿀, 전분, 밀가루, 레토르트식품, 통조림식품 등 품질유지기한이 지난 식품이라도 위생적 문제가 생기지 전까지는 유통과 소비가 허용됨

② 영양성분

영양표시제도는 가공식품의 영양적 특성을 일정한 기준과 방법에 따라 표현하여 영양에 대한 적절한 정보를 소비자에게 전달해 줌으로써, 소비자들이 식품의 영양적 가치를 근거로 합리적인 식품선택을 할 수 있도록 돕기 위한 제도이다. 영양표시제도의 기능은 첫째, 소비자 보호수단으로 경쟁상품과 비교하여 소비자가 알 권리를 제공하고 둘째, 소비자에 대한 영양교육을 영양 및 건강에 미치는 정보를 올바르게 전달하는 것이다. 셋째, 건전한 식품의 생산을 유도하기 위한 수단으로 소비자의 요구에 따라 제조업자가 건전한 식품을 생산하기 위한 것이며 넷째, 식품산업의 국제화에 대처하기 위한 것이다.

[표 8-4] 영양표시의 내용

영양표시 제목	'영양성분', '영양정보', 'nutrition facts' 라고 표시한다. 보통 제품의 뒷면에 표시되어 있다.
표시영양소의 종류	영양성분으로 열량, 탄수화물, 단백질, 지방, 나트륨 함량을 기본적으로 표시하고, 그 외 비타민, 무기질, 식이섬유, 당류, 지방산, 콜레스테롤은 선택적으로 표시한다.

영양소 함량	식품의 단위중량(표시기준 분량)당 포함된 각 영양소들의 함량을 표시한 것이다.
단위중량 (표시기준분량)	식품의 단위중량은 표시된 영양소함량의 기준량으로 한다. 보통 100g당, 100ml당, 1회 분량당으로 표시되어 있다.
영양소 기준치(%)	1일 영양소 기준치에 대한 비율. 하루에 섭취해야 할 영양권장량에 비해 얼마나 들어있는지를 표시한 것.

③ 단위가

단위가를 매겨 놓아 소비자들이 계산하지 않고 물품의 가격을 비교할 수 있게 하는 방법으로 같은 물품을 비교하여 합리적인 구매를 할 수 있다. 단위가는 100g 단위무게나 ml당 부피의 단위로 전체 가격을 나누어 표시한 것이다.

시장을 제외한 대부분의 슈퍼마켓, 할인점 및 편의점에서는 전체 구입비용을 계산할 때 물품에 붙여 있는 바코드(UPC: universal product code)를 전자장치로 스캔하여 제품이름과 가격이 입력되도록 하는 방법을 사용하여 상품의 가격이 정확하게 계산된다.

2) 품질 마크

여러 국가 기관에서 식품의 품질을 인증하는 표시제도

농약과 화학 비료를 사용하지 않고 재배한 농산물

국산 농산물을 주 원료로 제조, 가공한 우수 전통식품

농산물 생산에서 제품화 단계까지 농약, 중금속, 미생물 등 위해 요소 관리가 우수한 농산물

우수한 지역 특산물로 보호되는 식품

가공식품 표준 규격에 합격한 식품

원재료부터 생산과 유통 과정에서의 위해요소를 중점 관리하여 비교적 안전한 식품

[그림 8-1] **식품의 품질 마크**

3) 대체 식품 이용

식단에 필요한 식품이 없거나 질이 좋지 않거나 값이 비쌀 경우에 비슷한 영양소를 함유한 대체 식품을 이용한다.

4) 제철 식품 이용

요즘은 많은 식품이 비닐하우스 등에서 연중 생산되어 제철식품에 대한 인식이 사라지고 있지만 채소, 과일, 생선, 조개류 등은 제철에 나오는 것이 맛이 좋고 영양소가 풍부하며 값이 싸므로 제철 식품을 이용한다.

2 식품 구매 절차

(1) 가정 식품 구매 절차

1) 식품 종류와 양 결정

계획한 식단에 따라 구입할 식품의 종류, 양 및 품질을 정하여 구매한다. 식품 구입량은 각 음식 레시피의 1인 분량에 식수를 곱하고, 폐기율을 고려한 출고계수를 곱하여 계산한다.

2) 식품 품질과 분량 결정

구입할 식품의 품질과 분량은 계획된 식단에 의해 결정되는데, 가정에서의 식품 구입량, 구입 시기와 종류는 시간과 노력을 고려하여 선택한다. 식생활 관리자가 정확한 식품구입량과 구입 시기, 식품의 종류를 잘 계획해두면 식품구입과 조리 시간을 절약할 수 있다.

3) 구입필요량 포장단위 환산

식품의 구매 형태와 포장단위 규격을 파악하여야 시장에서의 실제 구매량을 정할 수 있다. 가정에 저장되어 있는 식품의 양을 파악하여 유통기간 내에 사용 가능한 분량인지 확인한 후 구매 포장단위를 정한다.

4) 구입식품의 구매품질 결정

경제적인 면과 조리하는 음식의 종류에 따라 적절한 품질의 식품을 구입한다. 예를 들어 쇠고기국에 사용할 쇠고기와 불고기용 쇠고기는 다른 품질을 사용하는 것이 좋다. 따라서 준비할 음식의 조리법을 잘 파악하여 구매할 식품의 품질과 특성을 미리 기억해두면 좋은 품질의 식품을 저렴한 비용으로 구입할 수 있다.

5) 적절한 가격의 식품구입

식품을 적절한 가격에 구입하기 위해서는 식품의 품질을 잘 감별할 수 있어야 한다. 계

절식품 활용으로 식품비를 절약할 수 있으며 일시적 가격상승이 있을 때는 대체식품을 활용한다.

6) 구입 식품 품질유지

식품 구입 시 신선한 식품의 선택뿐만 아니라 식품의 구입 순서에도 신경을 써야 한다. 무거운 식품을 먼저, 가벼운 것이나 부서지기 쉬운 식품과 냉장 냉동식품은 계산 전 마지막 단계에 구입하도록 동선을 관리한다. 가격이 쌀 때 다량 구입하여 식품별 적절한 저장법으로 보관해야 한다.

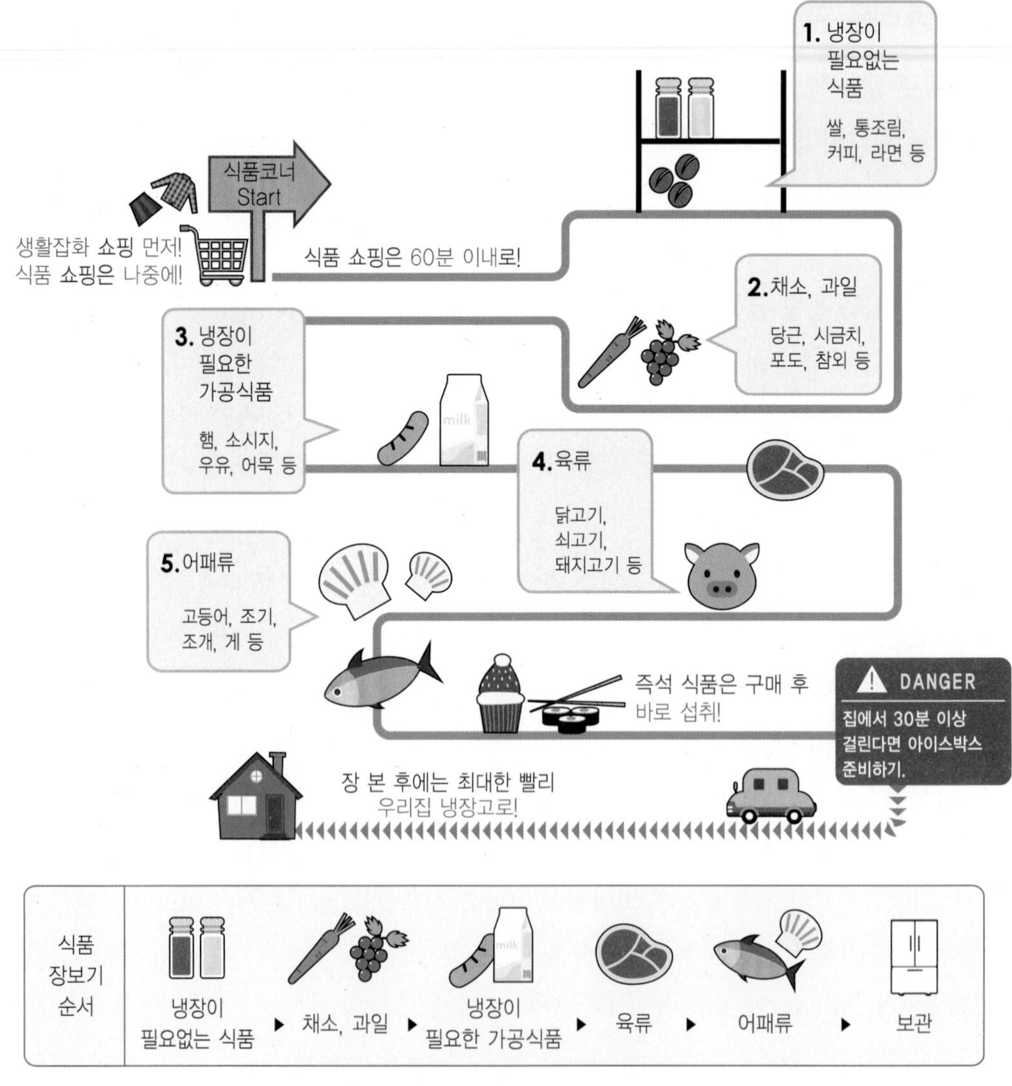

[그림 8-2] **식품 장보기 순서**

(2) 급식소 식품 구매 절차

급식소에서의 식품 구매가 효과적으로 이루어지지 않는다면 영리를 목적으로 하는 급식업체는 최대한의 이윤창출을 추구할 수 없으며, 비영리급식소에서는 지출규모가 필요 이상으로 커질 수 있다. 급식소에 따라 특정적인 구매절차를 가질 수 있으며 기본적인 단계는 다음과 같다.

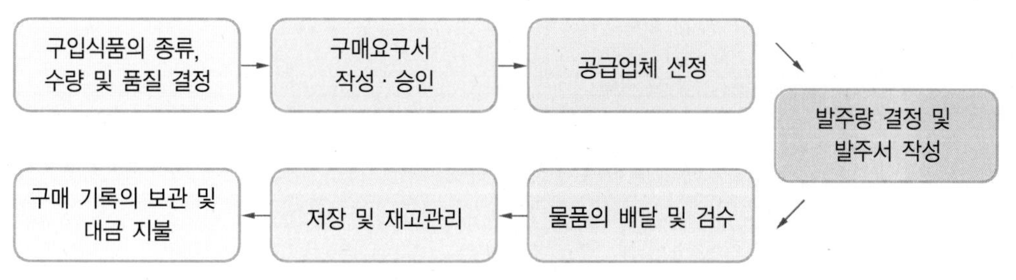

[그림 8-3] **급식소 식품 구매 절차**

1) 구입 식품의 종류, 수량 및 품질 결정

식단이 작성되면 급식생산부서에서 구매부서로 필요한 식품의 종류와 구매 수량이나 품질 등을 결정하여 구매를 요청한다.

2) 구매요구서 작성 · 승인

구매요구서는 구매하고자 하는 제품 품질 및 특정을 기술한 서식으로 물품의 사용부서, 구매부서 검수부서, 창고관리부서 및 공급업체에서 고유 업무 수행 시 참고하며 급식소 전체의 품질 표준을 유지하는 데 중요한 서식이다. 구매를 요청하는 부서에서 사전에 작성한 구매요구서를 제출하여 구매담당자의 승인을 받아 구매가 처리된다.

3) 공급업체 선정

구매담당자는 구매요구서에 근거하여 필요한 물품을 공급해 줄 수 있는 업체를 선정한다. 공급업체의 위생관리 능력, 운영능력 및 위생 상태를 고려하여 계약을 체결한다. 계약 시 물품공급에 필요한 제반 사항, 즉 날짜, 가격, 배달조건 등에 관하여 명시하고 예기치 않은 상황이 발생할 경우 계약조건을 재협상할 것 등의 내용을 포함한다. 계약기간은 식품의 종류, 창고의 크기와 수량, 사용 시기, 대금 지불 시기 등을 고려하여 설정하는데, 채소류, 육류, 과일류, 난류, 어패류, 반가공식품들은 주단위로 설탕, 식용유, 밀가루는 월단위로, 가격 변동이 적은 조미료, 고춧가루, 깨 등은 3개월 단위로 일반적으로 계약이 이루어진다.

[표 8-5] 학교급식 식재료 공급자 선정 기준

구분	식재료 규격
업체의 위생관리능력	• 체계적인 위생기준 및 품질기준 구비와 이행 • 위치 장소 및 보유시설, 설비의 위생상태
업체의 운영능력	• 요구하는 식재료 규격에 적합한 제품 공급 유무 • 반품처리 및 각종 서비스의 신속제공 • 납품절차의 표준화 및 관련 문서 구비 • 신선하고 양질의 식재료 공급 • 정한 시각 납품 • 포장 상태의 완벽
운송 위생	• 운송 및 배달담당자 식품 취급방법의 위생 • 냉장 배송차량 이용, 냉장·냉동온도 유지

[표 8-6] 납품업체 평가표

평가업체명 : **HACCP업체 지정여부**(지정, 미지정)

구분	점검사항	평가		
		우수	보통	미흡
① 작업공정 및 환경위생	1. 원재료의 보존 상태			
	2. 작업장 청결 상태			
	3. 작업된 식품 보관 상태			
	4. 작업장의 온도 습도 관리			
	5. 작업장의 방충설비 관리 상태			
	6. 작업장의 위치, 조명, 환기 시설의 적절성			
	7. 작업장의 바닥, 벽, 천장 등 파손 여부			
	8. 작업용구(칼, 장갑, 기구류)의 세척, 소독 상태			
	9. 냉장·냉동고의 식재료 보관 및 관리 상태			
	10. 냉장·냉동 시설의 적정 용량 확보 및 온도 유지			
	11. 작업장 주위시설 위생 관리			
	12. 사용용수의 적합성			
	13. 작업장 정기소독 실시 여부			
② 개인위생	14. 작업복, 작업모, 작업화 착용 및 청결 상태			
	15. 정기건강진단 실시 여부			
	16. 작업장 내 수세시설 및 손소독기 비치 여부			
	17. 작업장 위생교육 실시 여부			

구분	점검사항	평가		
		우수	보통	미흡
③ 수송위생	18. 제품 수송 차량 청결 및 온도 유지			
	19. 제품 수송 차량 내에 교차오염을 방지할 수 있는 설비 여부			
④ 기타	20. 배상물 책임보험 가입 여부			
	21. 급식품 제조 또는 운송 시 하청 여부			
⑤ 서류비치	22. 축산물 등급 판정서, 도축확인 증명서 비치 여부			
⑥ 종합의견 및 참고사항				

점검일자 : 20○○년 월 일 점검자 : 직 성명 (서명)
점검자 : 직 성명 (서명)
확인자 : 직 성명 (서명)

4) 발주량 결정 및 발주서 작성

구매요구서의 물품 필요량에 근거하여 발주량을 결정하고, 재고가 없는 물품일 경우는 요청한 물품의 필요량을 그대로 발주량으로 하고, 재고가 있는 경우에는 재고량을 고려하여 발주량을 결정한다. 발주서를 작성하여 구매업체에 보내 구매를 요청한다.

5) 물품의 배달 및 검수

구매담당자는 공급업체가 주문한 물품을 적시에 배달할 수 있도록 확인하고, 공급업체는 물품을 배달될 때 납품서 또는 거래명세서를 구매자에게 송부하고, 검수담당자는 배달된 물품을 철저하게 검수한다.

6) 저장 및 재고관리

포장단위나 가격에 따라 필요량보다 많이 구입된 것은 적절한 방법으로 저장하여 재고를 관리한다.

7) 구매기록 보관 및 대금 지불

구매업무 과정에 사용된 모든 기록은 다음 구매활동의 자료가 되고 대금지불의 근거로 사용되므로 특히 계약서나 발주서와 같이 법적 효력을 갖는 서류는 반드시 일정기간 동안 보관한다.

3 식품별 검수 요령

조리 용도에 맞게 좋은 식품재료를 구매하려면 식품의 품질을 잘 감별할 수 있어야 한다. 신선한 식품을 눈으로 검수하기 위해서는 식품의 신선도 기준에 대한 지식을 갖추고 있어야 한다.

(1) 채소류

우리나라에서 재배하고 있는 채소의 종류는 60여 가지로 식품공전에는 채소를 크게 엽경채류, 근채류, 과채류로 분류하고 있다. 근채류는 마늘, 양파 같은 땅속줄기를 포함한 근을 총칭하는 것으로 우엉, 토란, 당근, 무 등이 속하고, 과채류는 초본식물의 열매를 식용하는 것으로 호박, 오이, 가지, 토마토, 고추, 피망, 수박, 참외, 멜론 등이 여기에 속한다. 채소는 일반적으로 수분이 많아 저장이 어려운 것이 많으므로 검수 시 선도를 가장 중요시하여야 하며, 다음 사항을 고려하여 식품을 선택하도록 한다.

1) 엽채류

- **엽채류 검수**
  - 잎이 무르거나 누렇게 뜨지 않고 신선한 것
  - 잎의 표면이 상해나 병충해를 입지 않은 것
  - 포장제품의 경우 이물질 차단 포장이 찢어지지 않은 것
  - 이물질(액체)이 묻어 있지 않은 것

[표 8-7] 엽채류의 검수요령

식품명	검수요령
갓	잎은 싱싱하고 윤기가 나며 부드럽고 솜털이 까슬까슬한 것으로, 색이 짙고 잎줄기를 부러뜨렸을 때, 연하고 상큼하게 부러지며 길이 30cm 이상이 적당하다.
고구마순	길이가 고르고 부드러우며 녹색이 선명하고 굵기가 굵고 일정한 것으로, 시들지 않고 연하며 윤기가 있고, 두께 4~6mm, 길이 25~30cm 정도가 적당하다.
겨울초	잎이 억세지 않고 진녹색으로, 진잎이 없고 키가 작고 신선하며 크기가 비슷한 것끼리 묶거나 포장한 것으로 추대되지 않은 것이 좋다.

식품명	검수요령
고들빼기	진잎이 없고 신선한 것으로 뿌리 길이가 6cm 정도, 뿌리 굵기는 9~10cm가 적당하고, 뿌리의 지름이 2mm 이하 및 20mm 이상 품의 혼입이 없고 묶음이 가지런하며 흠이 없고 깨끗한 것이 좋다.
고사리	대가 통통하며 쭈글쭈글하지 않고, 줄기가 연하고 꽃이 피지 않은 것으로, 불렸을 때 퍼지지 않고 모양을 유지하며, 삶았을 때 선명하며 밝은 갈색이 나는 것이 좋다.
근대	잎이 넓고 부드럽고 푸른색을 띠고 싱싱하며 줄기가 길지 않은 것으로, 잎의 크기, 잎자루의 굵기가 고르고, 길이가 같으며 잎부터 줄기가 20cm 정도로 대가 살이 찌고 연한 것이 좋다.
깻잎	진한 녹색을 띠고 고유의 향이 강하며, 잎이 연하고 부드럽고 붉은 색이 도는 것으로, 잎은 직경 10cm 정도로 크기가 비슷하며 잎 뒷면을 살펴보아 벌레가 없는 것이 좋다.
돌나물	잎이 싱싱하며 짧고 통통하며 여리고 줄기가 연한 것으로, 작고 도톰한 잎이 꽃송이처럼 나온 것으로 부드럽고 신선한 것이 좋다.
머위잎	선명한 진녹색으로 신선하고 황갈색으로 변색되지 않은 것으로, 줄기에 광택과 털이 있고 줄기 속에 구멍이 없으며, 잎에 힘이 있고 줄기 한가운데가 연하며 단맛이 있는 것이 좋다.
두릅	잎이 작고 어리며 새순의 길이가 5~10cm 정도로 일정한 것으로, 가지가 뻗지 않고 줄기가 연하며, 몸통은 통통하고 부드럽고 잎 끝이 퇴색되지 않은 연두색을 유지하며 빛깔이 선명한 것이 좋다.
미나리	잎이 진한 녹색으로 윤기가 뛰어나며 줄기에 붉은 빛이 없고 줄기가 굵고 마디사이가 긴 것으로, 잔뿌리는 잘 제거되고 신선하며 줄기가 매끄럽고 질기지 않으며 가지런하게 손질된 것이 좋다.
배추	잎의 두께와 잎맥이 얇고 부드러워 보이는 것으로, 껍질이 얇고 섬유질이 없으며 완전 결구되어 단단하고, 무게는 3kg 정도가 적당하며 속이 꽉 차있고 결구 내부가 노란색인 것이 좋다.
부추	싱싱하며 담록색이 선명하고 엽폭이 두껍고 넓은 것으로, 강한 줄기가 없어 연하고 부드러우며, 길이가 짧으면서 굵고 꽃방울 없이 잎 끝이 싱싱한 것이 좋다.
브로콜리	봉오리가 단단하고 싱싱하며, 진한 초록색으로 통통하고 송이가 크고 꽃이 피지 않은 것으로, 가운데가 동그랗고 꽉 찼으며, 꽃송이의 입자가 균일하고 깨알처럼 작은 것이 좋다.
콜리플라워	전체적으로 둥글며 순백색으로, 빛깔이 뛰어나고 꽃덩어리와 속잎은 깨끗한 것으로, 싱싱하며 갈변 부위가 없고, 작은 꽃이 빈틈없이 촘촘하게 붙어 있고 꽃덩이의 지름 15cm 내외가 적당하다.
박나물	너무 무르거나 변색된 부분이 없는 것으로, 건조한 것은 이취가 없고 이물이 섞이지 않고 불충분한 건조로 곰팡이 및 벌레가 생기지 않은 것이 좋다.
방아잎	잎과 줄기가 연하고 색깔이 연한 녹색을 띠는 것으로, 길이가 일정하며 꽃이 피지 않고 향기가 강하며 떡잎이 없는 것이 좋다.

식품명	검수요령
봄동배추	색깔이 연한 녹색을 띠며 길이가 일정하며, 떡잎이 적고 깨끗하고 신선하고, 잎에 반점이 없고 변색되지 않은 것으로, 줄기와 잎이 연하고 잎의 하얀 부분이 짧고 선명한 것이 좋다.
비름	잎이 신선하며 향기가 좋고 줄기에 꽃술이 적고 꽃대가 없는 것으로, 줄기가 길지 않고 잎이 엷으며 억세지 않아 부드러운 것이 좋다.
방풍나물	진잎이 없이 신선한 것으로, 줄기가 길지 않은 것이 좋다.
마늘종	신선한 연녹색으로 탄력이 있고 줄기가 통통하고 연하며 깨끗한 것으로, 비가식 부분이 섞이지 않은 것이 좋다.
삼엽체	잎이 짙은 녹색이며 윤기가 있고, 잎과 줄기가 연하며 부드러운 것으로, 잎의 크기가 고르고 신선하며, 잎줄기의 절단상태가 양호하고 깨끗한 것으로 품종고유의 맛과 향기가 있는 것이 좋다.
상추	잎이 싱싱하며 상처가 없이 깨끗한 것으로, 잎이 두텁고 주름이 적당하며, 빛깔이 뛰어나고 연하며 고유의 향미가 뛰어나고, 잎은 너무 크기도 작지 않고 비슷한 것끼리 포장한 것이 적당하다.
셀러리	짙은 녹색으로 포기 수가 14~15개 정도 나눠진 것으로, 첫째 마디까지 20~25cm 정도로 길며, 잎줄기를 잘라 단면이 반달에 가깝고 속은 푸른색을 띠는 것이 좋다.
시금치	잎의 크기가 고르고 짙은 녹색으로, 싱싱하고 윤기가 뛰어나며 잎 면적이 넓고 부드러운 것으로, 길이는 15cm 내외로 잎 부분의 줄기가 짧으며, 뿌리 부분이 짧고 붉은 빛이 선명한 것이 좋다.
숙주	머리 부분에 싹 잎이 나지 않고 가는 것이 좋으며, 손으로 눌러 물기가 베어 나오는 것으로, 뿌리가 무르지 않고 잔뿌리가 없으며, 경부 6cm 이하의 이취가 나지 않는 것이 좋다.
쑥	길이가 4~5cm로 잎이 연하고 향이 강한 것으로, 짧고 살이 통통하며 어리고 하얀 솜털이 있으며, 신선하고 깨끗하게 다듬어져 있고 이물질이 섞이지 않은 것이 좋다.
신립초	잎이 싱싱하고 깨끗하며 진녹색의 윤기가 나고, 특유의 향기가 뛰어난 것으로, 고유의 모양을 갖추고, 잎이 크고 두꺼우며, 줄기는 굵고 길면서 단단한 것이 좋다.
아욱	잎이 넓고 부드러우며 누런 떡잎이 없는 것으로, 신선하며 짙은 연두색으로 벌레 먹은 부분이 없고, 대가 통통하고 연하며 부드러운 정도가 뛰어나고, 굵기가 고르며 길이가 같은 것이 좋다.
양상추	녹색 잎이 완전히 제거된 것으로, 잎이 얇고 신선하며 표면에 상처나 짓눌려 시든 것이 없고, 반으로 잘라도 대가 없고 결구가 단단한 것이 좋다.
양배추	잎은 싱싱하고 연하며, 꼭지는 싱싱하고 깨끗한 것으로, 윤기가 흐르며 반으로 잘라도 속이 헐렁하지 않고 완전 결구된 상태로, 뿌리와 겉잎이 적절히 제거되고 이물부착이 없는 것이 좋다.
적양배추	윤기가 흐르며 싱싱해 보이고 선명한 적색이며, 신선하고 1kg 정도의 크기가 적당하며 겉껍질이 잘 벗겨지지 않는 것으로, 완전 결구되어 단단하고 크기보다 무거운 것이 좋다.

식품명	검수요령
얼갈이배추	짙은 녹색으로 윤기가 있으며 잎이 너무 길지 않고 연하고, 잎자루의 폭이 좁고 두께가 얇은 것으로, 길이 25~30cm가 적당하며, 대가 연하고 가늘며 줄기부분은 흰색을 띠는 것이 좋다.
열무	크기가 일정하고 모양이 바른 것으로, 잎과 줄기가 연하고 부드럽고 뿌리가 짧으며 줄기에 미세한 털이 많고, 길이 25~30cm가 적당하며 누렇게 변한 잎이 없고 짓무르지 않는 것이 좋다.
청경채	담녹색으로 잎이 평평하며 폭이 넓고 잎이 연하며 부드러운 것으로, 윤기가 뛰어나며 줄기가 두텁고, 손으로 눌러 수분이 많고 꼬리부가 팽팽하며 몸체가 단단한 것이 좋다.
생취나물	줄기가 가늘고 빛깔이 선명하며 잎이 연하고 부드러운 것으로, 잎의 뒷부분에 잔 흰색털이 많고 잎이 신선하며, 특유의 향이 강하고, 잎의 생김새 및 크기가 고른 것이 좋다.
건취나물	잘 건조된 것으로, 줄기가 가늘고 부드러우며 부서진 잎이 적고, 이물질이 섞이지 않고 녹색을 띤 흑갈색으로 향기가 뛰어난 것이 좋다.
풋마늘	진잎이 없으며 신선하고, 길이가 30cm 내외의 부드러운 것으로, 뿌리 부분의 붉은 색이 선명하며 흙, 이물질이 제거된 것이 좋다.
치커리	잎이 넓고 두터우며 잎 살의 연한 정도가 뛰어나고, 품종 고유의 색깔이 선명한 것으로, 잎이 연하고 신선하며 싱싱하고 깨끗하며 크기가 일정한 것이 좋다.
케일	색이 선명하며 윤기가 흐르는 것으로, 크기가 균일하며 잎에 힘이 있고 신선하며, 잎 면적이 넓고 두꺼우며 길이가 15~20cm 정도로 싱싱하고 깨끗한 것이 좋다.
콩나물	머리가 통통하고 노란색을 띠고, 무르거나 누렇게 마르지 않고 잔뿌리가 적은 것으로, 길이는 12cm 내외가 적당하며, 줄기가 희고 적당히 통통하며 썩은냄새나 약품냄새가 나지 않는 것이 좋다.
파	잎의 끝부분은 시든 것 없이 진녹색으로 부드러우며 연하고 탄력 있는 것으로, 꽃대가 피지 않아야 하며 길이는 20~25cm 내외로 풍부하고 치밀하며, 유연하고 곧고 길며 굵은 것을 고른다.
쑥갓	잎이 작고 잎 끝이 많이 갈라져 있고 잎 면적이 넓고 신선하며 농녹색으로 윤기가 있는 것으로, 꽃대가 없으며 대가 짧고 부드러우며, 길이는 15cm 내외로 줄기가 가늘고 간단히 부러지는 것이 좋다.
컬리드 엔디브계	녹색 또는 연녹색이 뛰어나며, 싱싱하고 청결하며 품종고유의 모양을 갖춘 것으로 잎의 모양이 오글오글하며 모양과 크기가 고르고 독특한 맛과 향기가 있는 것이 좋다.
파슬리	잎이 녹색이며 잎자루와 잎맥 간격이 짧은 것으로, 연하고 신선하며 잎이 오글오글하게 모여 있고 잎 부분이 억세거나 크지 않고, 잎의 수가 작으면서 크기가 작은 것을 고른다.

2) 근채류

- **근채류 검수**
  - 외피에 습기가 없고 모양이 바른 것
  - 이물질이 묻어 있지 않은 것
  - 갈라지지 않은 것
  - 크기 및 무게가 일정한 것

[표 8-8] 근채류 검수요령

식품명	검수요령
냉이	잎이 싱싱하고 흙이 제거되어 있으며, 길이가 짧고 진녹색을 띠고 뿌리가 어리고 잡티가 없는 것으로, 뿌리가 짧고 곧게 자랐으며, 이물질이 섞이지 않고 깨끗한 것이 좋다.
달래	뿌리가 너무 크지 않고 질기지 않으며, 알뿌리가 굵고 동글동글하며 뿌리 표면이 윤기가 나고 매끄러운 것으로, 고유의 향과 맛이 있고 연하며 신선하고 깨끗하며 가지런하게 손질된 것이 좋다.
당근	굵기가 일정하고 곧으며 표면이 매끈하고 신선한 것으로, 머리 부분에 검은 테두리가 적고 선홍색이 심부까지 곱게 착색되면서 껍질이 얇고, 속이 연하며 반을 잘라 심이 거의 없는 것이 좋다.
더덕	마른 흔적이 없고 신선하며, 모양이 가늘고 매끈하며 특유의 향이 강한 것으로, 뇌두 부분이 1cm 이하로 짧고, 횡으로 난 주름이 1cm당 2~3개로 골이 깊지 않고 속이 연하고 단단한 것이 좋다.
마	막대기 모양으로 속이 단단하여 무르지 않은 것으로, 껍질은 약간 다갈색이며 팽팽하고, 굴곡이 없으며 표면에 물기가 없고, 잔털이 없으며 크기가 고르고 흙이 적절히 제거된 것이 좋다.
마늘	색깔이 연하고 맑게 보이는 것으로, 비교적 작지만 단단하며 모양이 통통하고 끝부분이 뾰족하며 냄새가 강하고, 변패성 냄새가 없으며 모양이 바르고, 크기가 균일하고 깨끗한 것이 좋다.
생강	진한 향토색으로 표면이 울퉁불퉁하고 크기와 모양이 일정하며 싱싱해 보이는 것으로, 껍질이 잘 벗겨지며 고유의 매운 맛과 향이 강하고, 발이 굵고 넓으며 6~7개로 적은 것이 좋다.
양파	1개당 150g 이상으로 광택이 있고 속이 단단한 것으로, 껍질이 적황색으로 얇고 여러 겹으로 쌓여 있으며, 잘 벗겨지지 않고 크기와 모양이 균일하고 건조가 잘되어 있는 것이 좋다.
총각무	무, 잎에 흠이 없고 깨끗하며 억세지 않고 연하며, 크기가 너무 크지 않고 일정하며 신선한 것으로, 심이 없고 바람이 들지 않으며, 뿌리 폭이 넓고 썩은 부분이 없는 것이 좋다.

식품명	검수요령
무	빛깔이 희고 신선하며 윤택한 것으로, 1개당 2kg 정도로 잎과 뿌리가 적절히 제거되고, 반으로 잘라 바람이 들지 않고 속이 꽉 찼으며, 심이 없고 속이 단단하고 치밀하며 연한 것이 좋다.
무순	검은 반점 없이 색이 선명한 것으로, 누렇게 변색되지 않고 5~6cm가 적당하며 좋다.
래디쉬	줄기는 파란색이 많이 돌고 적당히 두툼한 것으로, 무 부분은 오백원 동전 크기만 하고, 무에 바람이 들지 않으며 외피에 상처가 없는 것이 좋다.
무말랭이	표면이 비교적 매끈하고 깨끗하며, 베이지색에 가까운 흰색으로, 두께가 얇고 자른 부위가 정교하며 독특한 향이 있는 것으로, 만졌을 때 물기가 있는 것처럼 휘고 부드러운 감이 있는 것이 좋다.
우엉	직경이 2cm, 길이가 60~80cm로 곧고 잔가지가 없는 것으로, 갈라진 틈이 없고 속이 비지 않으며, 치밀하되 섬유질이 적고 연하며, 자른 부위가 백색을 띠고 매끈한 것이 좋다.
인삼(수삼)	삼 머리는 발육이 튼튼하고 짧으며, 잔뿌리가 적은 것으로 다리가 잘 발달되고 무게가 무겁고 맛과 향이 좋으며, 상처와 병페가 없고 조직이 단단한 것이 좋다.
도라지	길이 15cm 이내로 짧고 색깔이 하얗고 촉감이 꼬들꼬들한 감이 있으며, 쪼개진 상태가 일정하고 가지런한 것으로, 쉰 냄새가 없고 독특한 향이 강하며 속이 연하고 부드러움이 뛰어난 것이 좋다.
연근	지름이 5~6cm로 단면이 고르게 잘리고, 겉 표면이 깨끗하고 광택이 나며 몸통이 굵고 곧은 것으로, 살집이 좋고 부드러우며 진득한 액이 있고 약간 갈색을 띠며, 부러뜨렸을 때 잘 부러지는 것이 좋다.

3) 과채류

- **과채류 검수**
  - 외관에 흠집이 없는 것
  - 꼭지부분이 떨어지거나 상하지 않고 싱싱한 것
  - 숙도가 적당한 것(지나친 미숙과나 과숙과는 피할 것)

[표 8-9] 과채류 검수요령

식품명	검수요령
가지	길이 25cm 내외, 지름 5cm, 중량 150g 내외가 적당하며, 크기가 균일하고 모양이 바르고 통통한 것으로, 꼭지가 검고 마르지 않으며 색깔이 흑자색으로 선명하며 윤택이 있고 탱탱한 것이 좋다.
건고추	검붉은 색으로 윤택이 있으며 몸통이 납작하게 눌리지 않은 것으로, 주름이 적고 팽팽하며 꼭지 부착이 양호하고 빠진 부분이 없으며, 과육이 두껍고 매끈하며 씨앗이 적은 것이 좋다.
풋고추	길이 10~12cm, 무게 5~10g으로 크기와 모양이 균일하게 선별되고, 짙은 녹색이 선명하며 윤기가 있는 것으로, 끝이 매끈하며 두꺼우면서도 연하고 꼭지 부분이 마르지 않으며 신선한 것이 좋다.
홍고추	길이 10~13cm, 무게 10g 정도로 크기가 균일하며, 밝은 적색으로 광택이 강하고 매끈하며 말랑말랑한 것으로, 길이가 길고 넓이가 좁으며, 꼭지가 단단하게 붙어 신선도가 좋은 것이 좋다.
꽈리고추	길이는 5~7cm가 적당하며 꼭지 부위가 신선하고, 씨가 적거나 맵지 않은 것으로, 쭈글쭈글한 굴곡이 있고 속이 연하며, 담녹색, 연녹색으로 윤기가 뛰어난 것이 좋다.
딸기	크기와 모양이 균일하고 통통하며 과육의 붉은 끼가 꼭지 부위까지 펴져 있는 것으로, 꼭지가 파릇파릇하고 신선하며, 과육이 단단하고 독특한 맛과 향기가 강하며 당도가 높은 것이 좋다.
메론	크기 1kg 내외가 적당하며, 모양이 똑바른 원형인 것으로, 짙은 녹색으로 그물모양이 뚜렷하고 조밀하여 촘촘하고, 밑 부분을 눌렀을 때 말랑거리고 겉 부분은 단단한 것이 좋다.
풋완두콩	꼬투리의 빛깔이 연녹색으로 균일하며 과숙되지 않은 것으로, 마르지 않고 신선하며 낱알이 고르고, 색이 짙은 녹색에 병해, 충해가 없는 것이 좋다.
풋옥수수	1개당 200~350g이 적당하며, 크기가 일정하고 낱알이 잘 붙어 있으며 끝의 붙임 부분의 길이가 전체 길이의 20% 이하인 것으로, 씨알 사이가 촘촘하며 알이 딱딱하지 않고 알알이 꽉 찬 것이 좋다.
오이	무게 150~160g, 길이 25~30cm가 적당하며, 표면에 윤기가 돌고 탄력이 강하며 빛깔이 진한 것으로, 꼭지가 마르지 않고 색깔이 선명하며, 시든 꽃이 붙어 있고 표피에 주름이 작은 것이 좋다.

식품명	검수요령
참외	무게 400g 내외가 적당하며, 모양과 크기가 고르고 단단한 것으로, 과피가 깨끗하고 윤기가 있으며, 선이 선명하고 황색으로 착색이 균일하게 잘 되고 꼭지가 마르지 않은 것이 좋다.
토마토	크기와 모양이 균일하며 모양이 둥글고 바르며 표면에 갈라짐이 없는 것으로, 과피가 매끄럽고 골이 지지 않으며, 꼭지는 녹색으로 시들지 않고, 꼭지를 잘랐을 때 신선한 것이 좋다.
방울토마토	모양이 둥글고 알이 굵고 고르며 탄력이 있는 것으로, 속이 꽉 차서 단단해 보이며 선홍빛을 띠고, 윤기가 있으며 꼭지가 시들지 않고 신선하며, 터지거나 진무르지 않고 비린내가 없는 것이 좋다.
청피망	1개당 60g 이상으로 표피가 두껍고, 광택이 있는 짙은 녹색을 띠는 것으로, 표면이 단단하고 착색 상태가 균일하며, 꼭지가 시들지 않고 신선하고 크기가 균일하며, 굴곡이 심하지 않고 매끄러운 것이 좋다.
홍피망	크기가 균일하고 굴곡이 심하지 않으며, 매끄럽고 흠이 없고 깨끗한 것으로, 꼭지가 시들지 않고 신선하며, 붉은 빛을 선명하게 띠고 육질이 단단하며, 발육이 잘되고 신선한 것이 좋다.
애호박	크기와 모양이 고르고 균일하며, 껍질이 연하고 속이 치밀하며 단단한 것으로, 표피에 흠집이 없고 빛깔이 연두색에 가까우며, 무르거나 시들지 않고 속이 꽉 찼으며, 씨의 크기가 작은 것이 좋다.
풋호박	타원형으로 크기가 작고 표피가 매끄러우며 윤기가 흐르는 것으로, 연한 녹색을 띠며 어리고 씨가 없는 것이 좋다.
쥬키니 (개량호박)	모양이 곧고 굴곡이 없으며 머리 부분과 꼭지부분의 굵기가 비슷한 것으로, 짙은 녹색을 띠고 꼭지부분이 시들지 않고 신선하며, 잘랐을 때 속이 차 있고 속 씨가 적은 것이 좋다.
다보다	연두색의 진녹색 줄무늬가 선명한 것으로, 연하고 윤기가 있으며 흠이 없는 것이 좋다.
단호박	1개당 1.2kg 이상으로 껍질 색이 진한 녹색을 띠며, 크고 표면에 흠이 없고 골의 윤곽이 뚜렷한 것으로, 과육이 두텁고 자르면 속이 붉은 노란색을 띠고 씨가 빽빽한 것이 좋다.
늙은 호박	1개당 2kg 이상으로 완숙되어 광택이 있고 살이 싱싱하며 단내가 나는 것으로, 크고 표피에 흠이 없어야 하며, 골의 윤곽이 뚜렷하고 짙은 황색을 띠며, 표면에 하얀 분가루가 생긴 것이 좋다.
수박	1개당 5kg 이상으로 암녹색 바탕에 검은 줄무늬가 선명하고 끊어짐이 없는 것으로, 표면에 흠이 없고 매끈하며 빛깔이 진하고, 꼭지부위의 줄기가 신선하며, 두드려서 청음이 나는 것이 좋다.
복수박	1개당 1.5~2kg 내외가 적당하며, 품종 고유의 색깔로 무늬가 선명하고 모양이 균일하며 광택이 있는 것으로, 꼭지가 시들지 않고 껍질이 얇으며 과육이 연하고 고유의 단맛이 있는 것이 좋다.

4) 서류

[표 8-10] 서류 검수요령

식품명	검수요령
고구마	무게는 100~200g 내외로 너무 크지 않고 골이 많이 지지 않으며, 매끈하고 껍질이 얇은 것으로, 색깔은 밝고 선명한 적자색을 띠면서 단맛이 풍부하며, 잘 여물고 속이 단단한 것이 좋다.
감자	1개당 170~250g 정도로 둥글고 통통하며, 모양과 크기가 고른 것으로, 겉 부분에 골이나 흠이 많지 않고 매끄러우며, 껍질 색이 일정하고 표면에 녹색부분이 없고 단단하며 주름이 없는 것이 좋다.
통알감자	크기가 고르고 상처가 없으며, 잘 여물어 알이 단단하며 표면에 녹색을 띠지 않는 것으로, 적당히 건조되고 외피에 물기가 없으며, 껍질이 얇고 표면이 매끄러운 것이 좋다.
토란	무게는 10g 정도가 적당하며, 모양이 원형에 가깝고 크기와 모양이 고른 것으로 머리 부분에 푸른색이 없으며, 잘랐을 때 살이 흰색을 띠고 단단하며 끈적끈적한 느낌이 강한 것이 좋다.
토란대	길이는 35~70cm 정도로 너무 길지 않고, 토란대 자체가 굵으며 짓무르지 않은 것으로, 껍질이 푸른빛을 띠며, 삶은 후 1~2일 경과되어 토란대 자체의 진이 완전히 빠진 상태의 것이 좋다.

5) 기타 채소

[표 8-11] 기타 채소 검수요령

식품명	검수요령
알파파	깨끗하게 손질된 것으로 신선하며 물러지지 않은 것이 좋다.
비트	직경 7~8cm의 둥글고 요철이 없이 매끈한 것으로, 껍질이 투명하고 얇으며, 외피를 눌렀을 때 단단하고 속이 진한 자주색인 것이 좋다.
원추리	잎이 연하고 어린순으로 잎이 가늘고 긴 것으로, 깨끗하게 손질된 신선한 것이 좋다.
로즈마리·비타민	로즈마리는 잎이 신선하고 향이 강하며 깨끗하게 손질된 것이 좋다. 비타민은 길이 10~15cm가 적절하며, 잎이 신선하고 벌레 먹지 않은 것이 좋다.
적근대	잎이 넓고 광택이 있으며, 선이 매끄럽고 신선한 것으로, 벌레 먹지 않고 깨끗하게 손질된 것이 좋다.
바질·레몬밤	잎이 신선하고 벌레 먹지 않으며 깨끗하게 손질된 것이 좋다.

식품명	검수요령
타임 · 로메인레터스	타임은 잎이 신선하고 벌레 먹지 않고 깨끗하게 손질된 것이 좋다. 로메인레터스의 길이는 20~30cm가 적정하며, 반결구상태로 속이 두껍고 잎이 신선한 것으로, 벌레 먹지 않고 깨끗하게 손질된 것이 좋다.
크레송 · 용설채	크레송은 길이 8~10cm 정도로 잎의 녹색이 진하고 싱싱하며, 검게 변한 부분이 없는 것으로, 잎이 신선하고 벌레 먹지 않고 깨끗하게 손질된 것이 좋다. 용설채는 잎이 신선하고 벌레 먹지 않고 깨끗하게 손질된 것이 좋다.
겨자채	색이 선명하고 잎이나 잎맥이 생생한 활력이 있는 것으로, 잎이 두껍고 광택이 있으며, 잎이 신선하고 벌레 먹지 않으며 깨끗하게 손질된 것이 좋다.
교나	색이 선명하고 잎이나 잎맥이 생생한 활력이 있는 것으로, 잎이 두껍고 광택이 있으며, 억세지 않고 잎이 신선하며, 벌레 먹지 않고 깨끗하게 손질된 것이 좋다.
애플민트	특유의 향이 강하며 잎이 신선하고 벌레 먹지 않은 것으로, 깨끗하게 손질된 것이 좋다.
썸머	잎 색이 선명하고 신선하며, 벌레 먹지 않고 깨끗하게 손질된 것이 좋다.

(2) 과일류

과일은 과육, 과즙이 풍부하고 단맛이 많으며 향기가 좋을 뿐 아니라 화려한 색을 지니고 있어 입맛을 저절로 돋우는 식품이다. 과일은 재배지역에 따라 온대과일과 열대과일로 구분한다.

- **과일의 검수**
  - 과피가 얇은 것
  - 모양이 고르고 터지거나 외피에 상처가 없는 것
  - 단맛이 강한 것
  - 물렁거리지 않는 것

[표 8-12] 과일류 검수요령

식품명	검수요령
감귤	1개당 100g 정도로 크기와 모양이 균일하고, 껍질에 광택이 나고 흠집이 없는 것으로, 색깔이 고르고 담홍색을 띠며 청기가 없고, 껍질과 과육이 밀착되어 있으면서 분리가 잘 되는 것이 좋다.
오렌지	크기가 일정하고 알이 굵으며 무르지 않고, 껍질이 얇고 매끄러우며 윤기가 흐르는 것으로, 연주황색으로 탱탱하고 탄력이 있으며, 꼭지가 단단하게 붙어있고 신선한 것이 좋다.
감(단감)	1개당 120~150g 내외로 크기와 모양이 균일하고, 등황색으로 빛깔이 거의 같은 것으로, 꼭지가 잘 붙어 있고 신선하며 흠집이 없고 윤택하며, 신선하고, 과육이 치밀하며 단단한 것이 좋다.
감(홍시)	껍질이 투명하고 터진 자국이 없으며 완숙된 것으로, 탱탱하며 표면이 매끄럽고 꼭지가 잘 달려 있으며, 꼭지를 떼어 낸 부분이 검지 않고, 꼭지 부분이 벌레 먹지 않고 당도가 높은 것이 좋다.
곶감	1개당 30g 정도로 겉에 흰 가루가 알맞게 붙어 있고, 딱딱하지 않으며 과육이 탄력 있고 맑은 것으로, 곰팡이가 없고 딱딱하지 않으며, 떫은맛이 없고 과육이 점질인 것이 좋다.
대추(건)	붉은 색이 많이 돌고 통통하며 알이 굵고 속이 현한 황갈색을 띠는 것으로, 꼭지가 잘 말아 있고 상처가 없으며, 과육이 두텁고 윤택이 있으며, 껍질이 깨끗하고 잔주름이 잔잔하게 많은 것이 좋다.
대추(생)	알이 굵고 균일하며 빛깔은 밝고 빨간색이며, 껍질이 얇고 과육이 조밀한 것으로, 이물질 및 상처가 없고, 과육이 두텁고 단맛이 강하며, 반점이나 벌레 먹은 자국이 없는 것이 좋다.
매실	껍질이 파랗고 과육이 단단하며 살이 많고, 알이 굵으며 진녹색을 띠는 것으로, 표면에 상처가 없는 것이 좋다.
무화과	크기와 착색정도가 고르고, 성숙 정도가 적당하고 균일한 것으로, 고유의 맛이 뛰어나며 부패 및 병충해가 없는 것이 좋다.
바나나	황색이 짙고 적당한 탄력이 있으며, 원래 모양을 유지하고 당도가 높은 것으로, 크기가 고르고 굵으며 후숙이 잘 되고 과육이 단단해 보이며 부패가 없는 것이 좋다.
밤	1개당 25~30g 정도로 크기가 균일하며, 껍질 표면에 물기가 없고 이물질 부착 또는 상처가 없는 것으로, 밤 고유의 짙은 색으로 주름이 없으며, 윤기가 나는 것이 좋다.
배	짙은 황색에 약간 엷은 붉은 기가 감돌며, 배 고유의 점무늬 크기가 크고 모양이 둥근 것으로, 만졌을 때 무르지 않고 빛깔이 맑으며, 색깔이 고르고 껍질이 얇고 매끄러운 것이 좋다.

식품명	검수요령
복숭아	꼭지부분은 하얗고 윗부분은 붉은 색으로, 상처나 눌린 자국이 없고 짓무르지 않은 것으로, 좌우 대칭으로 모양이 바르고, 과육은 단단하고 연하며 당도가 높고 과즙이 많은 것이 좋다.
사과	크기, 모양, 빛깔이 균일하고 껍질의 색깔이 고르고 밝은 느낌을 주는 것으로, 꼭지의 상태는 푸른색이 돌고 물기가 있어 보이며, 껍질은 얇고 과육이 단단하면서 연한 것이 좋다.
살구	투명하고 솜털이 골고루 박혀 있으며, 눌린 자국이 없고 탄력이 있는 것으로, 색이 골고루 퍼져 있고 붉은색을 띠는 노란색을 나타내며, 껍질에 상처가 없는 것이 좋다.
자두	품종 고유의 특성을 갖고 있으며, 크기가 균일하고 알이 굵은 것으로, 껍질에 상처가 없고 벌레 먹은 자리가 없으며, 모양이 바르고, 손으로 쥐었을 때 말랑하고 부드러운 느낌을 주는 것이 좋다.
참다래	무게 100g 이상이 적당하고, 털이 보송보송하고 잘 부착되어 있는 것으로, 껍질은 짙은 갈색으로, 약간의 푸른색이 섞이며, 눌렀을 때 움푹 들어가거나 돌처럼 단단하지 않은 것이 좋다.
포도	포도송이가 전체적으로 고른 색깔을 띠고, 과분이 묻어있는 것으로, 포도 알이 떨어지거나 부패되지 않고, 크기가 크고 균일하며, 미숙과가 없고 알맹이가 터질 듯 신선한 것이 좋다.
유자	색깔이 노랗고 껍질이 깨끗한 것으로, 껍질에 광택이 흐르며 꼭지가 붙어있고, 수분이 증발되어 껍질이 쭈글쭈글하지 않으며. 병충해 및 흠집이 없고 신선해 보이는 것이 좋다.
양앵두(버찌)	알이 굵고 씨가 적은 것으로, 열매가 선명한 붉은 색을 띠고 만져서 탄력이 있고 윤기가 흐르며 신선하고, 꼭지는 녹색이고 튼튼하며, 떨어지지 않고 달려 있는 것이 좋다.
호두	피호두는 껍질이 깨끗하고 골이 얕으며, 모양이 원 모습을 유지하고 부서진 알이 적은 것으로 알호두는 속껍질이 노랗게 윤기가 있고, 깨끗한 것이 좋다.
은행	낱알의 모양이 균일하며 충실하고 고유의 색깔을 갖고 윤기가 뛰어난 것으로, 알이 잘고 약간 쭈글쭈글하며 곰팡이나 썩은 부분이 없는 것이 좋다.

(3) 버섯류

[표 8-13] 버섯류의 검수요령

식품명	검수요령
느타리버섯	갓이 너무 피지 않고 통통하며 탄력이 있어 보이는 것으로, 품종 고유의 빛깔과 표면에 윤기가 있고 위축되지 않으며, 신선하고 반원 모양 혹은 부채꼴의 회갈색으로 줄기가 짧은 것이 좋다.
애느타리버섯	갓 직경은 1.5cm 정도가 적당하며, 빛깔은 짙은 회색을 띠고 줄기는 백색인 것이 좋다.
새송이버섯	굵기가 굵고 갓 부분이 작고 곧아야 하며, 길이 약 3~10cm가 적당하고 대는 두꺼운(약 2~3cm) 것으로, 균사층이 조밀하고 빛깔은 연회색 또는 황토크림색을 띠는 것이 좋다.
양송이버섯	머리가 둥근 갓 모양을 한 품종 고유의 모양으로, 단단하고 균일하며 갓이 완전히 벌어지지 않고 약간 오므라든 것으로, 두께가 두껍고 향미가 좋고 단단한 것이 좋다.
표고버섯(생)	갓이 완전히 벌어지지 않고 둥글게 안쪽으로 말아져 있으며, 갓 안쪽의 주름이 뭉개지지 않고 순백색으로 깨끗한 것으로, 신선하고 탄력이 뛰어나며 갓의 모양이 균일하고 두께가 두꺼운 것이 좋다.
표고버섯(건)	갓이 크고 두꺼우며 둥근 모양으로 독특한 향이 강하고 품질이 양호하며 무게가 무거운 것으로, 자루가 길고 굵으며, 갓 표면과 갓 주름이 밝은 갈색인 것이 좋다.
팽이버섯	갓이 작고 줄기가 가지런하고 통통하며, 눌리지 않고 갓 고유의 순백색을 띠며 신선하고 탄력성이 있는 것으로, 개열된 것이 거의 없고 균일하며 과습되지 않는 것이 좋다.
목이버섯 · 석이버섯	목이버섯은 갈색으로 이물질이 혼합되지 않고 잘 건조된 것이 좋다. 석이버섯은 표면이 짙은 검정색이고 뒷면은 하얀색이며, 갓이 깨끗하고 이물질이 혼합되지 않고 잘 건조된 것이 좋다.
송이버섯	위아래 굵기가 같고 솜털상의 턱받이가 있으며 머리 부분이 둥근 갓 모양으로 피지 않은 것으로, 색은 백색이며 광택이 있고, 속은 굵고 단단하며, 몸체가 통통하고 짧으며 향미가 양호한 것이 좋다.

느타리버섯

표고버섯

양송이버섯

팽이버섯

(4) 곡류

곡물 중에서 쌀은 미곡으로, 보리, 밀, 호밀, 귀리 등은 맥류로 그리고 조, 옥수수, 기장, 피, 메밀, 율무 등은 잡곡으로 구분한다.

- **곡류의 검수**
  - 묵은 냄새가 나지 않는 것
  - 다른 이물질의 혼입이 없는 것
  - 피해립, 착색립, 싸라기 등 정상적인 성장이 안 된 곡식이 없는 것
  - 알이 고르고 광택이 있는 것
  - 경도가 좋은 것

[표 8-14] **곡류의 검수요령**

식품명	검수요령
조	강층을 완전히 제거한 것으로, 낟알이 충실하고 낟알의 윤기 및 고르기가 양호한 것으로, 낟알이 작고 고르며 평평한 원형에 가깝고, 고유의 향미가 나고 다른 냄새가 없는 것이 좋다.
찹쌀	강층을 완전히 제거한 것으로 유백색으로 윤기가 뛰어나고, 낟알이 충실하고 고르며 쌀알이 불투명하고 경도가 높고 알이 고르고 광택이 있으며 건조 상태가 적당한 것이 좋다.
팥	짙은 붉은색이 선명하며 크기가 잘 선별된 것으로, 껍질의 얇음과 두꺼움 없이 충실, 단단하고 부드러우며, 낟알이 고르고 건조가 잘 되며, 피해립이 적고 이물질이 없는 것이 좋다.
현미	품종 고유의 모양으로 낟알 표면의 긁힘이 거의 없고, 광택이 뛰어나며 낟알이 충실하고 고른 것으로, 강층이 잘 벗겨지며 조금 벗겨진 낟알이 많으며 독특한 향이 강한 것이 좋다.
들깨	낟알이 잘고 길이가 짧으며 씨눈이 뾰족한 것으로, 입자가 둥근 타원형으로 충실하며 균일하고, 표피가 얇고 고소한 냄새 외의 잡내가 없으며 깨끗한 것이 좋다.
참깨	낟알이 잘고 길이가 짧으며 씨눈이 뾰족한 것으로, 입자가 둥근 타원형으로 충실하며 균일하고, 표피가 얇고 고소한 냄새 외의 잡내가 없는 것이 좋다.
피 땅콩	품종 고유의 빛깔과 모양으로 크기가 균일하고 충실도가 뛰어난 것으로, 씨방자루가 달려있으며 선별, 정선이 양호하여 이물질 혼입이 없고, 부패, 변질, 충해, 파쇄립이 없는 것이 좋다.
알 땅콩	표피가 매끈하고 윤기가 있으며, 볶을 때 껍질이 잘 벗겨지지 않는 것으로, 볶은 후에는 잘 벗겨지며 선별, 정선이 양호하고, 이물질 혼입이 없으며 부패, 변질, 충해 및 파쇄립이 없는 것이 좋다.

식품명	검수요령
검은콩(흑태)	알이 굵고 둥글며 손상된 낟알이 거의 없고, 배꼽 속의 눈 모양이 회색의 타원형이며 속에 "–" 자형의 갈색선이 뚜렷하며 큰 것으로, 겉껍질을 벗기면 노란색을 띠는 것이 좋다.
검정쌀	독특한 향이 강하고 감층이 잘 벗겨지며, 조금 벗겨진 낟알이 많은 것이 좋다.
기장	낟알이 작고 충실하고 고르며 고유의 빛깔을 갖춘 것으로, 반투명 낟알이 거의 없고, 기장쌀 고유의 향미가 있으며 다른 냄새가 없는 것이 좋다.
녹두	입자가 잘고 윤기가 없으며, 녹색이 진하고 표면이 거친 것으로, 품종 고유의 모양과 빛깔을 갖추고, 낟알이 충실하고 고르며 벌레 먹은 흠이 없는 것이 좋다.
대두(장류콩)	품종 고유의 모양과 빛깔을 갖춘 것으로, 낟알이 충실하고 고르며 노란빛을 띠고, 껍질이 얇고 깨끗하며 윤택이 많이 나는 것이 좋다.
보리 (겉보리, 쌀보리)	품종 고유의 특성을 갖고 낟알이 고르게 잘 선별된 것으로, 낟알이 담황색으로 광택이 있고 만져서 부드러우며, 흰색 분말이 있고 알이 고르며, 살찌고 둥글며 적당히 건조된 것이 좋다.
보리(할맥)	강층을 완전히 제거한 보리쌀을 원료로 사용한 것으로, 자른 상태가 양호하며 보리쌀 고유의 향미가 있고 다른 냄새가 없는 것을 고른다.
수수쌀 (메수수, 차수수)	강층을 완전히 제거한 것으로, 낟알이 충실하고 고르며, 투명한 낟알이 거의 없고 붉은 색을 띠며, 알이 굵고 윤기가 나며 낟알이 둥글고 반투명한 것이 거의 없는 것이 좋다.
쌀	강층을 완전히 제거한 것으로, 낟알의 투명도와 윤기가 뛰어나며 충실하고, 약간 작으면서 고르며, 길이가 짧고 폭이 넓으며 둥글고 적당히 건조된 것이 좋다.
강낭콩(양대)	선명한 적색 또는 적갈색으로 껍질에 윤기가 있고 크기가 고르며 알이 크고 둥근 것으로, 배꼽이 약간 튀어나와 있고, 배꼽 속 흰 타원형 반점이 뚜렷한 것이 좋다.
율무	강층을 완전히 제거한 것으로, 낟알이 충실하고 윤기 및 고르기가 양호하며, 씨눈이 붙어 있는 것이 적으며 윤기가 많이 나고, 골의 폭이 좁고 연한 갈색인 것이 좋다.

(5) 어패류

식품공전에서는 바다에서 얻어지는 식품을 어류(멸치, 가자미, 갈치, 고등어 등), **패류**(굴, 홍합, 꼬막 등), **갑각류**(새우, 게, 가재 등), **연체류**(문어, 오징어, 군소, 해파리 등), **극피 또는 척색류**(해삼, 멍게, 미더덕 등), 어란류(명태알, 연어알 등)로 구분하고 있다.

- **어류의 검수**
  - 냉동품의 경우 해동 시, 표면에 특유의 점도가 있는 것
  - 비린내가 심하지 않은 것
  - 눈동자가 맑고 아가미 색이 짙은 것
  - 살은 탄력이 있으나 굳지 않은 것
  - 배 부위가 통통하고 비늘이 떨어지지 않는 것
  - 특유의 색을 지니고 있고 일정한 크기의 것을 포장한 것
  - 살이 부서지지 않은 것
- **수산 가공품의 검수**
  - 표면에 물기나 기름기가 없는 것
  - 포장을 뜯었을 때 악취가 없는 것
  - 제품 전체의 색이 고를 것
- **패류**(살류)**의 검수**
  - 몸통의 살이 통통한 것
  - 윤기와 탄력이 있는 것
  - 냄새가 나지 않는 것
  - 고유의 색깔이 그대로 있는 것
  - 살이 터지지 않아 고유의 형태가 있는 것

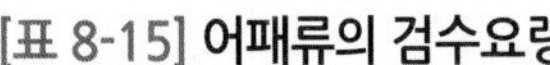

[표 8-15] 어패류의 검수요령

식품명	검수요령
가자미	비늘이 벗겨지지 않고 가지런하며 선명하고 윤기가 있는 것으로, 육질에 탄력이 있고 냄새가 나지 않으며, 뱃살은 흰색이고 등살은 진한 고동색으로 표면에 점액이 약간 있는 것이 좋다.
갈치	은백색의 광택이 있고 탄력이 있으며 몸 전체가 비대하지 않은 것으로, 육질이 단단하고 복부에 유소로 황갈색대가 생기지 않으며, 건조에 의한 회백색대 부분이 없는 것이 좋다.
고등어	눈은 투명하고 아가미는 선홍색이며 등색이 푸르게 윤택이 나고 살이 단단한 것으로 옆구리의 깨알 같은 반점이 없고, 배 부위가 통통하며 탄력이 있고, 살이 뼈에 밀착되어 있는 것이 좋다.
꽁치	눈이 선명하고 탄력이 있고 광택이 나며 몸이 작고 살이 통통하게 오른 것으로, 특유의 푸른 점이 있으며, 은빛 상태로 윤기가 나며 살이 처지지 않고 탄력 있는 것이 좋다.
대구	턱이 길고 아가미가 선홍색을 띠며 몸체가 단단하고 빳빳하며 모양이 바르고 물기가 있는 것으로, 몸이 매끄럽고 갈색무늬가 고우며, 전체적으로 통통하면서 탄력이 있는 것이 좋다.
도미	턱이 길고 눈이 투명하며 고유의 형태를 가지고 손상과 변형이 없는 것으로, 살은 탄력이 있고 아가미는 선홍색을 띠며, 크기가 대체로 균일하고 비늘이 많고 냄새가 나지 않는 것이 좋다.
명태	눈이 맑으며 아가미 부분이 싱싱하여 붉은 색을 띠는 것으로, 비늘이 많고 광택이 나며, 등빛에 윤기가 흐르고 배가 약간 흰색을 띄며, 손상과 변형이 거의 없고 몸이 단단한 것이 좋다.
미꾸라지	눈이 투명하고 살이 무르지 않으며, 윤기가 있고 살이 통통하며 살아있는 것이 좋다.
민어	눈이 투명하고 비늘이 많으며 크기가 대체로 균일하고, 고유의 형태를 가지고 있는 것으로, 손상과 변형이 없으며 냄새가 나지 않고, 살이 단단하며 고유의 빛깔을 갖고 복부에 황갈색대가 없는 것이 좋다.
방어 · 연어	방어는 눌렀을 때 살에 탄력이 있고 냄새가 나지 않으며, 혈액 및 기타 협잡물이 없는 것이 좋다. 연어는 등은 청회색, 배는 은백색, 근육의 색깔은 짙은 복숭아빛을 띠는 것으로, 살이 단단하고 비늘이 벗겨지지 않으며, 냄새가 나지 않는 것이 좋다.
병어	크기가 대체로 균일하고 표면이 매끄럽고 윤기가 흐르며 살이 단단하고 탄력이 있는 것으로, 등살이 탱탱하며 혈액 및 기타 협잡물이 없고, 고유의 형태를 가지고 손상과 변형이 없는 것이 좋다.
복어	표면이 매끄럽고 윤기가 없는 것으로, 살은 단단하고 탄력이 있으며 눈과 내장을 제거한 것이 좋다.
삼치	눈은 투명하고 아가미는 선홍색이며 등이 회청색이고 윤기가 있는 것으로, 배와 몸 전체에 탄력이 있으며 냄새가 나지 않고, 몸에 광택이 있으면서 통통하게 살이 오르고 몸살이 곧고 단단한 것이 좋다.

식품명	검수요령
아귀	길이가 50~60cm 정도로 손으로 만졌을 때 살의 탄력이 느껴지면서 가시가 솟아 있는 것으로, 껍질이 벗겨지지 않은 것이 좋다.
뱀장어	살이 단단하고 뼈에 밀착되어 있으며, 옆선의 구멍이 흰색인 것이 좋다.
임연수어	눈이 선명하고 아가미는 선홍색이며 노랑 바탕에 검은 세로줄이 있는 것으로, 살이 단단하고 윤기가 있으며, 배가 무르지 않고 냄새가 나지 않는 것이 좋다.
적어	눈이 투명하고 비늘이 벗겨지지 않고 무늬가 선명한 것으로 색이 붉고 싱싱하며 잡내가 나지 않고, 살이 단단하며 윤기가 있는 것이 좋다.
조기	눈언저리부분이 약간 크고 건조 시켰을 때 기름기가 있는 것으로, 꼬리부분에 어느 정도 살이 있고 짧은 편으로, 비늘은 은빛이고 원형이며 큰 편이고, 비늘이 벗겨지지 않고 몸체에 측선이 있는 것이 좋다.
보구치 (백조기)	눈이 투명하고 비늘이 벗겨지지 않으며, 혈액 및 기타 협잡물이 없는 것이 좋다.
전갱이	눈알이 맑고 투명하며 아가미 내부 색깔이 붉고 선명한 것으로, 육질이 견고하고 악취가 나지 않으며, 몸체가 탄력이 있고 비늘은 광택이 있는 것이 좋다.
전어	눈이 투명하고 신선하며 아가미 내부 색이 붉고 선명한 것으로, 비늘이 벗겨지지 않으며 살에 탄력이 있고 단단하며, 내장이 흘러나오지 않고 비린내 등 냄새가 없는 것이 좋다.
청어	눈이 투명하고 신선하며 아가미 속이 선홍색을 띠고, 배 쪽 살은 은백색의 선명한 것으로 살에 탄력이 있고 단단하며, 내장이 흘러나오지 않고 비린내 등 냄새가 없는 것이 좋다.
갑오징어	살이 두껍고 광택이 있으며 먹었을 때 단맛이 나는 것으로, 살은 단단하고 눈이 선명하며, 석회질의 배 모양을 한 갑각을 가지고 있는 것이 좋다.
오징어	껍질을 벗길 때 잘 벗겨지고 냉동된 것은 완전히 녹지 않은 것으로, 등 쪽이 흑갈색이며 배 쪽은 흰색으로 빛이 나고, 먹물이 터지지 않으며 10개의 다리와 눈이 투명한 것이 좋다.
낙지	약간 검은 빛이 도는 것으로 흡반을 눌렀을 때 단단하며 껍질이 제대로 붙고, 전체적으로 흰 곳 없이 붉은 빛을 띠는 것으로, 살이 두텁고 싱싱하며 탄력과 반점이 있는 것이 좋다.
문어	흑색으로 윤기가 있고 살이 단단하며, 해동 시 특유의 끈적거림이 많고 냄새가 나지 않는 것으로, 눈은 까맣고 선명하며, 발에 붙어 있는 돌기가 달라붙는 것 같이 흡착력이 높은 것이 좋다.
게(꽃게)	게딱지 색깔이 선명한 청흑색이며, 열 개의 다리가 제대로 붙어 있는 것으로, 눈과 껍질에 윤기가 있고 다리 부분이 청색 기운을 띠며, 손끝으로 눌렀을 때 발이 뻣뻣하고 탄력이 있는 것이 좋다.

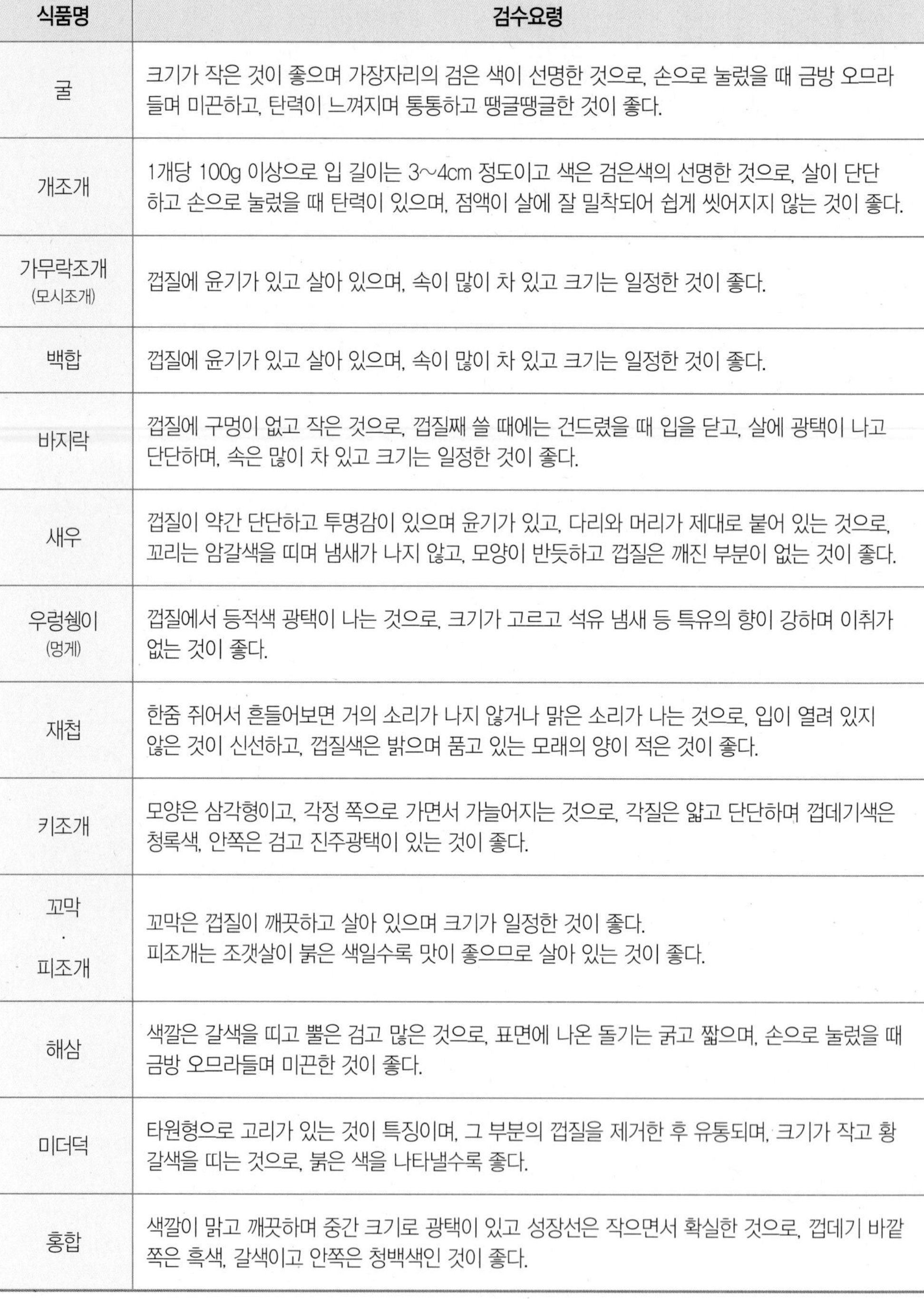

식품명	검수요령
굴	크기가 작은 것이 좋으며 가장자리의 검은 색이 선명한 것으로, 손으로 눌렀을 때 금방 오므라들며 미끈하고, 탄력이 느껴지며 통통하고 땡글땡글한 것이 좋다.
개조개	1개당 100g 이상으로 입 길이는 3~4cm 정도이고 색은 검은색의 선명한 것으로, 살이 단단하고 손으로 눌렀을 때 탄력이 있으며, 점액이 살에 잘 밀착되어 쉽게 씻어지지 않는 것이 좋다.
가무락조개 (모시조개)	껍질에 윤기가 있고 살아 있으며, 속이 많이 차 있고 크기는 일정한 것이 좋다.
백합	껍질에 윤기가 있고 살아 있으며, 속이 많이 차 있고 크기는 일정한 것이 좋다.
바지락	껍질에 구멍이 없고 작은 것으로, 껍질째 쓸 때에는 건드렸을 때 입을 닫고, 살에 광택이 나고 단단하며, 속은 많이 차 있고 크기는 일정한 것이 좋다.
새우	껍질이 약간 단단하고 투명감이 있으며 윤기가 있고, 다리와 머리가 제대로 붙어 있는 것으로, 꼬리는 암갈색을 띠며 냄새가 나지 않고, 모양이 반듯하고 껍질은 깨진 부분이 없는 것이 좋다.
우렁쉥이 (멍게)	껍질에서 등적색 광택이 나는 것으로, 크기가 고르고 석유 냄새 등 특유의 향이 강하며 이취가 없는 것이 좋다.
재첩	한줌 쥐어서 흔들어보면 거의 소리가 나지 않거나 맑은 소리가 나는 것으로, 입이 열려 있지 않은 것이 신선하고, 껍질색은 밝으며 품고 있는 모래의 양이 적은 것이 좋다.
키조개	모양은 삼각형이고, 각정 쪽으로 가면서 가늘어지는 것으로, 각질은 얇고 단단하며 껍데기색은 청록색, 안쪽은 검고 진주광택이 있는 것이 좋다.
꼬막 · 피조개	꼬막은 껍질이 깨끗하고 살아 있으며 크기가 일정한 것이 좋다. 피조개는 조갯살이 붉은 색일수록 맛이 좋으므로 살아 있는 것이 좋다.
해삼	색깔은 갈색을 띠고 뿔은 검고 많은 것으로, 표면에 나온 돌기는 굵고 짧으며, 손으로 눌렀을 때 금방 오므라들며 미끈한 것이 좋다.
미더덕	타원형으로 고리가 있는 것이 특징이며, 그 부분의 껍질을 제거한 후 유통되며, 크기가 작고 황갈색을 띠는 것으로, 붉은 색을 나타낼수록 좋다.
홍합	색깔이 맑고 깨끗하며 중간 크기로 광택이 있고 성장선은 작으면서 확실한 것으로, 껍데기 바깥쪽은 흑색, 갈색이고 안쪽은 청백색인 것이 좋다.

봄철 조개 이것만은 알고 먹자!

패독이란?

유독성이 있는 플랑크톤을 조개가 먹고, 그 조개를 사람이 섭취함으로 인해 중독을 일으키는 물질

패독의 종류는?

이중 마비성 패독이 봄철에 주로 발생하며 독성이 가장 큼

마비성 패독의 중독 증상은?

독이 있는 조개를 먹은 후 30분 경에 발병하며 입술, 혀, 안면마비 등에 이어 목, 팔 등 전신마비와 아주 심한 경우에는 호흡마비로 사망할 수 있음

독소가 있는 조개는?

진주담치

굴

진주담치, 굴 등 껍질이 2장인 조개(이대패, 二枚貝)에서 발생

마비성 패독의 생성

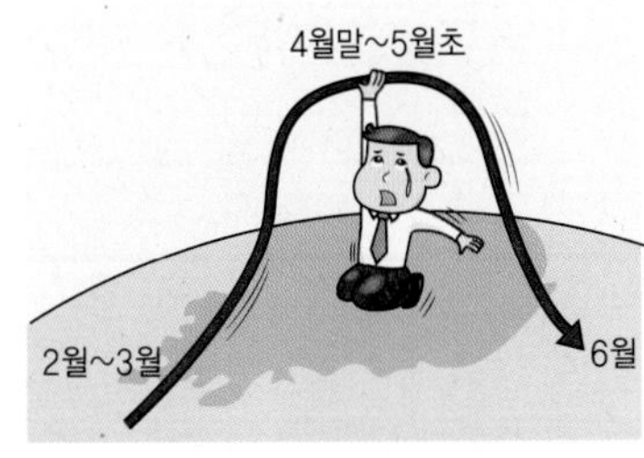

주로 우리나라 남해안에서 발생
- 발생시기: 2월~3월(수온 6~10℃)
- 최고치: 4월말~5월초(수온 13~17℃)
- 자연소멸: 5월말~6월초(수온 18℃이상)

마비성 패독의 특징

마비성 패독은 냉동·냉장하거나 가열·조리하여도 파괴되지 않음

[그림 8-4] 봄철 조개 독소 주의사항

(6) 건어류

[표 8-16] 건어류의 검수요령

식품명	검수요령
건어류	윤기가 있고 머리가 달려 있는 것으로, 껍질이 단단하고 투명감이 있으며, 붉은 색이 날수록 좋다.
건오징어	작업을 길게 한 것일수록 좋으며, 백색의 오징어포로 수분 함량이 적당한 것으로, 건조가 잘 되고 토사가 붙지 않은 것이 좋다.
뱅어포 · 북어포	뱅어포는 백색일수록 좋으며, 발이 잔잔한 것이 좋다. 북어포는 곰팡이, 벌레가 없으며 변색이 되지 않은 것으로, 흰빛이 나며 냄새가 나지 않는 것이 좋다.
멸치	크기가 다른 것이 섞이지 않으며, 맑은 은빛을 내며 기름이 피지 않은 것으로, 만졌을 때 딱딱하지 않고 부드러운 촉감이 있으며, 고유의 향미가 있는 것이 좋다.
쥐어채 (명태채)	누렇게 기름 들지 않고 흰빛을 띠며, 곰팡이 및 기름 절은 냄새가 나지 않는 것으로, 깨끗하며 맑은 투명한 빛을 내고, 이물질의 혼입이 없는 것이 좋다.
다시마 · 다시마채	다시마는 검은색에 약간 녹갈색을 띠며 두껍고, 붉은 잔주름과 포자가 적은 것이 좋다. 다시마채는 흑색에 녹갈색을 띠며, 삶으면 진녹색을 띠는 것으로 오래되어 진액이 너무 끈적거리지 않는 것이 좋다.
김	광택이 있으며 감촉이 좋고, 검정색 바탕에 약간 붉은 색이 나며 김 특유의 자연적인 냄새가 나는 것으로, 생굴 향에 가까우며, 원료가 양호하고 고유의 빛깔과 향미가 있는 것이 좋다.
미역	잎이 넓고 줄기가 가늘며, 품종 고유의 특성을 갖고 제품의 크기가 대체로 일정한 것으로, 두껍고 탄력이 있으며, 흑갈색으로 약간 푸른빛을 띠며 광택이 있고, 만졌을 때 촉감이 좋은 것이 좋다.
톳	줄기가 가느다랗고 가지런한 것으로, 광택이 있고 고른 것이 좋다.
파래	진녹색이 선명하고 미끈거리지 않으며 부드럽고 세지 않은 것으로, 잡물이 없고 해금 냄새가 없는 것이 좋다.
청각	진녹색이 선명하며 부드럽고, 세지 않은 것이 좋다.

(7) 식육·알류

닭고기는 털구멍이 선명하게 보이고 울퉁불퉁 튀어나온 것으로, 고기 색깔은 노란빛이 엷게 비치고, 닭다리 근육이 통통하고 단단하며 껍질막이 크림색을 띠고 윤기가 흐르는 것이 좋다. 닭고기는 살붙임과 닭고기의 상태 등을 고려해 1^{+}, 1, 2등급으로 품질을 판정하고 등급판정일자를 표시해 신선도를 알 수 있게 한다. 또한 품질이 좋은 닭고기를 무게

별로 규격화해 소비자의 선택을 돕는다. 닭고기는 등급과 등급판정일을 확인하여 신선도를 파악하여 구입한다.

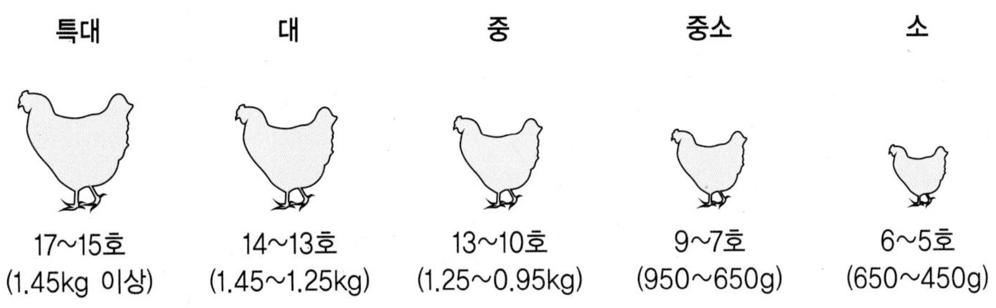

[그림 8-5] 닭고기 중량규격 구분

돼지고기는 결이 곱고 탄력이 있는 것으로, 질감이 약간 끈끈하며 지방의 색이 희고 굳은 것, 연하고 냄새가 없으며, 살이 두텁고 기름지며 윤기가 있고, 고기색이 엷고 분홍색에 가까운 것이 좋다. 돼지고기 등급에는 온도체 등급판정과 냉도체 등급판정이 있다. 온도체 등급판정은 육량과 육질을 종합적으로 고려해 A부터 E등급까지 나눈다. 냉도체 등급판정은 고기를 5℃로 냉각해 판정하며 근내지방도, 육색, 지방색, 조직감, 수분삼출도에 따라 1^{+}, 1, 2등급으로 나눈다. 쇠고기와 마찬가지로 등급이 맛의 절대적인 기준이 아니며 개인의 기호와 요리의 용도에 따라 선택한다.

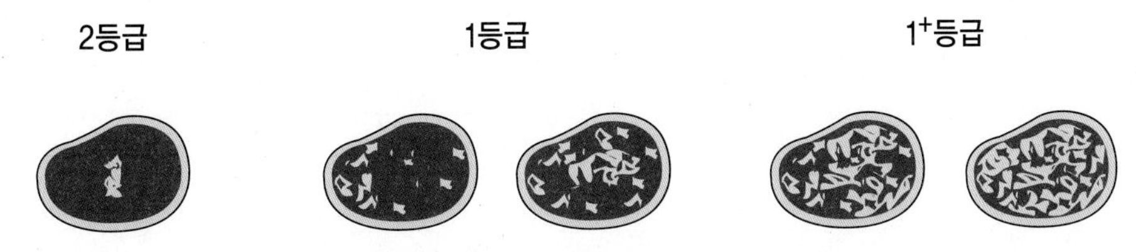

[그림 8-6] 돼지 냉도체의 근내지방도에 의한 등급기준

쇠고기는 선홍색을 띠는 것으로 살코기 속에 지방이 곱게 박혀있고, 썰은 면의 색이 밝으며, 지방의 색이 흰색~연노랑색 범위로 결이 곱고 윤기가 나면서 탄력 있는 것이 좋다. 쇠고기는 근내지방도, 육색, 지방색, 조직감, 성숙도에 따라 고기품질을 1^{++}, 1^{+}, 1, 2, 3 등급 및 등외로 구분해 소비자가 고기의 질을 쉽게 구별하도록 하고 있다. 하지만 등급이 영양 함량이나 맛의 절대적인 기준은 아니므로 개인의 기호와 요리 용도에 맞는 등급을

선택하는 것이 바람직하다. 또한 안전한 먹거리를 위해 쇠고기 이력제를 적극 활용한다. 쇠고기 이력제는 소의 출생에서부터 도축, 가공, 판매에 이르기까지의 정보를 기록, 관리하여 위생과 안전에 문제가 생길 경우 신속히 추적, 대처하기 위해 만들어진 제도이다. 각 단계별 정보는 쇠고기 이력제 홈페이지에서 라벨의 개체식별번호를 입력하면 확인이 가능하다(축산물이력제 http://mtrace.go.kr).

쇠고기의 구분

- 국내산 쇠고기

한우

육우

젖소

한우고기 : 순수한 한우에서 생산된 고기

육우고기 : 육용종, 교잡종, 젖소수소 및 송아지를 낳은 경험이 없는 젖소암소에서 생산된 고기

젖소고기 : 송아지를 낳은 경험이 있는 젖소암소에서 생산된 고기

- 수입쇠고기

외국에서 수입된 고기(6개월 미만 국내에서 사육한 수입 소의 고기 포함)

3등급 2등급 1등급 1^{+}등급 1^{++}등급

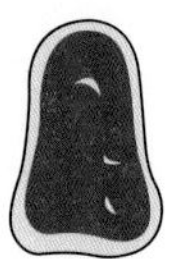

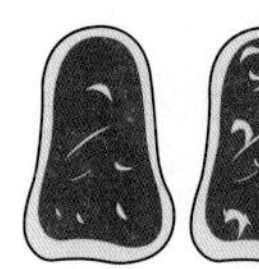

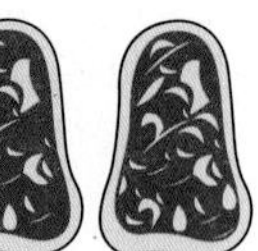

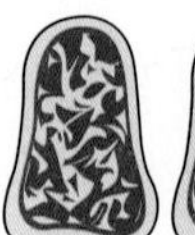

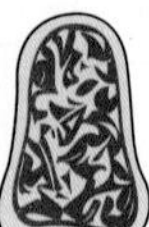

근내지방도에 의한 등급기준

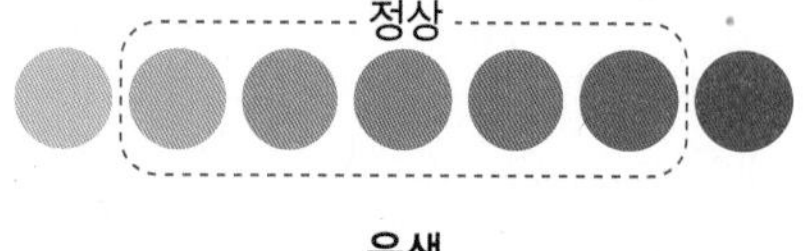

육색

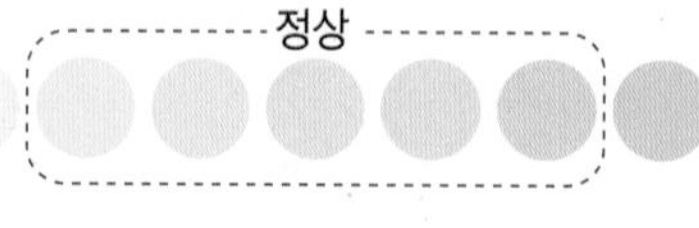

지방색

[그림 8-7] 쇠고기 근내지방도에 의한 등급기준

오리고기는 손으로 잡았을 때 중량감이 충분이 있으며 엉덩이 부분에 탄력이 있고 표면에 멍이나 상처가 없고, 털이 완전히 제거된 것으로 정육의 경우에는 붉은 빛이 선명하고 절단면이 매끄러운 것이 좋다.

달걀은 껍질전체의 결이 곱고 광택이 있으며, 만져봤을 때 거친 느낌이 드는 것으로, 빛을 투사했을 때 난황이 중심에 위치해 윤곽이 희미하게 보이고 결점이 없는 것이 좋다.

메추리알은 깨지거나 곰팡이가 피지 않은 것으로, 빛을 비추었을 때 투명하며 껍질이 꺼칠꺼칠하며 비중이 높고, 깨뜨렸을 때 노른자의 모양이 넓게 퍼지지 않는 것이 좋다.

오리알은 껍질이 꺼칠꺼칠하며 비중이 높고, 빛을 비추었을 때 투명하며 깨뜨렸을 때 노른자와 흰자의 모양이 넓게 퍼지지 않는 것이 좋다.

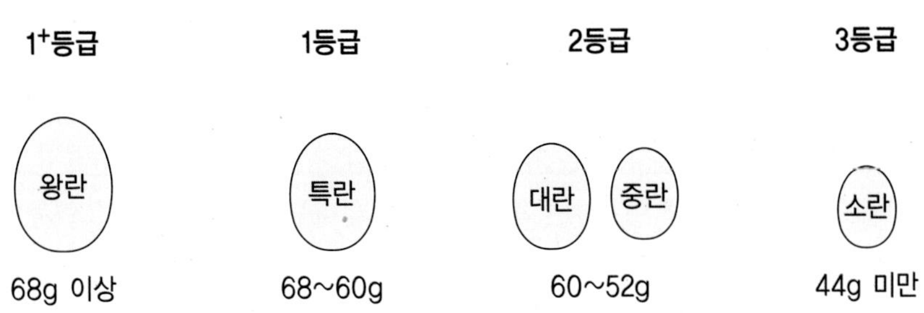

[그림 8-8] **달걀 중량규격에 의한 등급기준**

4 식품보관 및 저장관리

식품저장이란 식품을 신선하게 이용하고 제철이 아닐 때의 수용에 대비하기 위하여 장기간 보존하는 것으로, 철저한 식품 검수를 거쳐 양질의 식품을 구매하였더라도 적정하게 보관·관리하지 않으면 식재료가 오염될 수 있다. 품질을 최적으로 유지하며 위생적으로 보관하기 위해서는 신속하고 올바른 식재료 보관이 필수적이다. 식품은 구입하여 조리할 때까지 안전한 상태로 영양 손실을 줄이면서 부패가 없도록 식품별로 올바른 저장방법으로 적절한 장소에 보관해야 한다. 적절한 저장관리로 장기보관하면 식생활비와 식사관리 시간을 절약할 수 있다. 식품을 보관할 경우에는 반드시 그 제품의 표시사항의 보관방법(상온, 냉장, 냉동)을 확인한 후 그에 맞게 보관하고, 유통기한을 준수한다. 또한 저장한 식품을 사용할 때는 유통기한을 확인하여 유통기한이 가장 적게 남은 식품을 먼저 사용하거나 먼저 구입한 식품은 먼저 사용하는 선입선출 원칙(first-in, first-out, FIFO)을 지키고, 선입선출이 용이하도록 보관 관리하여야 한다.

(1) 식품별 보관방법

1) 곡류

곡류는 온도 및 습도가 낮고 햇빛이 닿지 않는 곳에 온도 15℃ 이하, 습도 70~60%의 저온 보관한다. 도정된 쌀은 해충이나 미생물이 침범하기 쉽고 온도나 습도의 영향을 빨리 받아 변하기 쉬워 밥맛도 나빠지므로, 가족의 2주분 정도 되는 적당한 소포장으로 구입하여 가능한 한 바로 사용하는 것이 좋다.

2) 육류

쇠고기나 돼지고기 등의 육류는 실온에서 쉽게 변패하므로 육류를 저장하기 위해서는 저장온도를 낮추는 것이 중요하다. 냉장육은 5℃ 이하에서 1~2일간, 냉동육은 −18℃ 이하로 더 오래 저장할 수 있으며, 한번 조리할 양만큼 나눠서 보관한다. 오랫동안 보관을 위해서는 썰지 않고 덩어리째 표면에 식용유를 살짝 발라 비닐 랩에 싸서 냉동 보관하면 고기의 산화를 지연시킬 수 있다.

3) 어패류

어패류는 불포화지방산 함량이 높아 쉽게 산패하며, 조직이 연해 세균에 오염되기 쉽다. 따라서 어패류는 구입한 후 바로 먹는 것이 가장 좋으며, 보관 시에는 짧은 기간이라도 냉장하고, 장기 보관할 경우에는 냉동한다. 생선은 내장을 제거하고 소금물로 깨끗이 씻어 물기를 없앤 다음 다른 식품과 분리하여 보관한다. 냉동할 경우에는 표면의 수분을 잘 제거하고 랩으로 싸거나 용기에 넣어서 1회 분량씩 냉동한다. 새우나 오징어는 내장을 제거하고 보관한다. 조개류는 소금물에 담가 해감 시켜 모래를 제거하고 물기를 뺀 다음 비닐팩에 넣어 냉장고나 냉동고에 보관한다.

4) 채소·과일류

채소는 흙을 깨끗이 씻어 냉장 보관하며, 잎채소를 냉장하는 경우에는 물을 약간 적신 후 통에 담고, 파나 우엉은 적당한 크기로 잘라 통에 담아 냉장 보관하고, 오이, 토마토, 가지 등은 비닐봉지에 담아서 채소 칸에 넣는다. 시금치는 뿌리 부근을 씻고 나서, 수분을 제거해 봉투에 담아 냉장하거나 잘 데쳐서 용기에 넣어 냉장하거나 냉동한다.

과일은 파인애플, 바나나, 메론, 망고 등의 열대과일을 제외하고 냉장 보관하되, 사과는 에틸렌가스가 나와 다른 과일을 빨리 익게 하므로, 다른 채소나 과일과 함께 보관하지 않는다.

5) 달걀류

달걀은 둥근 쪽에 기실이 있으므로 뾰족한 곳이 아래로 향하도록 보관해야 달걀의 신선도를 유지할 수 있다. 가능하면 구입할 때 포장된 용기에 넣어서 보관하는 것이 좋다. 세척한 달걀(위생란)은 냉장상태로 유통, 보관하며, 세척하지 않은 달걀은 상온에서 유통·보관한다. 가정에서 냉장 보관할 때는 세척해서 보관한다. 실온보관 시에는 산란일로부터 1주일, 냉장 보관 시에는 3주 정도 보관이 가능하다.

6) 우유 및 유제품

우유는 냉장 보관을 하되 냄새를 잘 흡수하므로 개봉 후에는 밀폐하여 보관한다. 우유의 포장을 개봉한 후라면 유통기한이 남아 있다 하더라도 빠른 시일 내에 모두 섭취하는 것이 좋다.

버터는 유지의 자동산화에 의한 품질저하, 오염 및 온도 상승을 방지할 수 있는 곳에 보관한다. 또한 냄새를 흡수하는 성질이 있으므로 냉장고에 보관할 때에는 밀폐용기에 넣거나, 작은 조각으로 썰어 −18℃ 이하에서 냉동 보관하면 장기간 보관이 가능하다.

연질치즈와 숙성시키지 않은 치즈는 저장기간이 짧으므로 냉장 보관한다. 개봉한 치즈는 진공포장이나 밀봉하여 1~3℃ 내외에서 냉장 보관하며, 0℃ 이하에서 보관하면 치즈에 함유된 수분이 얼어서 치즈가 부스러지고 풍미가 저하되므로 연질치즈는 냉동 보관하지 않는다. 저장기간 동안 변화를 막기 위해 원래 포장지에 보관하거나 비닐이나 호일에 싸서 유리나 플라스틱용기에 보관한다.

(2) 식품저장방법

1) 상온 보관

곡류, 콩류, 건조식품, 통조림 등은 실온 보관으로, 적절한 온도와 습도가 유지되고 직사광선을 피하며, 바람이 잘 통하는 서늘한 곳, 방충, 방서가 가능한 곳에 보관한다. 장마철 등 높은 온·습도에 의하여 곰팡이 피해를 입지 않도록 한다. 감자, 고구마, 양파, 마늘 등은 망이나 종이 상자에 담긴 상태로 상온에 보관하며, 특히 고구마는 저온에 약하므로 추운 곳은 피하고, 콩, 곡류, 건어물은 통풍이 잘 되며 그늘지고 건조한 곳에 보관한다. 바나나, 파인애플, 망고, 멜론, 복숭아 등 냉해를 입기 쉬운 열대과일은 상온에 보관한다.

2) 냉장·냉동 보관

식품의 저장 온도를 낮게 유지시켜 미생물의 생육을 저지시키고, 식품 중의 효소작용을 억제시켜 식품의 저장기간을 늘리는 방법이다. 냉장·냉동고는 저장 위치에 따라 온도가 다르므로 적절한 장소에 보관하는 것이 좋다. 육류, 어패류나 단백질 식품 등 상하기 쉬운 것들은 냉장실에서 가장 온도가 낮은 위치에 보관한다. 달걀은 저장 온도가 높을수록 쉽게 상하므로 구입 즉시 냉장 보관하고 2주 이내로 사용하는 것이 좋다. 우유는 저온 냉장 보관해야 유통 기한 동안 품질이 유지된다. 개봉한 우유는 마개나 클립으로 입구 부분을 단단히 막아서 보관한다. 또한 뜨거운 음식은 먼저 식혀서 넣어야 냉장고의 온도가 높아지지 않아 다른 식품이 잘 상하지 않는다. 냉장고에 식품을 보관할 때는 냉장고에 넣기 전에 용기에 넣거나 랩으로 싸서 저장하여 교차오염을 예방한다. 식재료를 저장할 때는 전체 유효 용적의 70% 이하로 여유 공간을 확보하여 냉기의 흐름이 원활하도록 간격을 두고 저장해야 하고, 냉장고 문을 자주 여닫지 않아야 전기 에너지를 절약할 수 있다. 병이나 캔을 넣을 경우에는 외부를 잘 닦고 저장하고, 개봉한 통조림은 통째로 냉장고에 보관하지 않는다. 해동이 필요한 식품은 조리하기 하루 전에 냉동실에서 냉장실로 옮겨 둔다.

냉장·냉동고에 저장한 경우라 하더라도 보존기간이 길면 신선도가 떨어지고 미생물의 증식으로 인한 식중독 발생 가능성도 있으므로 보존기간은 1~3주가 적당하다. 수분을 함유하고 있는 식품이나 음식을 비교적 장기간 보관하고자 할 때에는 냉동 보관한다. 식품은 단시간에 급속 냉동해야 수분의 증발이 억제되어 식품이나 음식 원래의 맛과 질감이 유지된다. 냉동 보관하는 식품에는 빙과류, 반 조리 냉동식품, 조리된 음식, 육류, 생선류, 건어물 등이 있다. 육류나 생선, 채소류 등을 냉동할 때에는 한 번에 사용할 분량씩 포장하여 보관한다. 냉동 공간에 여유가 있는 경우에, 건어물은 다듬어서 폴리에틸렌 주머니에 밀봉하여 냉동한다. 냉동 보관이 어려운 식품으로 마요네즈는 냉동 보관하면 기름과 달걀이 분리되고, 크림소스는 응고되면서 층이 분리된다. 양배추, 배추, 셀러리 등의 채소는 수분이 증발되면서 품질이 떨어진다. 달걀은 냉동 시 껍데기가 손상되어 해동 후 오염될 가능성이 크다. 캔 제품은 냉동 과정에서 용기가 팽창하고 내용물이 변할 수 있다. 특히 냉동식품의 경우 오래 저장하면 식품 중의 수증기가 증발하여 내용물과 포장재 사이에 서리가 생기고 식품은 건조하게 된다. 이와 같이 냉동식품의 표면이 건조하여 식품의 품질이 저하되는 현상을 냉동 변색이라고 하는데 이런 현상을 막기 위해서는 식품표면이 노출되지 않도록 하고 냉동실은 가능한 한 낮은 온도를 유지해야 한다.

- **냉장고 안전 10계명**

냉장고에 넣어둔 식품은 무조건 안전하다는 생각은 버려야 한다. 냉장고 속에서도 충분히 미생물의 번식이 일어날 수 있으며, 청결하지 못한 냉장고 때문에 신선한 식품이 오염될 수도 있다. 가정에서 발생할 수 있는 식중독을 예방하기 위해서는 아래의 노력이 필요하다.

- 식품라벨사항을 확인 후 보관한다.
- 냉장이나 냉동이 필요한 식품은 바로 냉장고나 냉동고에 넣는다.
- 냉장고 보관 전 이물질과 흙을 제거하고 랩이나 용기에 밀봉해 보관한다.
- 채소를 신문지에 싸서 보관하면 다른 이물질이 식품에 묻을 염려가 있기 때문에 삼가한다.
- 장기간 보존할 식품과 온도변화에 민감한 식품은 냉동고 안쪽 깊숙이 넣는다.
- 냉장고는 꽉 채우지 말고 70% 이하로 채우는 것이 좋다.
- 뜨거운 식품은 완전히 식은 후, 냉장고에 보관한다.
- 냉장고 문을 자주 여닫지 않는다.
- 냉동 보관하더라도 보존기간은 1주에서 3주를 넘기지 않도록 한다.
- 냉장고를 수시로 청소해 항상 청결하게 유지한다.

김치냉장고는 김치의 발효 조건에 맞게 개발된 기기로, 벽면자체가 냉각되는 방식이어서 일반 냉장·냉동고에 비해 온도의 변화가 적어 김치를 장기간 저장하기 좋다. 이와 같이 정확한 온도조절이 되는 장점으로 인하여 김치를 장기간 저장하는 용도로 개발되었으나, 김치 이외에 채소나 과일을 보관하는 경우에도 냉장고보다 신선도가 오래 유지되어 활용도가 많다.

[그림 8-9] 와인냉장고

와인냉장고(Wine cellar, wine chiller)는 와인을 최적의 온도(10~17°C)와 환경에 맞게 보관할 수 있다. 일반적으로 레드와인의 경우 13~18℃, 화이트와인의 경우 5~8℃ 상태에서 보관하는 것이 가장 좋은데, 이를 서로 다른 온도에서 저장할 수 있다. 또한 습도를 60~80%로 유지시켜 코르크마개의 상태도 최적으로 조절하는 등의 역할을 한다.

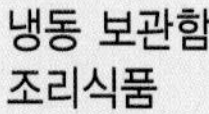

냉동 보관함
조리식품

-냉동실 상단 보관.

냉동 보관함
육류·어패류
·냉동실 하단 보관.

TIP
생선 핏물은 생선을 빨리 상하게 하므로 씻어서 보관.

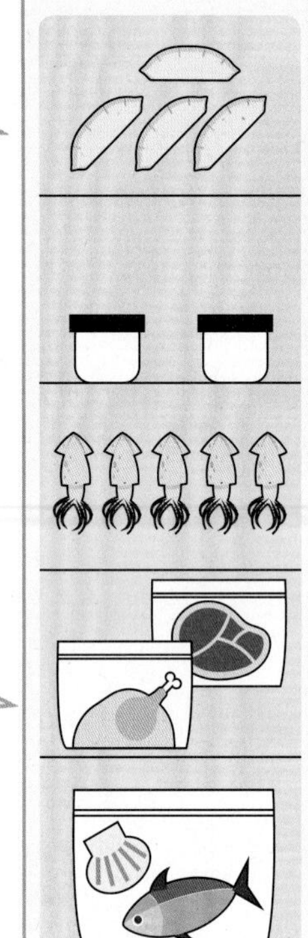

달걀

TIP
온도 변화가 큰 문쪽에는 금방 먹을 것만 보관.

금방 먹을
육류·어패류

-냉장실(신선실) 보관.
-어패류는 씻어서 밀폐용기에 보관.

채소·과일

TIP
흙, 이물질 제거 후 보관.

채소는 씻어서 밀폐용기에 보관. 신문지로 싸면 수분을 빼앗기고, 잉크 등 이물질이 묻을 수 있음.

냉동실 문쪽	냉동실 안쪽	냉동실 안쪽	냉장실 문쪽
문쪽은 안쪽보다 온도 변화가 심함.	가장 오랫동안 보관할 식품.	문을 자주 열면 온도가 상승하기 쉬워짐.	온도 변화가 가장 심한 부분으로 잘 상하지 않는 식품보관.

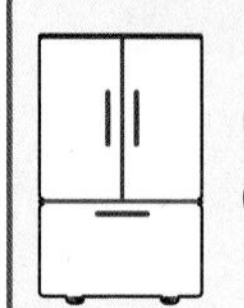

냉장고를 아세요?	**1.** 위치별로 온도가 다르다!	**2.** 잦은 오픈은 금지!	**3.** 꽉꽉 채우면 안된다!
	문쪽은 안쪽 보다 온도가 높음.	식품을 오래 보관할 수 없어짐.	전체 용량의 70%만 채워야 적정온도 유지 가능.

[그림 8-10] **냉장고 속 풍수지리-식품별 명당자리 찾기**

3) 건조 보관

식품의 저장방법 중 가장 역사가 오래된 방법으로, 비교적 수분 함량이 높고 식품의 수분 함량을 15~25%로 줄여서 보존성을 증가시키고 안전하게 저장하는 방법이다. 식품을 건조시키면 실온에서도 장기간 저장이 가능하며, 중량과 부피가 줄어 보관공간을 줄일 수 있는 장점이 있다. 그러나 햇빛과 바람을 이용하는 자연건조법은 비타민 손실이 가장 많고 품질이 변하기 쉬워서 대규모 건조에는 부적절하다.

봄에는 산나물류, 김부각, 해조류 등, 여름에는 가지, 애호박, 감자부각, 고추부각, 고춧잎, 콩잎 등을 말리고, 가을에는 무청, 늙은 호박오가리, 곡류, 대추, 곶감, 무말랭이 등, 겨울에는 메주, 과메기, 황태 등을 말린다. 채소나 과일의 경우에는 데쳐서 말리고, 육류나 어류는 소금을 절인 후 말려야 품질을 유지할 수 있다. 그런데 햇빛과 바람이 충분하지 않으면 건조시키는 동안 변질될 가능성이 높아 가정에서의 자연건조는 쉽지 않다. 최근에는 식품건조기를 사용하여 식품을 위생적으로 건조하는 가정이 늘고 있다. 식품건조기를 사용하면 보다 빠른 시간 내에 방부제 없이도 위생적이고 안전하게 식품을 원하는 상태로 건조시킬 수 있다. 말린 식품은 빠른 시일 내에 먹는 것이 좋고 1년 이상 보관하지 않는다.

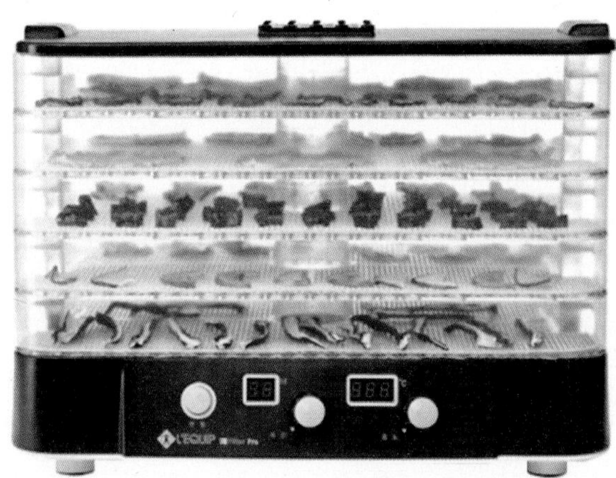

[그림 8-11] **식품건조기**

4) 염장·당장 및 초절임법

염장이나 당장은 식품에 소금이나 설탕을 첨가하여 삼투압에 의해 탈수를 일으키고 수분활성도를 낮추어 미생물의 증식을 어렵게 하여 식품의 저장성을 높이는 방법이다.

염장법 채소류로는 오이지, 무짠지 등의 장아찌류가 있으며, 김치류도 소금에 절인 채소를 섭취한 것에서 발전하여 현재의 김치가 만들어졌다. 새우젓, 멸치젓, 조개젓, 게젓 등의 젓갈류와 자반류는 부패되기 쉬운 육류, 어류 및 생선알 등에 소금을 첨가하여 만든 저장식품이다.

당장법은 과일 및 뿌리채소에 주로 이용하여 꿀이나 설탕을 첨가하여 만든 생강, 유자, 모과 및 연근정과가 있다. 산 저장법은 식품에 초산이나 젖산을 첨가하여 미생물의 발육이 저지될 뿐만 아니라 조미효과도 나타난다. 미생물의 생육억제 효과는 식초에 설탕이나 소금을 첨가하면 미생물 생육을 저지하는 효과가 커지므로, 초절임을 할 때는 이들을 함께 사용하면 좋다. 예로 오이피클, 마늘장아찌, 마늘종장아찌 등이 있다.

5) 훈연법

어류, 육류를 소금에 절인 후 참나무, 자작나무, 오리나무 및 호두나무 등의 목재를 불완전 연소시켜 생기는 연기의 화학성분을 식품 표면에 부착 및 침투시켜 건조시키는 방법이다. 이때 발생하는 연기에 함유된 방부성 물질에 의해 미생물의 생육이 억제되어 저장성이 증가되며, 독특한 향기와 맛이 생겨 식품의 맛을 좋게 한다. 연어, 송어, 청어, 굴 및 조개와 같은 훈제어패류와 소시지, 햄 및 베이컨 등의 육제품이 있다.

6) 가열살균법

식품을 가열하면 부패의 원인인 미생물이 살균되고 효소의 불활성화로 식품이 미생물의 해를 입지 않아 저장성이 높아진다. 미생물과 공기를 차단할 수 있는 밀봉용기에 식품을 넣고 밀봉한 후, 용기와 식품에 부착되어 있는 미생물을 함께 가열·살균시킨 다음 식품이 미생물에 다시 오염되지 않도록 한다. 가열살균에 의해 만들어진 통조림, 병조림, 레토르트 파우치 식품 등은 안전하게 장기간 저장할 수 있을 뿐만 아니라 저장 및 운반이 편리한 저장식품이다.

그밖에 목적에 따라 대기 조성을 조절하는 CA(controlled atmosphere)저장법이나 방사선 조사에 의한 방법, 방부제나 약품 처리에 의한 방법, 포장에 의한 방법, 극초단파 살균법이나 초음파 살균법 등의 식품 저장법이 개발되어 우리 식생활에 큰 변화를 가져오고 있다.

Chapter

09

식공간 및 테이블 코디네이션

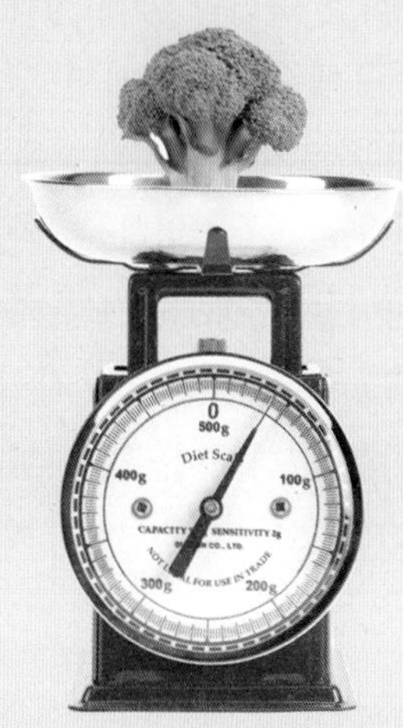

1 테이블 코디네이션의 개요

(1) 테이블 코디네이션의 이해

1) 21세기 테이블의 역할

테이블은 이제 단순히 식사를 위한 공간만이 아니라 생활 속의 테이블, 상황에 따른 테이블로서 여러 가지 의미를 가진다. 즉, 배고픔을 해소하기 위한 물리적인 영양 공급의 장소일 뿐만 아니라 테이블 위에 놓인 맛있는 요리와 감각적인 소품들을 통해 식욕과 만족감을 느낄 수 있는 정신적인 영양 공급의 장소이기도 하다. 또한, 일상의 피로를 씻고 스트레스를 풀 수 있는 여유와 휴식의 공간이면서 동시에 가족 구성원 간에 대화를 나누고 커뮤니케이션을 할 수 있는 공간이 되기도 한다.

테이블은 여러 가지 상황을 위한 공간으로서도 활용된다. 매일의 식사를 위한 일상의 공간에서부터 돌, 환갑, 생일파티 등 누군가를 위한 축하 행사를 벌이는 공간으로도 쓰이며, 친밀감을 유지하고 우정을 표현하는 등 타인을 환대하기 위한 초대 테이블로 활용되기도 한다.

2) 테이블 코디네이션의 개념

'코디네이션(coordination)' 이란 공존, 대등, 동격의 의미를 가진 접두어 'co' 에 주문, 순서라는 의미를 가진 'order' 가 결합된 단어로서, '우선이 되는 순위를 기초로 하여 가로세로로 늘어져 있는 상황을 평등하게 배열하는 것', 또는 '다양하게 펼쳐진 요소의 우선순위를 고려하여 조화롭게 배열하고 정돈된 상태를 만들며 완성도 있게 보일 수 있도록 만드는 것' 을 말한다.

그러므로 '테이블 코디네이션(table coordination)' 은 '식탁 위뿐 아니라 식탁을 에워싸고 있는 공간 전체를 포함하여 시각적인 측면과 함께 청각, 후각적인 부분까지 동등하게 조화시키는 것' 이라고 할 수 있다. 구체적으로 말하면 '식품과 조리, 테이블웨어와 식공간 연출, 식사방법 및 테이블 매너에 이르기까지 상대방에 대한 예의, 배려와 함께 음식문화 산업의 흐름을 주도하는 작업' 이라고 할 수 있다. 이와 같이 인간을 주인공으로 하여 식탁의 연출뿐 아니라 이를 통해 사람들이 정보를 교류하며 상호 이해가 깊어지는 장을 만드는 일을 '식공간 연출' 이라고도 하는데, 이러한 작업을 하는 식공간 연출가에는 메뉴 개발자, 푸드 스타일리스트, 테이블 코디네이터, 플로리스트, 파티 플래너, 레스토랑 프로듀서, 티 인스트럭터, 푸드 라이터, 와인 소믈리에, 커피 바리스타 등이 포함된다.

(2) 테이블 코디네이션의 구성 요소

1) 사람과 TPO

테이블 코디네이션을 하는데 있어 가장 중심이 되는 요소는 사람(Person)이며, 이와 함께 시간(Time), 장소(Place), 목적(Object)이 고려되어야 한다[그림 9-1].

① P(Person, 사람)

식사를 하는 사람들의 연령, 성별, 기호, 라이프스타일 등이 다르므로 이를 고려하여 식공간을 구성해야 한다. 예를 들어, 젊은 연령층은 대체로 밝고 자유로운 분위기를 선호하나 높은 연령층은 편안하고 차분한 분위기를 좋아하는 경향이 있다. 또한, 주인과 손님의 자리, 상석과 하석의 자리 배치가 구분되어야 하는 경우도 있으므로, 사람을 중심으로 한 식공간 구성이 필요하다. 아무리 아름답고 잘 차려진 식탁이라 하더라도 식사를 하는 사람들이 불편함을 느낀다면 잘 된 테이블 코디네이션이라고 할 수 없다.

② T(Time, 시간)

식사를 하는 시간대에 따라 테이블 구성을 다르게 한다. 아침이나 점심 식사를 위한 테이블에는 다소 간편하고 단순한 메뉴와 소품들이 사용될 것이나, 저녁 식사에는 이보다 격식을 차린 음식과 구성 요소를 사용해야 한다.

③ P(Place, 장소)

식사를 하는 장소가 실내인지 실외인지, 또 식당인지 거실인지 등에 따라 테이블을 구성하는 소재와 음식이 달라진다.

④ O(Object, 목적)

테이블 연출의 목적이 무엇인지도 고려해야 한다. 즉, 일상의 테이블인지, 또는 축하 행사나 초대의 테이블인지에 따라 준비하는 테이블의 분위기와 음식을 다르게 한다.

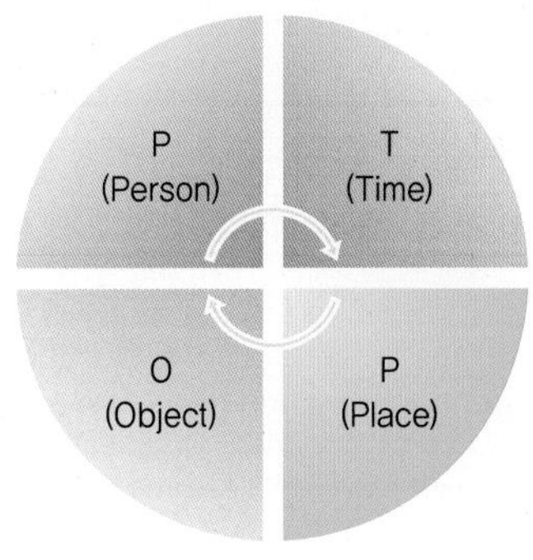

[그림 9-1] 테이블 코디네이션의 구성 요소 TPO

2) 6W1H

테이블 코디네이션은 다음의 6W1H 요소를 파악하여 테이블의 규모와 분위기, 메뉴 등을 계획해야 한다[그림 9-2].

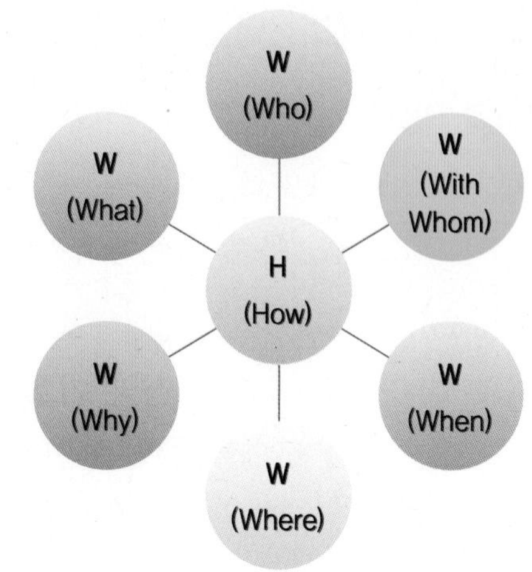

[그림 9-2] 테이블 코디네이션의 구성 요소 6W1H

① Who(누가)

식공간 구성 시 가장 중심이 되는 요소는 사람이므로 식사를 하는 대상의 연령, 성별, 기호 등을 고려하여 이에 알맞은 식공간 연출이 이루어져야 한다.

② With whom(누구와)

테이블은 식사의 장소일 뿐만 아니라 사람 간의 대화와 교류의 장소이기도 하므로 누구와 함께 식사를 하는지 고려하는 것도 필요하며, 이에 따라 좌석의 배치와 위치를 결정하는 것이 좋다.

③ When(언제)

하루 중 식사 시간이 언제인지를 고려하여 테이블의 분위기와 음식, 소품의 종류를 다르게 결정하게 된다.

④ Where(어디서)

식사 장소가 실내인지, 실외인지에 따라 식공간의 형태와 크기, 특징이 다르므로 이를 고려하여 효율적으로 식공간을 구성하는 것이 필요하다.

⑤ Why(왜)

테이블을 준비하는 목적이 일상의 식사인지, 주변 사람들과의 친목 도모인지, 축하 또는 비즈니스인지를 고려하여 알맞은 식공간 연출을 계획해야 한다.

⑥ What(무엇을)

식사를 하는 대상자가 무엇을 먹을 것인지를 결정하는 것이며, 대상자의 연령, 성별, 기호 등을 고려하여 알맞은 메인 요리를 제공하도록 한다.

⑦ How(어떻게)

식사 대상자나 목적을 고려하여 식공간의 형태와 스타일을 결정한다. 식사 대상자가 많지 않고 조용한 분위기를 선호한다면 차분한 스타일의 좌식 형태가 적당하며, 대상자의 수가 많거나 공간이 협소하다면 스탠딩 뷔페 형태의 식공간을 계획해 볼 수 있다.

(3) 식공간의 분할과 크기

편안하고 여유로운 식사를 위해서는 적절한 크기의 식공간 확보가 필수적이다. 식사를 하는 공간은 개인 식공간과 공유 식공간으로 나눌 수 있으며, 식공간의 크기는 식사를 하는 사람의 수와 그 움직임의 범위를 고려하여 결정한다.

1) 개인 식공간(Personal space)

한 사람이 식사를 하는데 필요한 식사 도구를 배치하는 공간을 개인 식공간이라고 하며, 이는 한사람의 어깨 폭 넓이를 기준으로 하여 45cm×35cm(가로×세로) 정도를 기본 크기로 한다. 개인 식공간에 놓는 식사 도구 중 식기는 식탁의 끝에서 2~3cm, 커틀러리는 3~4cm 정도 떨어지게 배치하고, 각 식사 도구 간의 거리는 1cm 정도를 유지하는 것이 적절하다[그림 9-3].

2) 공유 식공간(Public space)

여러 사람이 함께 식사를 할 경우에는 사람의 수에 따라 테이블과 전체 식공간의 크기가 달라진다. 이 때 개인 식공간을 식탁의 끝에서 15cm 정도 떨어지도록 배치하고, 각각의 개인 식공간 사이의 거리는 30cm 정도를 유지하는 것이 적절하다.

또한, 식탁에 앉고 일어나는 데 불편함이 없도록 식탁과 의자 간의 공간은 1m 정도, 의자와 벽과의 거리는 50cm 정도를 확보하는 것이 좋다.

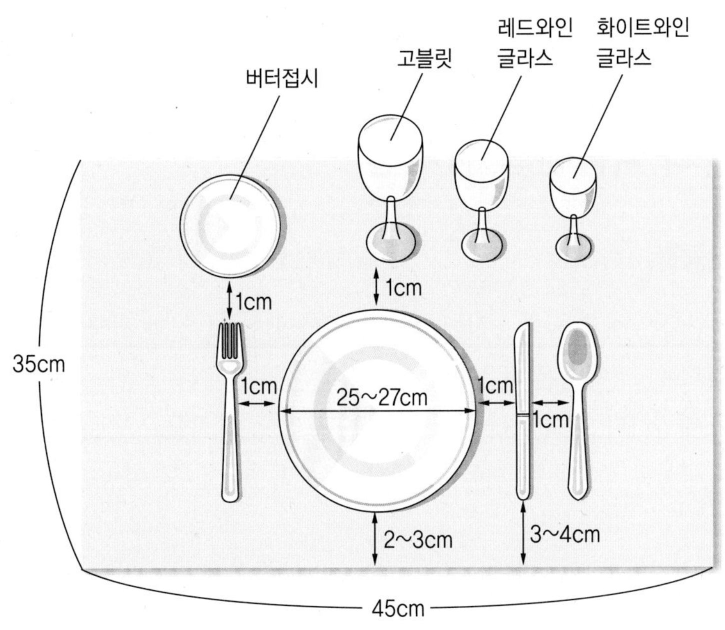

[그림 9-3] 개인 식공간의 분할과 크기

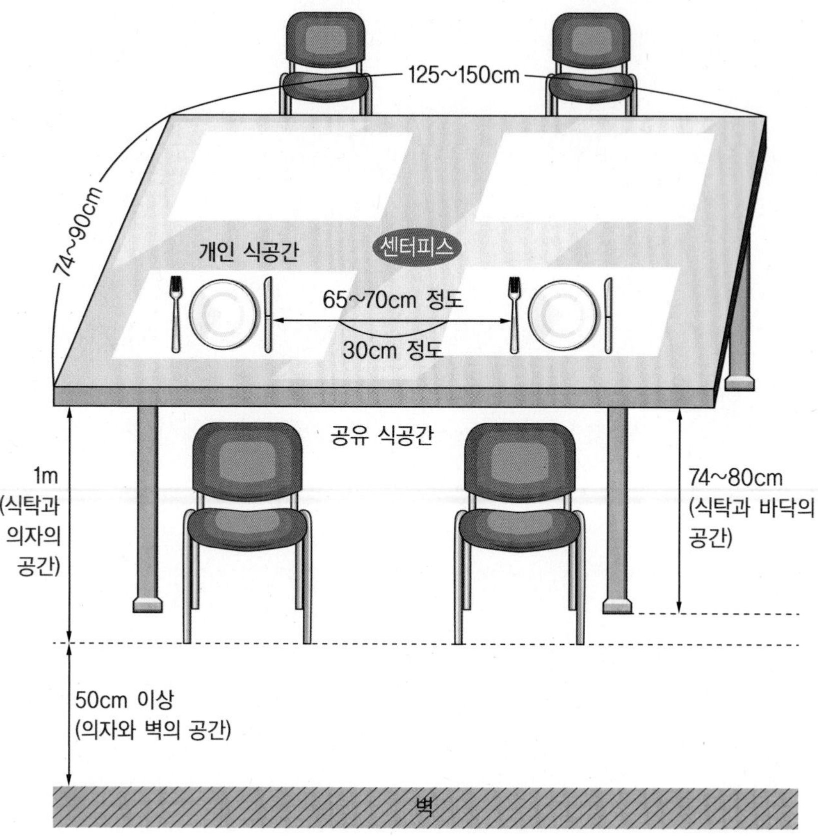

[그림 9-4] **공유 식공간의 분할과 크기**

2 동양의 식공간과 상차림

(1) 한국의 식공간

우리나라 사람들은 예로부터 음식에 정성을 다하였다. 그 결과 한국 음식은 종류가 다양하게 발전했으며, 그 특징은 다음과 같다.

곡물 음식이 다양하다. 우리나라 사람들은 쌀, 보리 등의 곡물로 만든 밥을 주식으로 하며, 이 외에도 곡물로 죽, 국수, 만두, 수제비, 떡, 엿, 술, 장 등 다양한 음식들을 만들어 먹어 왔다.

주식과 부식이 명확히 구분되어 있으며, 부식의 가짓수가 많다. 우리나라의 일상 식사는 밥과 여러 가지 반찬을 부식으로 같이 먹는 형태로, 주식인 밥과 함께 이를 쉽게 먹을 수 있도록 국이 발달했다. 또, 밥상을 차릴 때 장, 김치, 젓갈, 마른 반찬 등과 같은 저장 음식을 상비하여 밑반찬으로 하는 것이 식생활의 기본이다. 특히, 주식인 밥을 먹는 것에 대해서는 '왕이 수라를 잡수신다.', '양반이 진지를 드신다.', '백성들이 밥을 먹는다.', '하층민이 끼니를 때운다.'와 같이 먹는 사람의 신분에 따라 서로 다르게 표현하였다.

다양한 음식의 종류와 조리법이 발달하였다. 주식에는 밥, 죽, 만두, 국수, 수제비, 떡국 등이 있다. 부식으로는 육류, 어류, 채소류, 해초류 등을 재료로 한 국, 찌개, 구이, 전, 조림, 볶음, 편육, 나물, 생채, 젓갈, 포, 장아찌, 찜, 전골, 김치 등 다양한 반찬이 있다. 그리고 후식과 기호 음식으로 떡, 과자, 엿, 화채, 술, 차 등을 만들어 먹었다. 그 외에 장 담그기, 김장 담그기, 채소 말리기, 젓갈 담그기, 포 만들기 등과 같이 발효 저장 식품이나 건조 저장 식품을 만드는 방법이 발달하였다.

향신료를 많이 사용한다. 우리나라 음식 중에는 곰국과 같이 소금, 후춧가루, 파 정도로 단순하게 조미한 것도 있으나 간장, 설탕, 파, 마늘, 깨소금, 참기름, 후춧가루, 고춧가루 등 갖은 양념으로 조미하여 식품 자체의 맛보다 여러 가지 다양한 맛이 어우러지게 만든 음식이 많다.

음식에 대하여 '의식동원(醫食同源)'의 정신이 있다. '약과, 약식, 약주' 등의 용어에서도 알 수 있듯이 우리나라 사람들은 '입으로 먹는 음식이 곧 몸에 약이 된다.'는 의식이 강하였다. 뿐만 아니라, 실제로 꿀, 후추, 계피, 잣, 생강, 대추, 밤, 인삼, 오미자, 구기자, 당귀 등 일상 음식에 한약재가 되는 재료들을 많이 사용하였다.

음식의 모양보다 맛을 위주로 한다. 우리나라 상차림의 특징은 많은 양을 푸짐하게 담으며, 식사의 분량을 사람의 식사량에 맞추기보다 그릇을 중심으로 하여 가득히 채우는 것을 기준으로 하였다.

습성 음식을 즐기며 탕반 문화가 발달하였다. 우리나라 사람들은 밥과 함께 국물이 있는 음식을 즐겨먹는 습관을 가지고 있다. 따라서 국물을 먹기 위한 숟가락 사용이 보편화되었으며, 국물을 담기 위해 '일기일식(一器一食)주의' 즉, 한 그릇에 여러 음식을 담지 않고 한 가지 음식만 놓고 먹는 것을 원칙으로 하였다.

유교의 영향으로 상차림과 식사 예법이 까다롭게 발달하였다. 우리나라에서는 유교 사상의 영향으로 돌, 혼례, 회갑, 상례, 제례 등 의례를 중요시하는 상차림이 발달하였다. 또한, 웃어른이 먼저 들고 아랫사람이 먹도록 하는 식사의 서열이 있고, 수저 사용법을 잘 지켜야 하는 등 식사 예절이 엄격한 편이었다.

명절식과 시식의 풍습이 있다. 전통적으로 우리나라는 태음력을 중심으로 하여 1년을 24절기로 나누고, 각 절기에 맞는 음식들을 정하여 만들어 먹었다. 각 계절에 나는 식품으로 만드는 음식을 '시식(時食)'이라 하였는데, 봄에는 진달래화전이나 쑥국, 여름에는 참외, 가을에는 유자화채나 밤단자를 만들어 먹는 것 등이다. 또한, '절식(節食)'이라 하여 계절의 변화에 따라 생산되는 식품 재료에 의미를 부여하여 명절을 정하고 그에 맞는 음식을 만들어 먹어 왔다.

봄 시식인 화전

추석 절식인 송편

[그림 9-5] 시식과 절식의 예

1) 한국의 상차림 문화

① 상차림의 특징

상차림이란 한상에 차리는 주식류와 반찬류를 배열하는 방법을 말한다. 우리나라 상차림의 특징은 '전개형 배선식'으로 마련한 음식을 한꺼번에 모두 차려놓고 먹는 방식이다.

이 때 밥이 주가 되어 밥그릇을 밥상의 앞줄 중간에 놓는데, 밥그릇은 왼쪽, 국그릇은 오른쪽으로 가도록 한다. 또, 뜨겁거나 국물이 있는 음식은 오른쪽, 나물과 생채는 중간, 찬 음식과 마른 반찬은 왼쪽에 배치하는 것이 일반적이다.

수저는 오른쪽에 놓으며, 소반의 가장자리에서 약간 밖으로 걸쳐지게 놓고, 숟가락 뒤에 젓가락을 붙여 놓는다.

사람 수에 따라 외상과 겸상을 쓸 수 있는데, 손님에게는 외상을 차려 대접하였다.

② 일상 상차림

우리나라 일상 상차림은 주식에 따라 반상, 면상, 죽상으로 나뉘며, 이 외에 손님 접대용으로 주안상, 교자상, 다과상이 있다.

가. 반상(飯床) 차림

밥을 중심으로 하여 국, 김치, 반찬을 한꺼번에 상 위에 차리는 상차림으로서, 뚜껑이 있는 쟁첩에 담는 반찬 수인 첩 수에 따라 그 형식과 규모가 정해진다. 즉, 쟁첩에 담는

찬의 가짓수에 따라 3, 5, 7, 9, 12첩 반상으로 구분하며, 예전의 민가는 9첩까지로 제한하고 12첩은 궁중에서만 사용했다. 이 때 밥, 국(탕), 김치류, 장 등은 기본 음식으로 첩 수에 포함되지 않고, 반찬 수가 늘어남에 따라 김치는 두, 세 가지를 놓는다[표 9-1].

[표 9-1] 첩수에 따른 반상 차림의 구성

구분	첩수에 들어가지 않는 음식(기본 음식)						첩수에 들어가는 음식										
	밥	국(탕)	김치	종지	조치류	전골(선)	나물		구이	조림	전류	마른반찬	장과	젓갈	회	편육	수란
							숙채	생채									
3첩	○	○	○	1 (간장)		○	택1		택1			택1					
5첩	○	○	○	2 (간장, 초간장)	찌개류	○	○	○	택1		○	택1					
7첩	○	○	○	3 (간장, 초간장, 초고추장)	2 (찌개, 찜)	○	○	○	○	○	○	택1			택1		
9첩	○	○	○	3 (간장, 초간장, 초고추장)	2 (찌개, 찜)	○	○	2	2	○	○	○	○	○	택1		
12첩	○	○	○	3 (간장, 초간장, 초고추장)	2 (찌개, 찜)	○	2	2	2	○	○	○	○	○	2	○	○

식후에는 따뜻한 숭늉을 제공하며, 국그릇과 대치하여 놓는다. 음식은 제철 식재료를 많이 사용하여 재료와 조리법이 중복되지 않도록 준비한다.

반상은 보통 둥글거나 네모진 사각반을 사용하여 외상으로 차리는 것을 기본으로 하며, 곁상에는 생선 가시나 뼈 등을 발라놓는 빈 접시를 배치한다. 한상에 올라가는 그릇의 재질은 같은 것으로 준비하는데 여름에는 주로 백자나 청백자를, 겨울에는 유기나 은기를 사용했다[그림 9-6].

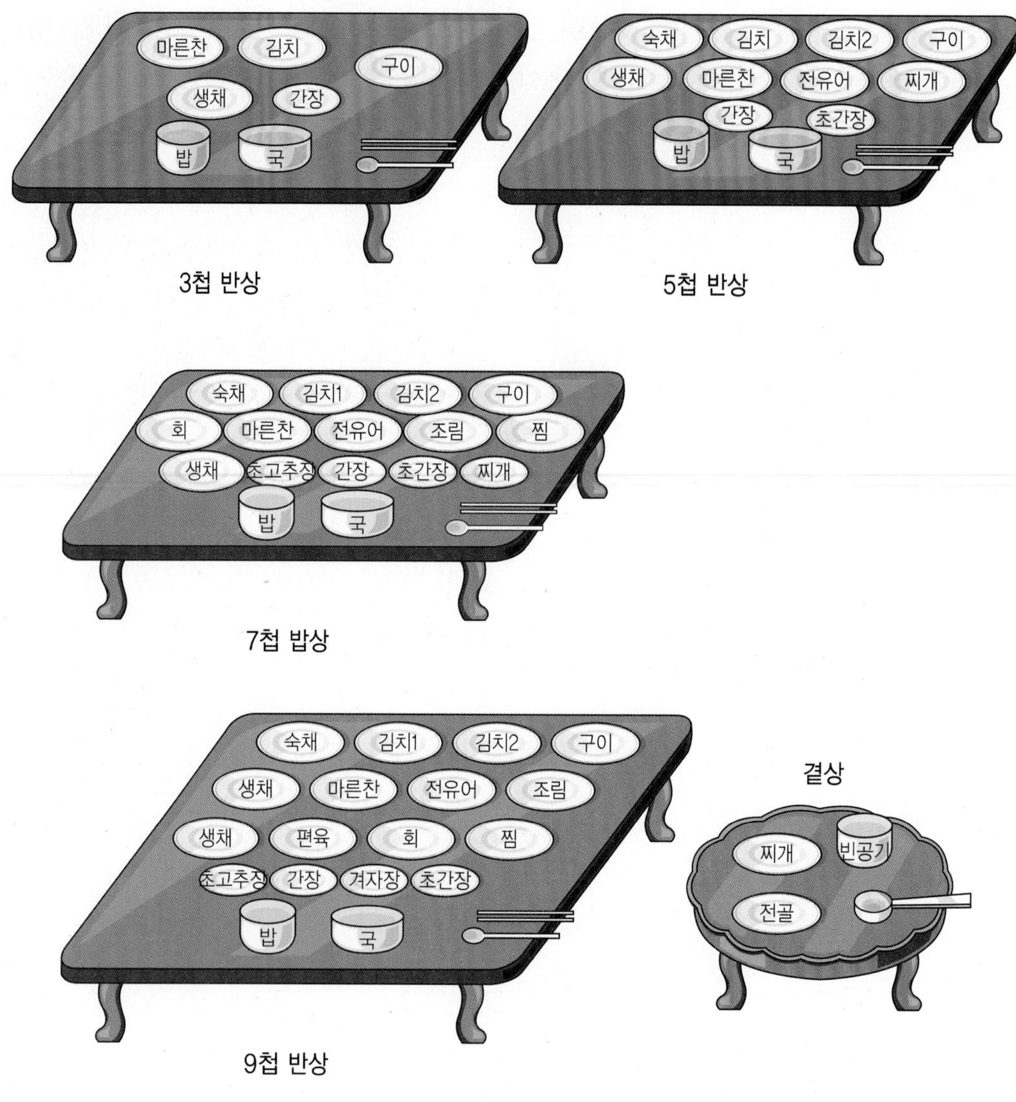

[그림 9-6] 반상 차림도

12첩 반상은 수라상이라 하여 궁중에서 사용하는 임금의 일상식 차림이다. 궁중 상차림은 1일 5식으로, 이는 초조반(이른 아침), 2번의 수라상인 조반과 석반(아침, 저녁), 낮것상(점심), 야참(밤중)으로 구성된다. 초조반으로는 보약이나 미음, 응이가 준비되며, 10시 이후 조반, 다음으로 점심과 저녁 사이의 간단한 입맷상인 낮것상, 저녁 5시경 석반, 야참으로 장국상이나 다과상을 올렸다. 야참은 보통 면, 약식, 식혜, 타락죽 등을 준비하였는데, 타락죽은 불린 쌀을 갈아서 우유를 붓고 끓인 보양죽으로 우유죽이라고도 하였다**[그림 9-7]**.

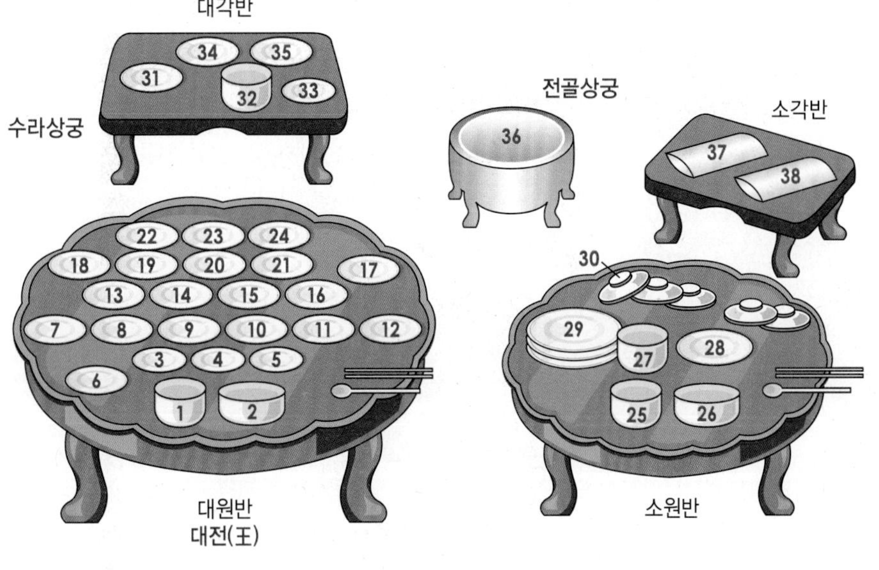

1. 흰수라(흰밥)
2. 곽량(미역국)
3. 청장
4. 초장
5. 고추장
6. 토구
7. 젓갈
8. 편육
9. 회
10. 수란
11. 구이(냉)
12. 맑은 조치(찌개)
13. 삼색나물
14. 생채
15. 구이(온)
16. 전유어
17. 된장조치(된장찌개)
18. 장과(마늘, 장아찌 등)
19. 조림
20. 조리개
21. 찜
22. 송송이(깍두기)
23. 젓국지(배추김치)
24. 동치미
25. 팥수라(팥밥)
26. 곰탕
27. 공기
28. 공접시
29. 쟁반, 차수
30. 뚜껑
31. 날달걀
32. 장국
33. 참기름
34. 채소
35. 고기
36. 화로 및 전골냄비(틀)
37. 수저집
38. 휘건

[그림 9-7] **수라상 차림도**

나. 죽상(粥床) 차림

죽, 응이, 미음 등의 유동식을 주식으로 하여 주로 이른 아침에 부담 없이 가볍게 먹을 수 있도록 차리는 상을 죽상이라 한다.

죽상에는 유동식과 함께 맵지 않은 나박김치나 동치미 등 국물 있는 김치류, 젓국이나 소금으로 간을 한 맑은 조치, 육포, 북어무침, 매듭자반 등 두어 가지의 마른 반찬을 제공한다[그림 9-8].

다. 면상(麵床) 차림

면상, 만두상, 떡국상, 장국상이라고도 하며, 점심 또는 간단한 손님 접대 때 밥을 대신하여 주식을 국수, 만둣국, 떡국으로 차리는 상이다. 이 때 반찬으로는 전유어, 잡채, 배추김치, 나박김치 등을 제공한다.

면상은 회갑이나 혼례 등 집안에 경사가 있을 때 큰상인 고임상과 함께 당사자 앞에 따로 놓는 입맷상으로도 사용된다[그림 9-8].

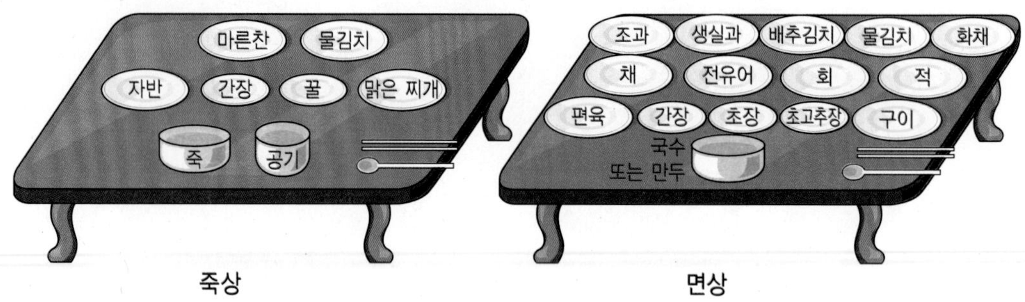

[그림 9-8] **죽상과 면상 차림도**

라. 주안상 차림

술을 대접하기 위해 차리는 상을 말하며, 청주, 소주, 탁주 등의 술과 함께 전골, 찌개와 같이 국물이 있는 뜨거운 음식, 전유어, 회, 편육, 김치 등의 술안주를 준비한다.

마. 교자상 차림

집안에 경사가 있을 때 큰 상에 음식을 차려 놓고 여러 사람이 둘러 앉아 먹는 상을 교자상이라 한다. 교자상에는 주식으로 냉면이나 온면, 떡국, 만두를 준비하며, 이와 함께 찜, 전유어, 편육, 적, 회, 채(겨자채, 잡채, 구절판), 신선로 등을 제공한다. 또한 김치는 배추 김치, 오이소박이, 나박김치, 장김치 중 두 가지 정도를 놓고, 각색편, 숙실과, 생과일, 화채, 차 등의 후식도 준비한다.

바. 다과상 차림

주안상이나 교자상에서 나중에 내는 후식 상으로서, 식사 대접이 아닐 때 간단히 손님에게 차려내는 상이다. 음식으로는 각색편, 유밀과, 다식, 숙실과, 생실과, 화채, 차 등을 차려 낸다.

③ 시절식 상차림

우리나라는 예로부터 농경 위주의 생활을 하였으므로 계절에 따른 기후 변화와 관계가 깊은 시식과 절식이 발달하였다. 각 계절에 나는 신선한 제철 식품을 사용하여 시식과 절식을 만들어 먹음으로써 조상을 모시고, 몸을 보양하였다[표 9-2, 9-3], [그림 9-9].

[표 9-2] 우리나라 24절기의 구분과 특징 · 시식

계절	절기	특징	시식	계절	절기	특징	시식
봄	입춘(立春)	봄의 시작	화전, 어채, 미나리강회, 파강회, 증병, 산채, 준치국, 여러 가지 산채 등	가을	입추(立秋)	가을의 시작	갈치조림, 토란탕, 밀전병, 전어구이, 무호박시루떡, 증편, 국화주, 유자 단자 등
	우수(雨水)	봄비가 내리고 싹이 틈			처서(處暑)	더위 소강	
	경칩(驚蟄)	개구리가 겨울잠에서 깸			백로(白露)	이슬이 내리기 시작	
	춘분(春分)	낮이 길어지기 시작			추분(秋分)	밤이 길어짐	
	청명(淸明)	봄 농사 준비			한로(寒露)	찬 이슬이 내리기 시작	
	곡우(穀雨)	농삿비가 내림			상강(霜降)	서리가 내리기 시작	
여름	입하(立夏)	여름의 시작	연엽주, 연엽식혜, 호박, 삼계탕, 민어 고추장국, 육개장, 장어국, 임자수탕, 참외, 수박 등	겨울	입동(立冬)	겨울의 시작	골동면, 동태국, 명란젓, 굴국, 메밀묵, 생강차, 귤피차, 계피차 등
	소만(小滿)	본격적인 농사의 시작			소설(小雪)	얼음이 얼기 시작	
	망종(芒種)	씨 뿌리기			대설(大雪)	큰 눈이 옴	
	하지(夏至)	낮이 가장 김			동지(冬至)	밤이 가장 김	
	소서(小暑)	여름 더위의 시작			소한(小寒)	겨울 추위의 시작	
	대서(大暑)	더위가 가장 심함			대한(大寒)	겨울 큰 추위	

[표 9-3] 우리나라 명절의 구분과 절식

명절	시기	절식
설날	음력 1월 1일	떡국, 떡만두국, 육회, 편육, 전유어, 갈비찜, 빈대떡, 수정과, 산자, 절편, 깨강정
정월 대보름	음력 1월 15일	오곡밥, 김, 시래기나물, 취나물, 호박고지, 고사리, 도라지, 마른 가지, 유밀과, 원소병, 부럼
중화절(노비일)	음력 2월 1일	노비송편, 육포, 생실과, 절편, 유밀과, 약주
삼짇날	음력 3월 3일	진달래화전, 진달래화채, 조기면, 탕평채

명절	시기	절식
한식	음력 2월~3월(동지 후 105일째)	쑥떡, 쑥단자, 한식면
초파일	음력 4월 8일	쑥떡, 느티떡, 화채, 생실과, 미나리강회
단오	음력 5월 5일	수리취절편, 제호탕, 도미찜, 준치국, 준치만두, 앵두화채
유두	음력 6월 15일	편수, 깻국, 어채, 구절판, 밀쌈, 화전, 보리수단
삼복	음력 6월~7월	개장국, 육개장, 삼계탕, 오이소박이, 증편, 복숭아화채
칠석	음력 7월 7일	밀국수, 밀전병, 깨찰편, 증편, 개피떡, 규아상, 어채, 오이김치, 복숭아화채
백중	음력 7월 15일	깻국탕, 육개장, 전유화, 오이김치, 냉면, 어채, 증편, 밀전병, 생실과
추석	음력 8월 15일	햅쌀밥, 가리찜, 토란국, 생선전, 삼색나물, 나박김치, 송편, 배숙, 배화채, 밤단자
중양절	음력 9월 9일	국화주, 국화전, 유자화채, 호박떡, 밤단자
무오일(상마일)	음력 10월(상달)	팥떡, 무시루떡, 무오병, 유자화채
동지	음력 11월 중기 (양력 12월 22일경)	팥죽, 동치미, 경단, 식혜, 수정과, 전약
제석(그믐)	음력 12월 31일	떡국, 만두, 골동반, 완자탕, 장김치, 골무병, 주악, 식혜, 수정과

[그림 9-9] 칠월칠석 테이블 코디네이션의 예시

④ 통과의례 상차림

통과의례는 사람이 일생을 통하여 출생, 성년, 결혼, 사망 등과 관련하여 치르게 되는 여러 의식들을 말하며, 이러한 의례를 행할 때 지켜야 하는 규범과 격식에 따라 특별한 양식으로 준비하는 상차림을 통과의례 상차림이라 한다. 통과의례는 한 개인이 일생 중 한 지위에서 다른 지위로 옮겨갈 때 새로운 지위에 잘 부합하여 정상적인 생활을 하도록 하는 의미가 있으며, 우리나라의 전통적인 통과의례로는 출생, 삼칠일, 백일, 첫돌, 관례, 혼례, 수연례, 상례, 제례가 있다**[표 9-4]**, **[그림 9-10]**.

[표 9-4] 우리나라 통과의례의 의미와 상차림

분류		의미	상차림
출생의례	산전의례	아이의 출산을 기원하는 의례	기자의례, 태교
	해산의례	순산을 기원하는 의례	삼신상(삼신메, 미역, 가위, 실, 돈, 정화수 등), 태처리
	산후의례	돌이 될 때까지 행하는 의례	삼신상(밥, 미역국, 정화수), 금줄, 첫국밥(흰쌀밥, 미역국), 삼칠일(흰쌀밥, 미역국)
백일		백일을 경축하는 의례	쌀밥, 미역국, 백설기
돌상		아이가 태어나 처음 맞이하는 생일을 축하하는 의례	백설기, 수수팥떡
책례 (책거리, 책씻이)		아이가 자라 서당에서 책 한 권을 다 읽어 떼었을 때 행하는 의례	국수장국, 송편, 꽃떡, 경단
성년례		성년이 됨으로서 책임과 의무를 다해야 함을 인식시키는 의례 관례(남자 성년례) 계례(여자 성년례)	메밀국수, 술, 신선로나 전골, 각종 포 및 마른찬, 떡, 조과, 생과, 음청류

분류		의미	상차림
혼인례		남녀가 만나 부부가 됨을 축하하는 의례 납채(신부측에서 신랑측의 혼인 의사를 받아들임) 문명(신랑측에서 신부 어머니의 성명을 물음) 납길(혼인의 길함을 점친 결과를 신부측에 알림) 납징(혼인이 이루어짐을 표시하기 위해 폐물을 보냄, 납폐) 청기(신랑측에서 신부측에 혼인 날짜를 정해줄 것을 청함) 친영(신랑이 신부를 맞이해 옴)	봉채떡, 동뢰상, 큰상, 입맷상, 폐백
수연례		오래 산 어른에게 아랫사람들이 상을 차리고 술을 올리며 더욱 장수하기를 기원하는 의례	국수, 편육, 생선전, 나박김치, 어포, 다식, 견과류
회혼례(회근례)		혼인할 날로부터 60주년이 되는 날을 축하하는 의례	큰상(국수, 편, 숙과, 생과, 유과 등), 손님상(국수장국, 편육 등)
상장례	상례	죽은 사람을 장사지낼 때 행하는 의례	술, 과일, 포
	제례	제사를 지내는 의례	1열: 메(밥), 술 2열: 적, 전 3열: 탕(육탕, 소탕, 어탕) 4열: 포, 나물, 식혜, 수정과 5열: 과실

[그림 9-10] **성년례 상차림**(남자의 예시)

- **제사상 차리는 법**
  - 반서갱동(飯西羹東) : 밥은 서쪽(왼쪽), 국은 동쪽(오른쪽)
  - 어동육서(魚東肉西) : 생선은 동쪽, 육류는 서쪽
  - 홍동백서(紅東白西) : 붉은 색 과일은 동쪽, 흰 색 과일은 서쪽
  - 적전중앙(炙奠中央) : 적은 중앙
  - 두동미서(頭東尾西) : 생선의 머리는 동쪽, 꼬리는 서쪽
  - 좌면우병(左麵右餠) : 국수는 2열 좌측, 떡은 우측
  - 좌포우혜(左脯右醯) : 포(북어, 문어, 전복)는 4열 좌측 끝, 젓갈은 우측 끝
  - 생독숙서(生東熟西) : 생채(김치)는 동쪽, 숙채(나물)는 서쪽
  - 조율이시(棗栗梨柿) : 좌측부터 대추, 밤, 배(사과), 감(곶감)
  - 건좌습우(乾左濕右) : 마른 것은 좌측, 젖은 것은 우측

2) 한국의 식기

① 주발(사발)

놋쇠로 만들었으며 뚜껑이 있고 위가 벌어진 남자용 밥그릇이다. 주발, 탕기, 조칫보는 모양은 같고 크기만 다른데, 가장 큰 것에 밥, 중간 것에 국, 가장 작은 것에 찌개를 담는다.

② 바리

놋쇠로 만든 여자 밥그릇이다. 꼭지가 있으며 사발보다 약간 배가 부르고 주둥이가 좁아지는 모양이다.

③ 탕기

탕기는 갱기라고도 하며 국그릇이다. 주발과 같은 모양이나 주발에 들어갈 정도의 작은 크기이다.

④ 대접

대첩이라고도 하며, 사발보다 큰 형태의 국이나 면류를 담는 그릇이다. 요즘에는 국을 담지만 원래는 숭늉, 국수, 만둣국을 담았으며, 평상시에는 밥을 다 먹은 뒤 숭늉을 담아 먹었다.

⑤ 보시기(보, 보아, 김칫보)

사발과 종지의 중간 크기로 김치류를 담는 그릇이다. 지름이 20cm를 넘지 않고 주둥이 부위와 아래가 거의 같은 크기이며 운두가 낮다. 뚜껑이 없는 것과 뚜껑이 있는 합보시기가 있다.

⑥ 조칫보

국물이 적게 만든 찌개나 찜인 조치를 담는 그릇이다. 주발과 같은 모양으로, 김칫보보다 조금 크고 탕기보다는 크기가 한 치수 작다.

⑦ 쟁첩

전, 나물, 구이, 장아찌 등 반상에서 주로 반찬을 담는 작고 납작한 그릇이다. 뚜껑이 있으며, 3, 5, 7첩 등 반상의 종류에 따라 반상에 놓는 수가 정해진다.

⑧ 종지(종자, 종주)

간장이나 초장, 고추장 등 음식의 간을 맞추는 양념을 담는 그릇이다. 즉, 3첩 반상에는 간장, 5첩 반상에는 간장과 초간장, 7첩 반상에는 간장, 초간장, 초고추장을 담는다. 보시기보다 크기가 작고 뚜껑이 있다.

⑨ 합

위아래가 평평하고 운두가 그리 높지 않으며 둥글넓적하게 생겨 크기가 다를 때 3합이나 5합 등 차례로 겹쳐 놓을 수 있다. 크기가 작은 합은 밥, 크기가 큰 합은 떡, 약식이나 찜을 담는다.

⑩ 접시

운두가 낮고 납작한 그릇으로 반상에서 주로 반찬, 과실, 떡 등을 담는 그릇이다. 지름은 15~20cm 정도로 대개 바닥이 평평하며 둥근 접시, 네모난 접시, 각진 접시, 굽이 있는 접시 등 형태가 다양하다.

⑪ 쟁반

주전자, 술병, 찻잔 등을 놓거나 나르는 데 쓰이며 운두가 낮고 둥근 모양이다.

[그림 9-11] **한국 식기의 종류와 모양**

3) 한국의 식탁

우리나라는 주거 난방과 취사를 겸하는 온돌문화를 가지고 있어, 조리를 하는 장소와 식사를 하는 장소 간에 차이가 있으므로 만든 음식을 담아 옮기기 편하도록 여러 가지 소반을 사용하였다. 즉, 일상 반상에 많이 쓰이는 책상반에서부터 둥근 모양의 원반, 윗면이 8각형인 팔모반, 윗면이 반원형인 귀상, 다리의 굽이 안쪽으로 향해있는 구족반(개다리소반), 윗면을 돌릴 수 있는 회전반인 단각반에 이르기까지 그 형태와 생산지가 다른 다양한 소반들이 사용되어 왔다.

[그림 9-12] 한국 식탁의 종류와 모양

4) 한국의 식사예절

① 좌석 배치 시 상석에는 손님이나 어른이 앉는다.
② 어른이 먼저 수저를 든 후 아랫사람이 수저를 들도록 한다.
③ 숟가락과 젓가락을 한손에 같이 들고 사용하지 않는다.
④ 숟가락이나 젓가락을 그릇에 걸쳐놓지 않는다.
⑤ 밥, 국, 찌개, 국물이 있는 음식은 숟가락으로 먹고, 다른 반찬은 젓가락으로 먹는다.
⑥ 밥그릇이나 국그릇을 들고 먹지 않는다.
⑦ 음식을 먹을 때 소리를 내지 말고, 수저가 그릇에 부딪치는 소리가 나지 않도록 한다.
⑧ 수저로 밥이나 반찬을 뒤적거리지 않는다.
⑨ 뼈나 가시는 상위에 그대로 두지 말고 접시 한쪽에 모아 놓거나 종이에 싸둔다.
⑩ 혼자서 너무 빨리 먹거나 느리게 먹지 않고 다른 사람들과 식사 속도를 맞추도록 한다.
⑪ 식사가 끝난 후에는 수저를 처음 위치에 가지런히 놓아둔다.

(2) 중국의 식공간

중국 음식은 재료와 조리법이 다양하며 그 특징은 다음과 같다.

다양한 재료를 사용하여 풍부한 맛을 낸다. '바다의 잠수함, 육지의 탱크, 하늘의 비행기를 제외하고는 다 먹는다' 는 말이 있을 정도로 중국은 다양한 재료를 사용하여 음식을 만든다. 상용 재료만 3,000여 종이라고 하며, 곰 발바닥, 원숭이 혀, 비둘기, 다람쥐, 벌레, 뱀, 전갈 등 희귀한 식재료를 사용하기도 한다.

중국 음식은 숙식(熟食)을 기본으로 하며, 기름을 합리적으로 사용한 음식이 많다. 즉, 다량의 기름을 사용하여 윤기와 풍미가 좋고 에너지를 보충할 수 있는 음식이 많다.

요리 시 불을 잘 활용한다. 중국 음식은 불의 강약을 잘 활용하여 요리의 색이나 향미를 살린 음식이 많다. 단시간에 강한 화력을 사용하면 영양소 손실이 적고 재료의 풍미를 살릴 수 있다.

보신이 되는 약용 음식이 많다. 음식으로 약을 대신할 수 있는 약용 식품이나 음식이 많다.

음식의 조화와 균형을 중요시한다. 풍부한 식재료를 사용하여 요리를 만들며, 찬요리로부터 뜨거운 요리, 짜고 담백한 요리로부터 달고 진한 요리에 이르기까지 다양한 요리를 균형적으로 섭취할 수 있다.

조리 완성 과정에 녹말을 활용한 요리들이 많다. 녹말의 점성으로 인해 농도가 상승하고 수분과 기름의 분리를 방지할 수 있으며, 음식이 잘 식지 않는다. 또한, 고온의 기름으로

처리하여 바삭한 재료에 녹말 소스를 첨가하면 부드러워지고, 먹을 때 매끄러운 느낌을 줄 수 있으며, 가열 시간이 짧아져 경제적이고 열에 의한 영양소 파괴를 방지할 수 있다.

시각적으로 풍요롭고 화려한 외관을 자랑하는 요리가 많다. 채소, 해산물, 육류 등 다양한 재료들을 조화시키고, 화려한 장식을 하여 눈으로 즐기는 다양한 요리가 있다.

1) 중국의 상차림 문화

① 상차림의 특징

'식의주' 가 보편적으로 사용될 만큼 '식' 에 먼저 신경을 쓰며, '의식동원' 이라 하여 음식으로 몸을 보신하고 병을 예방, 치료하여 장수한다는 인식이 강하다. 영토가 광대하고 다양한 민족으로 구성되어 음식이 다채롭다. 세계 최고의 밀가루 음식 종류와 조리법이 있어 우리나라와 일본 면 음식의 근원지가 되었으며, 오랜 역사 동안 하나의 국가가 성립되고 왕조가 탄생할 때마다 새로운 풍습과 식문화를 형성해왔다. 대체로 황하를 중심으로 한 북방 문화권은 만두, 교자, 국수, 포자 등 밀가루 음식을 주식으로 하며 독한 증류주를 마시는 반면, 양쯔강을 중심으로 한 남방 문화권은 쌀 중심이며 알코올 도수 낮은 발효주를 마신다. 음식은 보통 가짓수를 8가지, 10가지 등 짝수로 맞추어 내며, 기본 반찬으로는 짜차이, 파, 오이, 양파, 춘장을 상황에 따라 3가지 정도 준비하는 것이 일반적이다.

② 테이블 코디네이션

중국 테이블은 입식으로, 예전에는 8인용의 팔선 탁자, 4인용의 사선 탁자 등 사각형의 탁자를 많이 사용했으나 근래에는 주로 원탁을 사용한다. 원탁의 중심 부분에는 약간 높은 회전대(Lazy Susan)가 있어 음식을 쉽게 서비스할 수 있다.

개인 접시로는 보통 도자기를 많이 사용하나 고급 은기를 사용하기도 한다.

젓가락은 약 25cm 정도로 길이가 길며, 끝부분이 뭉툭한 모양으로 되어 있는데 중국 음식은 기름기가 많아 집기 어려우므로 길고 두꺼운 형태로 발전하였다. 젓가락의 재질로는 나무가 주로 쓰이고, 일부 가정과 고급 음식점에서는 상아를 사용하기도 하며, 황제의 젓가락은 은으로 만들어졌다. 또한, 젓가락과 함께 연회상에는 젓가락 받침대를 두고 사용한다.

중국의 테이블 세팅에 사용되는 요소로는 냅킨, 개인접시, 조미료접시, 조미료병(간장, 라유, 식초), 찻잔, 숟가락인 렝게와 렝게 받침, 젓가락과 젓가락받침 등이 있다[그림 9-13].

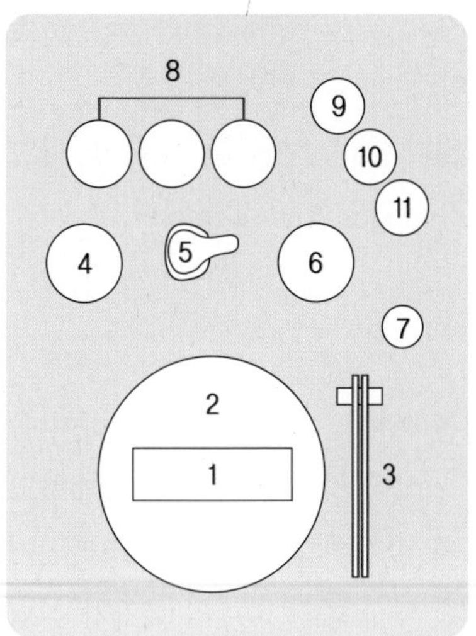

1. 냅킨
2. 개인접시
3. 젓가락과 젓가락받침
4. 조미료접시
5. 렝게와 렝게받침
6. 찻잔
7. 술잔
8. 기본 반찬
9. 간장
10. 라유
11. 식초

[그림 9-13] 중국 상차림과 테이블 코디네이션의 예시

2) 중국 요리의 분류

① 북경 요리

밀 생산이 많아 면류, 만두, 병 등 밀을 활용한 요리가 많으며, 튀김, 볶음 요리 등 농후한 요리가 발달하였다.

② 상해 요리

해산물을 식재료로 한 요리가 많고, 간장과 설탕을 사용하여 달고 농후한 맛을 내며, 선명한 색채를 띤 화려한 음식이 많다.

③ 광동 요리

중국 남부 지방을 대표하는 요리로, '식재광주', '광동신어' 라고 할 만큼 식재료가 다양하다. 담백한 맛을 내는 요리가 많은데, 자연의 맛을 살리기 위해 지나치게 익히지 않아 비교적 싱겁고 기름지지만 느끼하지 않은 요리가 발달하였다.

④ 사천 요리

중국 서쪽 지역을 대표하는 요리이며, 한랭한 악천후를 이기기 위해 마늘, 고추, 후추, 생강과 같은 향신료를 많이 사용한다. 또한, 산악 지대가 많아 소금 절임이나 건조시킨 저장 식품이 발달하였다.

3) 중국의 식사예절

① 자리 배치를 할 때는 손님이 안쪽에 앉으며 주인은 입구에 앉는다.
② 요리는 원판을 돌려가며 조금씩 덜어서 먹는다.
③ 밥, 면, 탕류를 먹을 때는 고개를 숙이지 않고 그릇을 받쳐 들고 먹는다.
④ 숟가락은 국물이 있는 탕을 먹을 때만 사용한다. 쌀밥, 면류, 요리를 먹을 때는 젓가락을 사용한다.
⑤ 꽃빵은 젓가락으로 찢어서 다른 요리와 함께 먹는다.
⑥ 차나 술은 손님 위주로 손님부터 시작하여 따라 마신다.
⑦ 차를 마실 때는 차받침을 함께 들고 마신다.

(3) 일본의 식공간

일본의 음식은 멋에도 신경을 쓰며, 그 특징은 다음과 같다.

주식과 부식이 구분되어 있고, 주식으로 우리나라와 같이 쌀밥을 먹는다. 두부, 유부, 된장, 간장, 나토 등을 많이 활용하며, 계절적인 요리를 중요시한다. 또한 자연의 형태와 맛을 살려 요리하는 걸 즐기고, 식기가 다양해서 담는 것을 중요시한다. 음식의 양이 비교적 적으며, 해산물을 이용한 요리가 발달하였다.

1) 일본의 상차림 문화

① 상차림의 특징

일본 음식은 '눈으로 먹는 요리' 라고 할 만큼 미의식이 뛰어나며, 색상, 형태, 담는 방법 등에 신경을 많이 쓴다. 음식은 시각, 후각, 청각, 촉각, 미각의 오감을 만족시키도록 다섯 가지 조리 방법(생식, 굽기, 끓이기, 튀기기, 찌기)을 사용하며, 조미료의 조합으로 다섯 가지 맛(단맛, 신맛, 짠맛, 쓴맛, 매운맛)을 조화시켜 만든다. 조미료는 보통 사토오(설탕)→시오(소금)→스(초)→쇼오유(간장)→미소(된장)의 순으로 사용한다. 일본 상차림은 개별식으로서 독상을 기본으로 하며, 식사 시에는 숟가락을 거의 쓰지 않고 젓가락만 사용한다.

② 테이블 코디네이션

테이블은 오색(청색, 황색, 적색, 백색, 흑색)의 조합을 이용하여 화려하게 만든다. 일본은 식기를 손으로 들고 입에 갖다 대어 먹는 문화를 가지고 있으므로 이에 알맞게 고안된 식기가 필요하다. 식기의 재질로는 도자기, 칠기, 목기, 죽세공 등을 사용한다[그림 9-14].

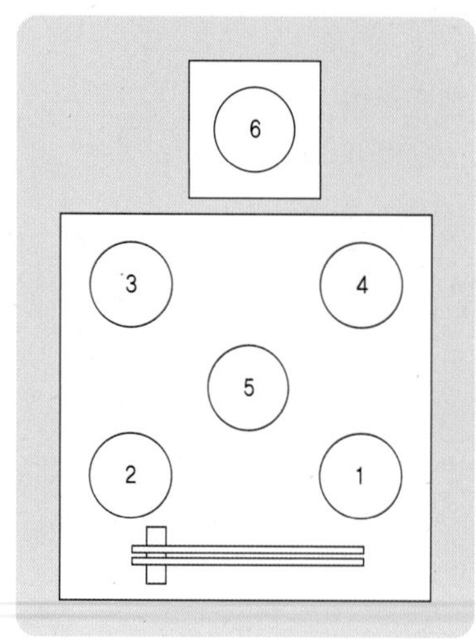

1. 혼주우: 된장국
2. 고항: 밥
3. 히라: 니모노(조림)
4. 나마스: 초회, 초무침
5. 고우노모노: 쓰케모노(절임)
6. 야키모노: 생선통구이

[그림 9-14] 일본 상차림과 테이블 코디네이션의 예시

2) 일본 식사의 종류

① 본선 요리(本膳料理)

혼젠 요리라고 하며, 관혼상제 등 의식 때 손님을 대접하기 위해 차리는 정식 상차림이다. 화려하고 예술적인 요리를 중심으로 차리며, 상에 올리는 음식이 달라 똑같은 맛과 종류의 요리를 내지 않는다. 상차림의 규칙이 까다롭고 복잡하여 격식을 차려야 할 연회, 혼례 외에는 잘 사용하지 않는 편이다.

상은 주로 검은색으로 다섯 개를 차리는 것이 보통인데, 상차림 내용에 따라 1즙 1채(국물 1가지, 요리 1가지), 1즙 2채, 1즙 3채, 2즙 5채, 3즙 7채 등으로 구분한다.

② 회석 요리(懷石料理)

차를 들기 전에 먹는 간단하고 적은 양의 요리로서, 차의 맛을 충분히 즐길 수 있도록 차를 마시기 전 공복감을 겨우 면할 정도로 제공한다.

③ 회석 요리(會席料理)

에도 시대 연가의 좌석에서 식사를 즐긴 것에서 비롯되어 일본 요리의 주류가 되는 코스 요리이며, 오늘날 결혼 피로연, 공식 연회 등에서 가장 많이 쓰이는 손님 접대용 상차림이다. 복잡하고 규칙이 까다로운 혼젠요리의 형식을 약식으로 개선하여 일반인이 간편하게 이용할 수 있도록 한 요리이며, 형식보다 식미를 본위로 한다.

보통 7품 식단으로 구성되는데, 전채, 맑은 국, 생선회, 구이, 조림, 초회, 밥이나 면류, 후식이 순서대로 제공된다. 계절감과 시각적인 면을 강조하며, 양은 많지 않게 준비된다.

④ 정진 요리(精進料理)

'정진' 은 불교용어로 '조심하고 삼간다' 는 의미를 가지며, 사찰을 중심으로 발달하여 미식을 멀리 하고 엄격한 법을 지킨다. 주재료로는 채소를 이용하며, 동물성을 피하고 식물성인 채소류, 곡류, 두류, 해초류로 조리하는 대신 기름과 전분을 많이 사용한다.

3) 일본의 식사예절

① 식사 전에는 인사를 한 후 젓가락을 든다.
② 먹다가 이 자국이 난 음식을 접시에 올려놓지 않도록 주의한다.
③ 젓가락을 핥아서 사용하지 않으며, 음식을 젓가락으로 찔러서 먹지 않는다.
④ 밥상을 넘어 건너편에 있는 것을 먹지 않도록 한다.
⑤ 그릇의 밑을 왼손으로 잡고 뚜껑을 오른손으로 열어 옆에 둔다.
⑥ 식사 후에는 원래대로 식기의 뚜껑을 닫아 놓는다.
⑦ 몸을 앞으로 굽혀 음식을 먹지 않는다.
⑧ 상대방의 속도에 맞춰 식사를 하도록 한다.

3 서양의 식공간과 상차림

(1) 테이블 코디네이션의 기본 요소

테이블 코디네이션은 식사에 필요한 각종 도구인 테이블 웨어(Table ware)를 식탁 위에 차려놓는 것으로서, 테이블 웨어에는 린넨류, 식기류, 글라스류, 커틀러리류, 센터피스가 포함된다.

1) 린넨류(Linen)

린넨류는 식사할 때 사용하는 각종 천류를 총칭하는 것이며, 여기에는 언더 클로스, 테이블 클로스, 플래이스 매트, 냅킨, 러너, 도일리 등이 있다.

① 언더 클로스(Under cloth)

테이블 클로스의 아래에 놓는 린넨류를 말하며, 테이블 클로스가 테이블에서 미끄러지는 것을 방지하거나 테이블 위에 식기를 놓을 때 발생하는 소음을 줄이기 위해 사용한다.

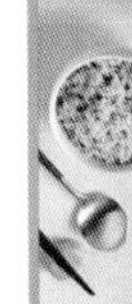

② 테이블 클로스(Table cloth)

테이블을 덮는 린넨류를 말한다. 식탁 전체의 분위기를 결정하는 중요한 요소로서, 테이블의 성격에 따라 테이블 클로스의 크기와 색상, 재질 등이 결정된다. 격식을 차리는 포멀 테이블에는 테이블의 끝에서 45~50cm 정도 늘어지게 하며, 일상의 캐주얼한 테이블에서는 앉고 서기 편하도록 25~30cm 정도 늘어지는 크기가 적당하다.

포멀한 테이블의 색상은 주로 흰 색의 린넨이나 레이스를 사용하며, 캐주얼한 테이블에는 목적에 따라 컬러풀하거나 무늬가 있는 것을 사용하기도 한다.

테이블 클로스에는 예로부터 린넨을 주로 사용했다. 포멀한 테이블에는 흰 색의 다마스크 섬유를 주로 사용하며, 캐주얼한 테이블에는 면이나 폴리에스터, 자가드 등의 재질을 사용하기도 한다[그림 9-15].

[그림 9-15] 테이블 스타일에 따른 테이블 클로스 크기의 예

③ 플래이스 매트(Place mat) 또는 런천 매트(Luncheon mat)

일반적으로 캐주얼한 테이블 세팅 시 테이블 클로스 대신에 사용할 수 있는 린넨류이다. 크기는 45cm×35cm가 일반적이며, 재질로는 천 외에 도기, 대나무, 왕골, 종이, 플라스틱 등 다양한 소재를 사용할 수 있다.

④ 냅킨(Napkin)

냅킨은 식사 시 음식물이 묻는 것을 방지하고, 입이나 손을 닦기 위해 사용하기도 하나 여러 가지 모양으로 접은 후 배치함으로써 장식의 효과를 가지기도 한다.

사용하는 테이블의 성격에 따라 냅킨의 크기와 색상, 접는 방법 등이 달라질 수 있다. 보통 정찬용으로는 50~60cm×50~60cm, 런치나 격식을 차리지 않는 일상용으로는 40~45cm×40~45cm, 티테이블용은 20~30cm×20~30cm, 칵테일용으로는 15~20cm×15~20cm 크기의 냅킨을 사용한다.

일반적으로 테이블 클로스와 동일한 색상과 소재로 만든 것을 사용하기도 하나 대조적으로 구성하여 악센트를 주기도 한다. 또, 여러 가지 모양으로 접어서 사용하기도 하지만, 격식을 차리는 정찬용 테이블에는 장식용 접기를 하지 않고 간단하게 접어서 사용한다.

⑤ 러너(Runner)

식탁 중앙의 공유 식공간을 가로질러 길게 뻗어있는 린넨류이며, 테이블 클로스 위에 깔아 사용할 수도 있으나 길이와 비율을 자유롭게 선택하여 러너만으로 다양한 연출을 하기도 한다.

⑥ 도일리(Doily)

식탁 위에 놓이는 그릇 간의 마찰 소리를 방지할 수 있도록 식기 사이에 깔아주는 린넨류이다. 지름 10cm 정도의 원형 직물을 사용하기도 하나 종이나 레이스 등의 소재를 가지고 다양한 모양으로 만들기도 한다.

2) 식기류(Dinnerware)

치이나(China)라고도 하며, 식사를 할 때 사용되는 각종 그릇을 말한다. 식기류는 재질과 용도에 따라 여러 가지로 구분된다[표 9-5, 9-6], [그림 9-16].

[표 9-5] 재질에 따른 식기류의 분류와 특징

종류	토기 (clayware)	도기 (chinaware)	사기 (stoneware)	본차이나 (bonechina)	자기 (porcelain)
원료	점토	점토	점토	장석, 석영에 가축 뼈를 태운 골회 첨가	고령토에 장석이나 석영을 섞은 자기토
굽는 온도 (℃)	600~800	1,000~1,200	1,200~1,300	1,200~1,400	1,300~1,500
유약	대부분 ×	○	×	○	○
흡수성	○	○	×	×	×
투명도	불투명	불투명	불투명	반투명	투명
특징	벽돌이나 화분으로 사용함	두께 있고 투박한 토기 저온에서 구워 덜 단단하고 다양한 색과 무늬가 있음	수분, 기름기로 변색 되지 않고 다양한 색깔이 있음 (붉은빛 갈색, 회색, 황갈색)	골회 첨가량이 많을수록 고급식기 (고급식기는 골회 50% 이상을 함유함), 유백색의 부드러운 광택을 자랑함	도자기 중 가장 단단하며 수분, 기름기가 잘 스며들지 않고 고온에서 완성하여 투명감과 맑은 소리가 있음

[표 9-6] 용도에 따른 식기류의 분류와 특징

	분류		용도
개인용	접시(plate)	서비스 접시	처음에 세팅하여 손님 자리를 표시
		디너 접시	메인요리인 육류나 생선요리를 담거나 스파게티, 전채요리용
		런천 접시	과일이나 케이크용 나눔 접시
		샐러드 접시	샐러드, 치즈를 담거나 아침식사, 뷔페접시용
		디저트 접시	케이크용
		빵 접시	빵용
		수프 접시	농도가 진한 수프용
	볼(bowl)	부이용 컵·소서	맑은 수프용
		시리얼 볼	시리얼, 물기 많은 과일이나 요구르트용
		핑거볼	손끝을 씻는 데 사용
		램킨	치즈, 우유, 크림으로 구운 요리 제공용
	컵(cup)	머그	원통형으로 아침이나 점심식사용 커피, 티, 코코아 제공
		티 컵·소서	윗부분이 넓은 홍차용
		커피 컵·소서	실린더형의 커피용
		데미타스 컵·소서	에스프레소 등 진한 커피용
서브용	서브용 볼		아스파라거스, 롤빵, 과일, 으깬 감자, 밥, 파스타 서브용
	커버드 베지터블		뚜껑이 있는 익힌 채소 서브용
	티 포트		티 서브용
	커피 포트		커피 서브용
	데미타스 포트		진한 커피 서브용
	초콜릿 포트		핫 초콜릿 서브용
	콤포트		사탕, 얼린 과일 서브용 굽 접시
	플래터		손잡이 없는 대형 접시
	소스와 그레이비 포트		소스와 그레이비 서브용
	튜린		수프, 스튜, 펀치 서브용

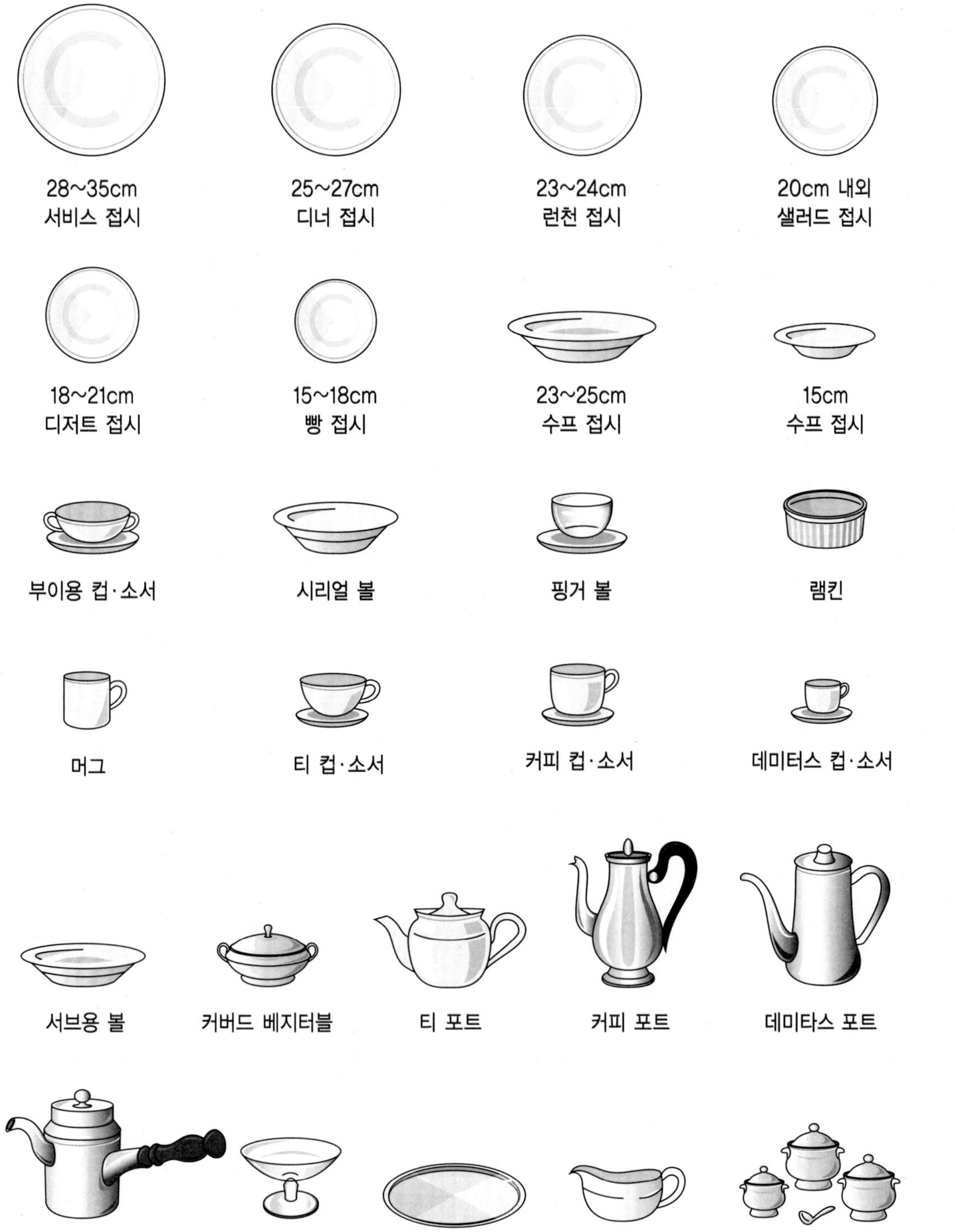

28~35cm
서비스 접시
25~27cm
디너 접시
23~24cm
런천 접시
20cm 내외
샐러드 접시
18~21cm
디저트 접시
15~18cm
빵 접시
23~25cm
수프 접시
15cm
수프 접시
부이용 컵·소서
시리얼 볼
핑거 볼
램킨
머그
티 컵·소서
커피 컵·소서
데미타스 컵·소서
서브용 볼
커버드 베지터블
티 포트
커피 포트
데미타스 포트
초콜릿 포트
콤포트
플래터
소스와 그레이비 포트
튜린

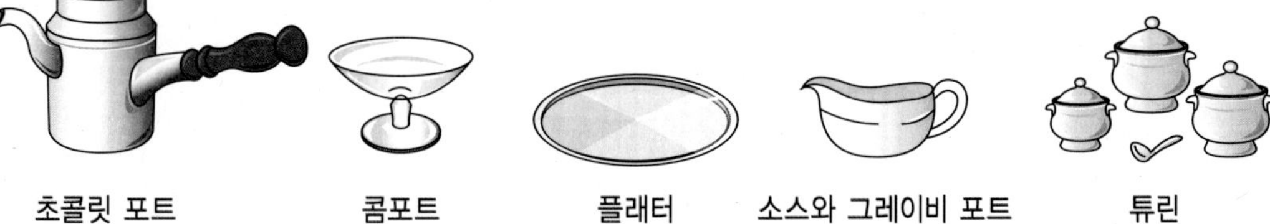

[그림 9-16] **용도에 따른 식기류의 크기**

3) 글라스류(Glass)

식탁에서 주로 차가운 음료를 담는 유리잔으로서, 형태와 용도에 따라 다양한 종류들이 있다.

형태에 따라서는 크게 손잡이 부분이 가는 줄기 모양인 스템웨어(stemware)와 스템이 없고 원통형인 텀블러(tumbler)로 나눌 수 있다. 스템웨어는 차가운 음료를 서브할 때 내용물이 데워지지 않고 차게 제공하기 위한 목적으로 사용하는데 주로 물, 와인, 샴페인, 꼬냑 등을 담으며, 텀블러는 칵테일이나 음료수 잔으로 사용한다.

용도에 따른 글라스의 분류는 다음과 같다[표 9-7], [그림 9-17].

[표 9-7] 용도에 다른 글라스의 분류와 특징

분류	용도와 특징
고블릿	튤립형으로 보통 물을 담음
레드 와인 글라스	레드 와인용으로 공기 접촉을 원활하게 하여 향을 끌어내기 위해 용량이 크고 넓음. 글라스 입구는 안으로 오므라져 향이 새는 것을 방지
화이트 와인 글라스	화이트 와인용으로 외부 온도 영향을 덜 받고 차가운 상태로 즐기기 위해 용량이 적음
샴페인 글라스(소서 형)	샴페인용으로 한번에 많은 글라스 운반이 편리하고 안정감이 있음
샴페인 글라스(플루트 형)	샴페인용으로 거품을 유지하고 향기가 빠져나가지 못하게 입구가 좁음
브랜디 글라스(나폴레옹잔)	브랜디용으로 몸체가 넓고 글라스 입구가 좁은 튤립형 글라스
기타	쉐리 글라스(sherry glass) 리큐르 글라스(liqueur glass) 칵테일 글라스(cocktail glass) 텀블러(tumbler) 올드 패션드 글라스(old fashioned glass : 위스키 온 더 락스용)
식탁용 유리 제품 (서버: servers)	피쳐(물, 주스, 와인 따르는 데 사용), 디캔터

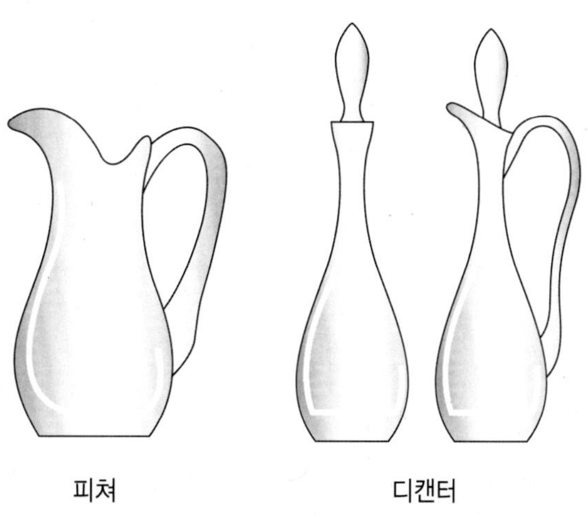

[그림 9-17] 글라스 류의 종류와 모양

4) 커틀러리류(Cutlery)

커틀러리는 플랫웨어(flatware), 실버웨어(silverware)라고도 하며, 식탁 위에서 음식을 먹기 위해 사용하는 도구를 총칭한다. 즉, 우리나라의 수저에 해당하는 서양 상차림의 스푼, 나이프, 포크, 티스푼, 디저트 스푼, 버터 나이프, 서빙용 포크 등이 해당된다.

서양에서는 식탁의 수준을 결정하는 중요한 기준이 되며, 수식시대에는 조리법에 제약이 심하였으나 커틀러리의 등장으로 음식을 먹기가 쉬워져 서양 조리법이 다양하고 풍부해지게 되었다[표 9-8].

테이블 세팅 시 나이프와 포크 개수는 요리 순서에 맞춰 결정하는데, 포크는 왼쪽, 나이프는 오른쪽에 배치하며, 나이프 날은 접시를 향하게 하고, 식사 순서에 따라 바깥쪽에서 안쪽으로 사용하도록 놓는다.

커틀러리는 용도에 따라 형태와 크기가 다양하다[표 9-9].

[표 9-8] 커틀러리 사용과 관련된 식생활 문화 분류

문화권	특징	지역	인구 비율
수식 문화	• 주로 이슬람교권, 힌두교권 중심 • 동남아시아 일부 지역에서는 엄격한 수식 매너가 있음	동남아시아, 서아시아, 아프리카, 오세아니아 등	40%
저식 문화	• 주로 불교 문화권 중심 • 중국 문명 중 화식에서 발생 • 일본과 중국은 젓가락만 사용하고, 한국은 숟가락을 함께 사용	한국, 일본, 중국, 베트남 등	30%
나이프·포크·스푼 문화	• 주로 크리스트교 중심 • 17세기 프랑스 궁정요리에서 확립 • 빵은 손을 사용	유럽, 남아메리카, 북아메리카, 러시아 등	30%

[표 9-9] 커틀러리의 종류와 용도

종류	이름	용도
	디저트 스푼	디저트용
	디저트 포크	오드볼·디저트용
	디저트 나이프	오드볼·디저트용
	티 스푼	홍차·프루트 칵테일용
	커피 스푼	커피용
	케이크 포크	케이크용
	테이블(디너) 스푼	수프용
	테이블(디너) 포크	육요리용
	테이블(디너) 나이프	육요리용
	버터 나이프	버터 서비스용
	버터 스프레더	버터 개인용
	피쉬 나이프	생선요리용
	피쉬 포크	생선요리용
	피쉬 소스 스푼	생선요리용
	프루트 나이프	과일용
	프루트 포크	과일용
	서비스 스푼	샐러드, 과일, 디저트 서비스용
	서비스 포크	육요리 서비스용
	케이크 서버	케이크 서비스용
	래들	수프나 액체 음식 서비스용
	미트커빙 나이프	로스트 비프 등의 육요리 서비스용
	미트커빙 포크	로스트 비프 등의 육요리 서비스용

5) 센터피스(Center piece)

센터피스는 '중앙(center)'과 '조각(piece)'이란 낱말이 합쳐져 이루어진 단어로서, 식탁의 중앙 공유 식공간에 놓는 장식물이나 꽃을 총칭한다. 센터피스는 테이블의 중앙 또는 주변에 놓음으로써 테이블에 입체감을 부여하고 이야깃거리를 만들며 식욕을 돋우는 역할을 한다[표 9-10]. 센터피스로 꽃을 사용할 경우는 테이블의 1/9을 넘지 않는 크기로 하여 대화에 방해가 되지 않도록 준비한다.

[표 9-10] 센터피스의 종류와 용도

종류	용도
네프(nef)	14세기 궁에서 소금을 담는 선박형 모양의 용기로 시작하여 이후 향신료나 냅킨 등을 담는 용도로 사용
네임카드(name card)	손님이 앉을 자리를 지정
냅킨링(napkin ring)	냅킨을 구분하는 용도이며, 세팅에서 장식 효과를 부여
솔트 셀러(salt cellar)와 솔트 셰이커(salt shaker)	소금을 보관하는 통으로 소금이 눅눅해지는 것을 방지
페퍼 밀(pepper mill)	후추를 갈아주는 용기
레스트(rest)	커틀러리를 놓아두는 도구
캔들(candle)과 캔들 스탠드(candle stand)	음식 잡내와 소음 감소의 용도로 서양식 상차림에 사용하여 식사를 곧 시작한다는 의미
클로스 웨이트(cloth weight)	야외 테이블 세팅 시 테이블 클로스 사방에 무게 있는 장식품을 사용하여 움직이거나 바람에 날리는 것을 방지
식탁화(table flower)	식탁을 장식하는 꽃

(2) 테이블 코디네이션의 순서

테이블의 성격에 따라 준비된 테이블 웨어는 다음의 순서에 따라 배치한다[그림 9-18].

1) 테이블 위에 언더 클로스를 깔고 그 위에 테이블 클로스를 얹는다. 테이블의 성격에 따라 탑클로스나 러너를 얹기도 한다.
2) 메뉴를 고려하여 식기류를 놓는다.
3) 커틀러리를 배치한다.
4) 메뉴에 따라 글라스를 배치한다.
5) 냅킨을 놓는다.
6) 센터피스와 기타 소품들을 배치하여 테이블을 완성한다.

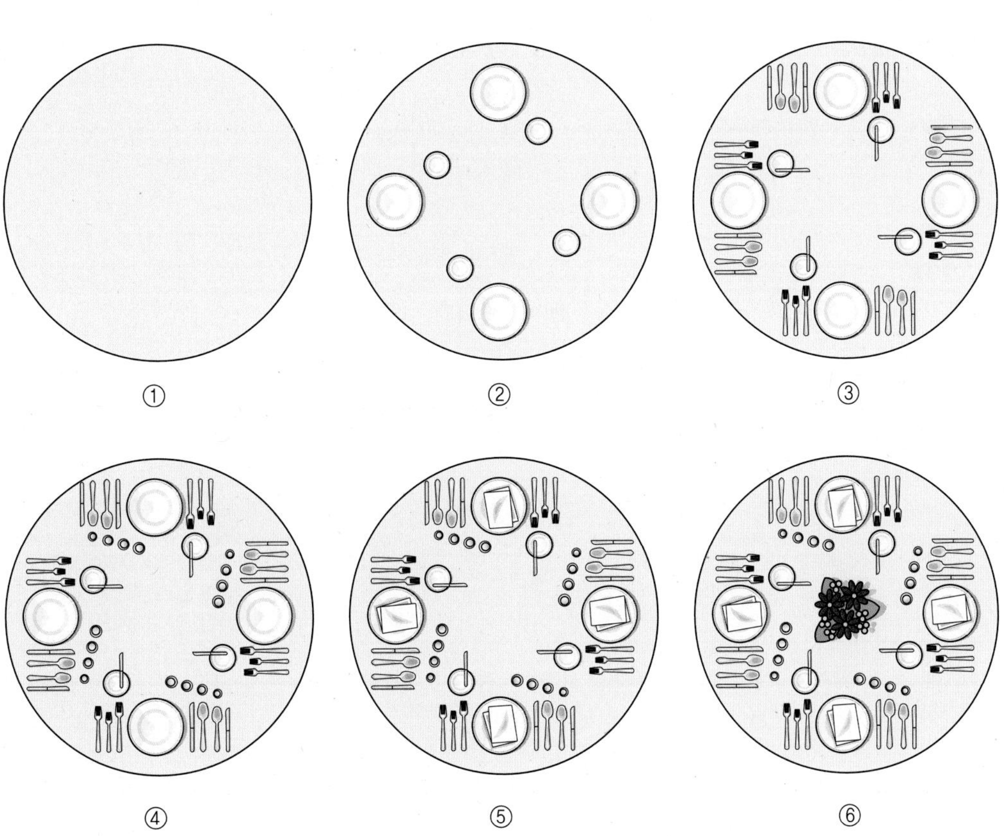

[그림 9-18] 테이블 코디네이션의 순서

(3) 테이블 스타일의 분류

목적에 맞는 테이블 코디네이션을 하기 위해서는 테이블을 구성하는 요소의 색이나 형태, 소재 등을 조절함으로써 다양한 스타일의 테이블을 연출한다[표 9-11], [그림 9-19].

[표 9-11] 테이블 스타일의 분류와 특징

테이블 스타일	이미지를 나타내는 표현	컬러	소재와 문양
클래식 (Classic)	전통적인, 품위 있는, 격조 있는, 중후한, 고전적인, 차분한, 안정된, 묵직한	와인, 검붉은 색, 골드 블랙, 다크 그레이, 브라운톤의 깊이 있는 난색	무지나 전통 문양, 꽃이 있는 고전 문양
엘레강스 (Elegance)	품위 있는, 기품 있는, 우아한, 고상한, 여성적인, 세련된, 차분한	성인 여성을 연상하게 하는 어른스러운 그레이 바탕, 퍼플이나 핑크를 비롯한 파스텔 계열의 조합	볼륨감과 매끄러운 곡선이 흐르는 모양, 섬세하고 고급스러운 문양, 차분한 광택 소재
로맨틱 (Romantic)	감미로운, 달콤한, 사랑스러운, 귀여운, 부드러운	사랑스러운 소녀를 연상하게 하는 핑크색 중심의 부드러운 배색, 파스텔 계열의 연한 색상 배합	작은 꽃무늬나 물방울무늬, 레이스나 프릴을 사용한 부드러운 느낌의 곡선, 얇고 부드러우며 투명감이 있는 시폰 등
캐주얼 (Casual)	컬러풀한, 선명한, 명랑한, 즐거운, 활기찬, 팝(pop)스러운, 유쾌한	밝고 선명하며 경쾌함이 느껴지는 원색 기본, 생생하고 스포티한 이미지의 배색	큰 물방울무늬, 큰 무늬의 체크나 스트라이프, 역동적인 움직임의 무늬, 컬러풀한 플라스틱이나 고무, 실용적이고 가벼운 소재
모던 (Modern)	현대적인, 도시적인, 이지적인, 샤프한, 냉정한, 인공적인, 새로운, 세련된	화이트, 블랙, 그레이의 무채색 계열, 다크 블루나 차가운 느낌의 푸른색 계통	민무늬, 단순하고 예리하며 직선적인 디자인, 차갑고 딱딱한 느낌의 스틸 제품, 금속, 유리인공 소재
에스닉 (Ethnic)	이국풍의, 활동적인, 와일드한, 러프한, 야생적인, 컨트리풍의, 핸드메이드	베이지, 브라운 계열의 기본 배색, 흙색, 나무 색, 천연의 색감	러프한 나무결이나 바위결무늬, 민족풍이 느껴지는 무늬, 천연 재료로 만든 수공예 소품, 두께감이 있는 천연목이나 도자기, 핸드메이드 소품
젠 (Zen)	풍류적인, 고풍스러운, 전통이 있는, 일본풍의, 화려한	검정, 다크 그레이 등 무채색 기본에 그린 배색	일본풍의 무늬, 죽세공 매트, 옻칠한 식기와 커틀러리
내추럴 (Natural)	자연스러운, 편안한, 평화로운, 순수한, 소박한	베이지, 아이보리, 그린 계통 기본, 자연을 연상하게 하는 배색	무지나 나무, 풀 등 자연을 모티브로 한 문양, 마, 면 등 천연 소재 와 손뜨개 제품, 대나무, 등나무 등 목제 제품
심플 (Simple)	간소한, 담백한, 청결한, 깨끗한, 상쾌한, 젊은, 싱싱한	블루, 화이트를 바탕으로 한 산뜻한 배색, 차가운 계통의 밝은 색	무지, 단순한 무늬나 체크, 깨끗한 느낌의 유리, 단순한 직조의 천, 단순하고 가벼운 느낌의 소재

클래식 스타일

엘레강스 스타일

캐주얼 스타일

[그림 9-19] **테이블 스타일에 따른 테이블 코디네이션의 예**

(4) 서양의 식사예절

1) 포크는 왼쪽, 나이프는 오른쪽에 잡고 음식을 한 입씩 잘라 먹으며, 요리를 나이프로 찔러 먹지 않는다.
2) 나이프와 포크 사용 시 부딪치는 소리를 내지 않는다.
3) 식사 중에는 포크 끝이 바닥을 향하도록 하고 나이프 날은 자신을 향하도록 한다.
4) 수프는 마시지 않으며 소리 내어 먹지 않도록 하고, 다 먹은 후에는 접시에 스푼을 그대로 올려놓는다.
5) 생선 요리를 먹을 때는 뒤집지 않으며, 위쪽을 다 먹은 후 나이프를 사용하여 그대로 뼈를 발라내고 아랫부분을 먹는다.
6) 생선 가시는 손가락으로 집어내지 않도록 하고, 포크로 받은 후 접시에 놓는다.
7) 빵은 나이프로 자르지 않으며, 손으로 뜯어 먹는다.
8) 옆 사람과의 충돌을 막기 위해 의자에 앉을 때와 나올 때는 왼쪽으로 움직인다.
9) 식사 중 잠시 자리를 비울 때는 냅킨을 접어 의자 위에 올려놓는다. 또, 냅킨으로 얼굴의 땀이나 안경 등을 닦거나 코를 풀지 않으며, 편의를 위할 때를 제외하고는 가슴에 걸거나 허리에 걸어 사용하지 않는다.
10) 주변 사람들과 식사 속도를 맞추도록 한다.

부 록

01

식품 알레르기 지침

1. 식품 알레르기

식품 알레르기란?

체내에 흡수된 후 분해되지 않은 일부 단백질에 의해 일어나는 과민반응으로 위장관이 미숙한 영유아나 어린이에게 더욱 자주 나타난다.

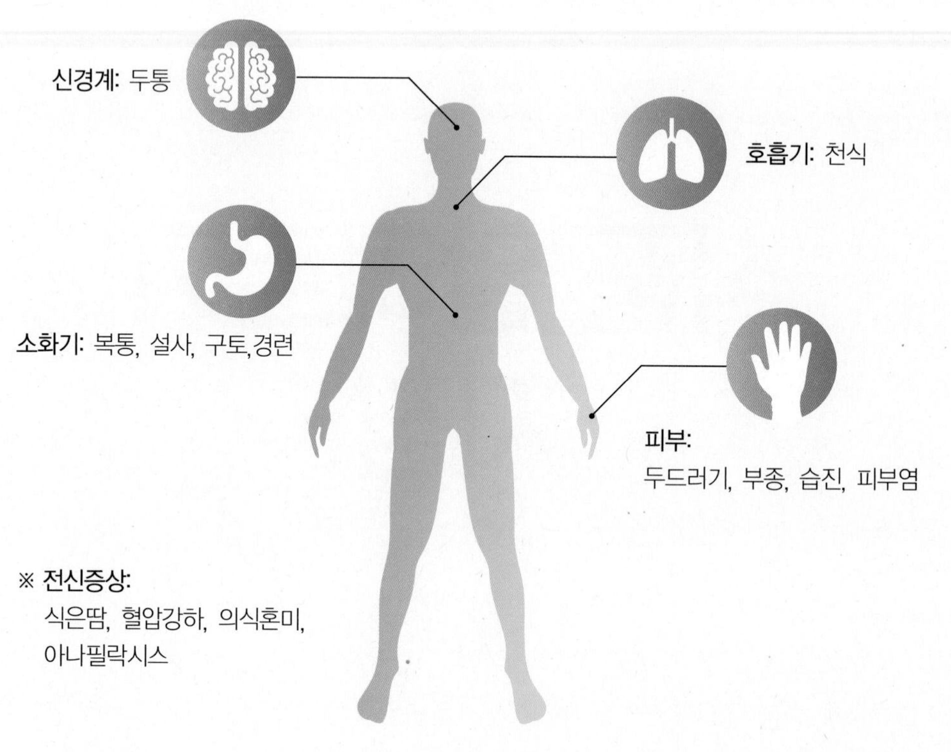

2. 알레르기 유발 21가지 대표식품

(1) 달걀 알레르기

달걀은 식품 알레르기를 일으키는 대표적인 식품으로 흰자와 노른자 모두 알레르기를 일으킬 수 있으나, 주로 달걀 흰자가 원인이며 노른자는 먹을 수 있는 경우도 있다.

결핍 영양소	단백질, 비타민, 철
대체식품	
달걀 55g(중1개) ➡	돼지고기 40g, 쇠고기 40g, 두부 80g, 갈치 50g, 꽁치 50g, 검정콩 20g

* 제시된 식품은 '1교환 단위양'을 기준으로, 칼로리와 단백질에 따라 맞추면 된다.

TIP

과자나 케이크 등 가공식품에 다량 함유되어 있으므로 주의해야 한다.
예 제과제품, 국수, 커스타드, 푸딩, 마요네즈, 샐러드 드레싱 등

다른 종류의 새알도 교차반응으로 인한 알레르기 반응이 있을 수도 있으므로 주의해야 한다.
예 오리, 거위, 메추리, 칠면조 등

(2) 우유 알레르기

우유 알레르기는 아이가 2~4세가 되면 대부분 자연 치유된다. 따라서 가장 최상의 우유 알레르기 예방법은 첫돌까지 모유를 먹이고, 우유 단백질을 가수분해한 우유나 분유를 먹이는 것이다.

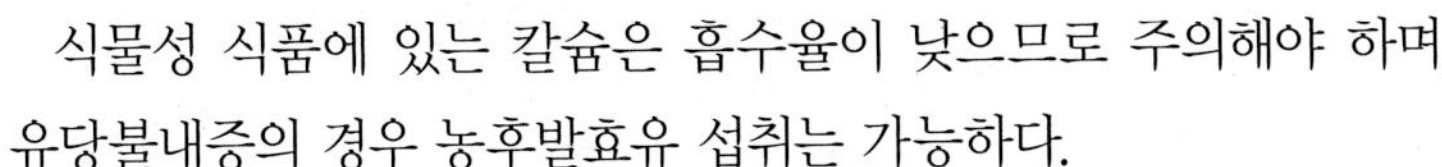

식물성 식품에 있는 칼슘은 흡수율이 낮으므로 주의해야 하며, 유당불내증의 경우 농후발효유 섭취는 가능하다.

결핍 영양소	단백질, 칼슘
대체식품	
우유 200cc(1컵) ➡	두유 200cc(1컵), 두부 80g, 닭고기 40g, 달걀 55g(중 1개), 검정콩 20g, 굴 70g, 멸치 15g, 가자미 50g

* 제시된 식품은 '1교환 단위양'을 기준으로, 칼로리와 단백질에 따라 맞추면 된다.

TIP

과자, 케이크, 초콜릿 등에도 함유되어 있으므로 주의해야 한다.
예 치즈, 아이스크림, 초콜릿, 요구르트, 크림스프, 버터, 마가린, 우유가 포함된 모든 제품
화이트소스를 이용한 스튜나 그라탕 등 우유가 들어간 음식

참고_유당 불내증과 우유 알레르기

① 우유 알레르기

몸 안의 면역체계가 우유의 구성 요소를 우리 몸에 유해하다고 판단하여 일어나는 비정상적 면역반응이다. 두드러기, 습진, 구토, 복통, 설사 등의 증상이 있으며, 위험하면 쇼크상태가 올 수 있으므로 우유단백질을 식단에서 제외하는 것이 좋다.

② 유당 불내증

우유 속에 있는 유당을 소화하는 데 필요한 락타아제라고 불리는 유당분해효소가 부족해서 일어나는 신체반응이다. 면역체계와는 상관이 없으며 메스꺼움, 복통, 설사 등의 증상이 있으며, 다른 종류의 유제품(농후발효유)을 통해 내성을 증가시킬 수 있으므로 모든 유제품을 제외하지 않아도 된다.

우유 알레르기
≠
유당 불내증

(3) 대두(콩) 알레르기

정제한 기름에는 알레르기를 유발하는 단백질이 거의 포함되지 않으나, 중증의 경우에는 소량으로도 반응 할 수 있으므로 반드시 확인 후 섭취한다.

증상은 여드름, 두드러기, 비염, 천식, 아토피, 결막염, 설사, 가려움증 등 다양하다.

결핍 영양소	단백질, 칼슘, 엽산, 리보플라빈 등
대체식품	
대두(콩) 20g ➡	쇠고기 40g, 돼지고기 40g, 닭고기 40g, 가자미 50g, 달걀 55g, 치즈 30g

* 제시된 식품은 '1교환 단위' 양을 기준으로, 칼로리와 단백질에 따라 맞추면 된다.

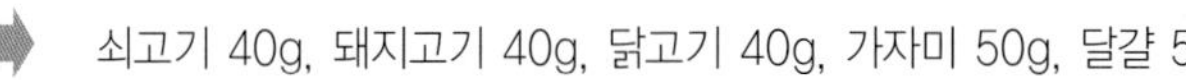

TIP 대두(콩)를 이용한 제품이 많기 때문에 주의가 필요하며, 식물성 단백질(콩고기, 단백질 보충제 등) 명시 식품에 주의해야 한다.
예 두부, 유부, 콩나물, 된장, 고추장, 간장, 콩가루, 분리대두단백, 분리대두전분 등

(4) 땅콩 알레르기

땅콩을 견과류로 오인하는 사람이 많다. 그러나 땅콩은 콩과 식물로, 소량으로 반응하고 사망까지 갈 정도로 증상이 심각한 경우가 많으므로 주의가 필요하다.

땅콩 알레르기가 있는 경우에는 콩 알레르기 반응을 함께 보이는 경우가 많으므로 주의해야 한다.

땅콩 알레르기는 부종, 호흡곤란, 쇼크, 아나팔락시스가 흔히 나타나므로 주의해야 한다.

결핍 영양소	지질, 마그네슘, 인, 칼륨, 셀레늄, 비타민 B군 등
대체식품	
땅콩 8g(1큰 스푼) ➡	호두 8g, 잣 8g, 은행 8g, 아몬드 8g(다른 견과류에 알레르기 반응이 없는 경우), 쇠고기 40g, 닭고기 40g, 참치 50g, 가자미 50g

* 제시된 식품은 '1교환 단위' 양을 기준으로, 칼로리와 단백질에 따라 맞추면 된다.

TIP

조리 시 부재료로 사용하거나 초콜릿 등 과자류에 들어 있는 것을 모르고 먹는 일이 없도록 주의해야 한다.

예 땅콩 버터 등

다른 견과류에도 교차 반응으로 인한 알레르기 반응이 있을 수도 있으므로 주의해야 한다.

예 호두, 잣, 아몬드 등

(5) 호두 알레르기

호두와 같은 견과류에는 알레르기를 일으키는 성분이 포함된 경우가 많다. 따라서 견과류 알레르기가 있을 경우에는 공기 중의 견과류 먼지만으로도 심각한 알레르기 증상을 유발할 수 있으므로 조심해야 한다.

결핍 영양소		지질, 마그네슘, 인, 칼륨, 셀레늄, 비타민 B군 등
대체식품		
호두 8g	➡	땅콩 8g, 은행 8g, 아몬드 8g, 잣 8g(다른 견과류에 알레르기 반응이 없는 경우), 쇠고기 40g, 닭고기 40g, 참치 50g, 가자미 50g

* 제시된 식품은 '1교환 단위' 양을 기준으로 칼로리와 단백질에 따라 맞추면 된다.

TIP

조리 시 부재료로 사용하거나 초콜릿 등 과자류에 들어 있는 것을 모르고 먹는 일이 없도록 주의해야 한다.

예 샐러드 드레싱, 음식의 고명 및 고물 등

다른 견과류에도 교차 반응으로 인한 알레르기 반응이 있을 수도 있으므로 주의해야 한다.

예 호두 : 브라질넛, 캐슈, 헤즐넛 등

(6) 밀가루 알레르기

밀가루는 쌀이 주식인 우리나라에서 영양적 측면으로 문제가 발생하는 경우는 많지 않다.

밀가루 알레르기는 주로 영·유아에게 문제가 되는데, 나이가 들면 대부분 자연 치유된다.

결핍 영양소		탄수화물
대체식품		
밀가루 30g	➡	쌀 30g, 감자 140g, 고구마 70g, 쌀국수 30g, 쌀로 만든 떡 50g, 쌀로 만든 빵 50g

* 제시된 식품은 '1교환 단위' 양을 기준으로, 칼로리와 단백질에 따라 맞추면 된다.

TIP 밀가루는 많은 가공품에 들어 있으므로 가공품의 원료를 꼼꼼히 확인하는 것이 중요하다.

예 과자, 크래커, 스파게티, 국수, 핫도그, 소시지 등 밀가루 제품 주의

(7) 메밀 알레르기

흔하지는 않지만 위험한 사고가 많이 나는 식품으로 주의해야 한다.

결핍 영양소		탄수화물
대체식품		
메밀 30g	➡	쌀 30g, 감자 140g, 고구마 70g, 쌀국수 30g, 쌀로 만든 떡 50g, 쌀로 만든 빵 50g

* 제시된 식품은 '1교환 단위' 양을 기준으로, 칼로리와 단백질에 따라 맞추면 된다.

TIP 메밀은 간혹 밀로 표기되어 공급되는 경우가 있어 주의해야 한다.

예 메밀가루, 메밀묵, 메밀냉면, 메밀전 등

(8) 고등어 알레르기

생선은 소아보다는 성인에서 더 흔한 알레르기 식품이다.

결핍 영양소	비타민 D, 단백질, 미네랄, 타우린, 칼슘 등
대체식품	
고등어 50g ➡	쇠고기 40g, 닭고기 40g, 돼지고기 40g, 두부 80g, 달걀 55g, 검은콩 20g

* 제시된 식품은 '1교환 단위양'을 기준으로, 칼로리와 단백질에 따라 맞추면 된다.

TIP 등푸른 생선(고등어, 꽁치)에만 알레르기를 일으키는 경우도 많으므로 알레르기 반응을 일으키는 정확한 식품을 아는 것이 중요하다.

(9) 해산물(게·새우·오징어·조개·굴·전복·홍합) 알레르기

갑각류, 연체류, 패류는 각각 생선과는 다른 항원이다. 해산물 알레르기의 경우, 만지는 것은 물론 해산물 요리의 냄새를 맡는 것만으로도 알레르기를 일으킬 수 있으므로 주의해야 한다.

결핍 영양소	비타민 D, 단백질, 미네랄, 타우린, 칼슘 등
대체식품	
게 70g, 새우 50g, 오징어 50g, 조개 70g, 굴 70g, 전복 70g, 홍합 70g 	쇠고기 40g, 닭고기 40g, 돼지고기 40g, 두부 80g, 달걀 55g, 검은콩 20g

* 제시된 식품은 '1교환 단위' 양을 기준으로, 칼로리와 단백질에 따라 맞추면 된다.

TIP 게, 새우는 소량으로도 반응하고 증상이 심각한 경우가 많으므로 주의해야 한다.

예 갑각류 : 게, 가재, 새우 등(건새우로 육수를 내는 경우 주의)
연체류 : 오징어, 문어 등
패 류 : 조개, 홍합, 굴, 고동, 전복 등

(10) 과일 · 채소(복숭아 · 토마토) 알레르기

알레르기가 없는 다른 과일이나 채소로 부족한 영양소를 보충하도록 한다.

결핍 영양소		비타민, 무기질, 식이섬유
대체식품		
복숭아 150g (소 1개) 토마토 350g	➡	사과 80g(중 1/3개), 수박 150g(중 1쪽), 자두 150g(특대 1개), 배 110g(대 1/4개), 당근 70g(대 1/3개), 시금치 70g(익혀서 1/3컵), 단호박 40g(1/10개), 애호박 70g(중 1/3개)

* 제시된 식품은 '1교환 단위' 양을 기준으로, 칼로리와 단백질에 따라 맞추면 된다.

TIP

복숭아 : 자두, 체리에도 알레르기 반응이 있을 수 있으므로 주의해야 한다.
토마토 : 케찹, 토마토소스 등에 주의해야 한다.
※ 과일이나 채소는 가열에 따라 항원성이 사라지는 경우가 많으므로, 생채소나 생과일에만 반응하는지 확인한다.

(11) 육류(돼지고기 · 쇠고기 · 닭고기) 알레르기

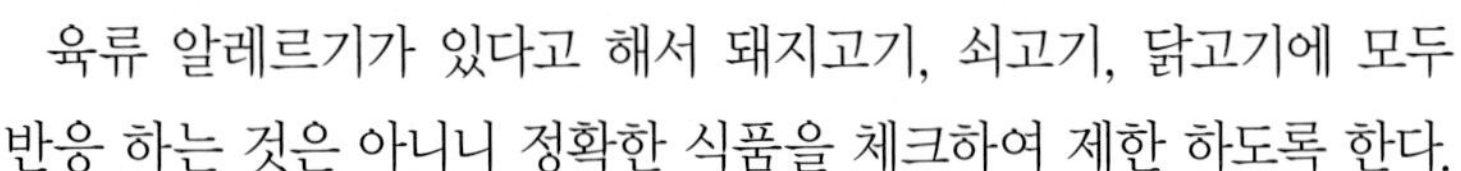

육류를 전부 제한하는 경우, 고기 속에 함유된 철분 흡수의 저하에 따른 빈혈을 초래할 수 있으므로 주의해야 한다.

육류 알레르기가 있다고 해서 돼지고기, 쇠고기, 닭고기에 모두 반응 하는 것은 아니니 정확한 식품을 체크하여 제한 하도록 한다.

결핍 영양소		단백질, 철
대체식품		
돼지고기 40g 쇠고기 40g 닭고기 40g	➡	두부 80g, 가자미 50g, 달걀 55g, 굴 70g

* 제시된 식품은 '1교환 단위' 양을 기준으로, 칼로리와 단백질에 따라 맞추면 된다.

TIP

육류로 가공된 식품에 주의해야 한다.

예 돼지고기: 통조림 스프, 핫도그, 베이컨, 소시지 등
쇠고기: 쇠고기 다시다, 쇠고기 육수, 사골육수, 소시지 등
닭고기: 치킨 파우더, 치킨 스톡, 치킨너겟, 소시지 등

(12) 아황산염 알레르기

주로 방부제나 건조채소의 식품표백제로 사용되므로 식품성분표 확인이 중요하다.

다양한 식품 가공품이나 발효식품에 들어 있으며, 아황산염은 물에 녹기 때문에 세척·소독하면 농도를 낮출 수 있다.

두통, 복통, 메스꺼움, 순환기장애, 위점막자극, 기관지염 등의 증상을 유발한다.

TIP 

깐연근, 깐우엉, 깐도라지 등 식품성분표가 없는 식품을 구매할 경우 주의해야 한다.

예 천연 : 양파, 마늘, 무 등
냉동 갑각류, 가공감자, 말린과일, 포도주, 깐연근, 깐우엉, 깐도라지, 건새우, 조미 김 등

대표적인 아황산염 성분 표시
식품 : 『산성아황산나트륨, 메타중아황산칼륨, 무수아황산』 등
산화방지제 용도 : 『산화방지제』
표백용 : 『표백제』
보존용 : 『합성보존료』

3. 대체식단

(1) 대체식단

알레르기 반응을 보이는 영유아 및 어린이에게는 해당 식품을 제한하고 대체식단을 참고한다.(대체레시피 300 페이지) 알레르기 표시식단 메뉴 옆에 표시된 숫자는 알레르기 유발 식품 표시이다.

적용 예) 돼지고기과일볶음④⑨ → 돼지고기과일볶음 재료에 ④ 복숭아와 ⑨ 돼지고기가 포함되었다는 표시

기존식단	
오전간식	녹두죽
점심	옥수수밥 들깨미역국 돼지고기과일볶음 참나물무침 깍두기
오후간식	김치오코노미야끼
열량/단백질	691.7/25.3

→

알레르기 표시식단	
오전간식	녹두죽
점심	옥수수밥 들깨미역국 돼지고기과일볶음④⑨ 참나물무침 깍두기
오후간식	김치오코노미야끼①⑥⑩
열량/단백질	691.7/25.3

→

대체식단	
오전간식	녹두죽
점심	옥수수밥 들깨미역국 오징어어묵 참나물무침 깍두기
오후간식	양송이고기전
열량/단백질	694.2/25.7

(2) 식품의약품안전처 고시 알레르기 유발 21가지 식품

① 난류
② 우유
③ 토마토
④ 복숭아
⑤ 고등어
⑥ 새우
⑦ 게
⑧ 땅콩
⑨ 돼지고기
⑩ 밀
⑪ 대두
⑫ 메밀
⑬ 아황산염
⑭ 호두
⑮ 닭고기
⑯ 조개
⑰ 굴
⑱ 전복
⑲ 홍합
⑳ 오징어
㉑ 쇠고기

정확한 진단 없이 임의로 식품을 제한하지 않아야 한다. 한 사람이 여러 가지 식품에 반응하는 경우도 있어서 영양불량의 위험성이 높아 질 수 있고, 위 식품 외에 다른 식품에 알레르기 반응을 일으킬 수도 있다.

(3) 대체 레시피

① 오징어 어묵

재료(1인분) 오징어 50g, 당근 2g, 부추 2g, 양파 2g, 홍고추 2g, 당면 3g, 전분 5g, 마늘 2g, 참기름 2g, 후춧가루 0.5g, 식용유 적당량

만드는 방법

1 손질한 오징어를 잘게 썰어 믹서기로 곱게 간다.
2 당근, 부추, 양파, 홍고추, 불린 당면을 잘게 썬다.
3 간 오징어에 채소, 마늘, 참기름, 후춧가루로 간하고 전분으로 농도를 조절한다.
4 예열한 식용유에 적당한 크기로 모양을 빚어서 노릇하게 튀겨낸다.

✓ **조리 TIP** 오징어를 갈 때 흰살 생선을 함께 넣어 만들어도 좋다.

✓ **영양 TIP** 오징어 속에는 DHA 성분이 풍부하게 함유되어 있어서 치매는 물론, 성장기 어린이 두뇌발달에 좋다.

② 양송이고기전

재료(1인분) 양송이 30g, 쇠고기 15g, 식용유 약간
양념: 양파 5g, 파 3g, 참기름 3g, 식용유 2g, 간장 2g, 마늘 1.5g, 설탕 1g, 후춧가루 0.1g, 소금 0.2g

만드는 방법

1 쇠고기는 기름기를 제거하고 잘게 다진다.
2 양념 재료를 만들어 다진 쇠고기에 넣고 잘 치대어 잠시 둔다.
3 양송이는 크지 않은 것으로 준비해 껍질을 벗기고 기둥을 땐 후 쇠고기를 채운다.
4 식용유를 두른 달군 팬에 양송이와 쇠고기가 충분히 익도록 굽는다.

✓ **조리 TIP** 센 불에 구우면 겉면이 탈 수 있으므로 약한 불에서 고기가 충분히 익을 수 있도록 굽는다.

✓ **영양 TIP** 양송이버섯은 채소와 과일류의 무기질과 육류의 단백질을 고루 갖춘 영양식품이다.

4. 아나필락시스

알레르기 원인물질에 노출된 후 갑자기 발생하는 심한 과민반응으로, 신속하게 조치하지 않으면 생명이 위태로울 수 있다(* 자료원 : 부산광역시 아토피·천식 교육정보센터).

(1) 증상

피부 : 전신 두드러기, 구강부종
호흡기 : 호흡곤란, 쌕쌕거림, 기침
심장혈관계 : 혈압저하, 요실금, 쇼크
소화기 : 복통, 구토, 설사
전신증상 : 불안감, 의식소실
이 외에도 여러가지 증상이 나타날 수 있음.

(2) 예방

주 의 :원인물질 파악, 응급대처법 숙지
회 피 :원인물질을 피함.
조리기구는 공유하지 않음.
교차반응 가능성 유발물질은 피함.
병원이나 약국 방문 시 아나필락시스 환자임을 알림.
조 치 :119에 연락 혹은 주변에 도움을 요청함.
에피네프린을 가지고 있는 경우, 신속히 근육주사를 실시함.

(3) 아나필락시스 응급대처법

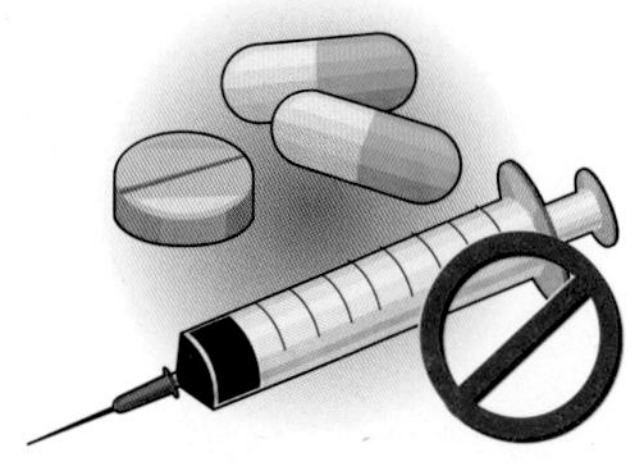

원인물질 제거 혹은 중단

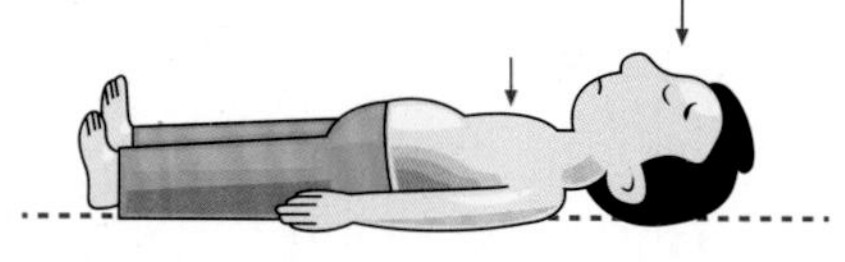

편평한 곳에 눕히고, 의식, 맥박, 호흡 확인

119에 연락, 혹은 주변 도움 요청

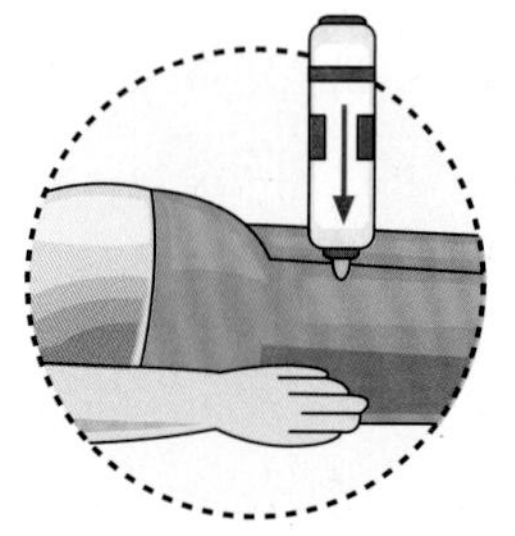

에피네프린 있으면, 주사 후 시간 기록

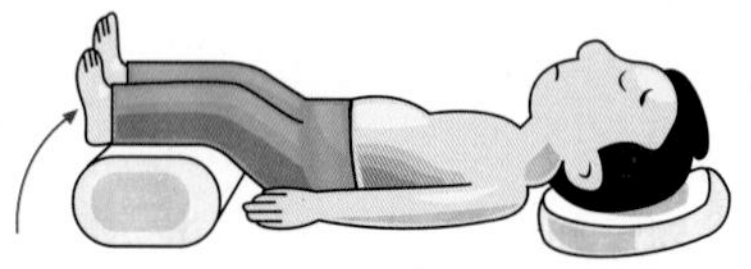

다리를 올려서 혈액순환을 유지

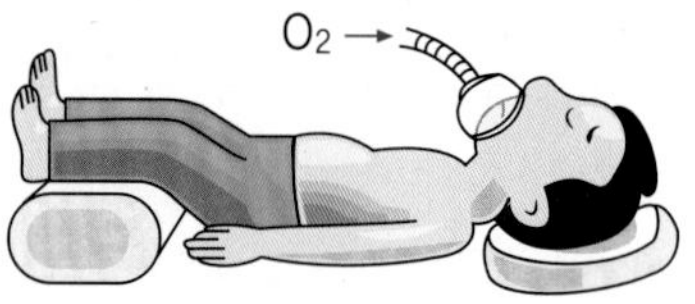

산소가 있으면 마스크로 공급

2차 반응이 올 수 있으므로
응급실로 신속하게 이송

5. 식품표시라벨

(1) 식품표시라벨 확인

식품 알레르기 환자는 소량의 식품에 노출되어도 심한 증상이 나타날 수 있으므로, 유발식품을 철저히 피한다(* 자료원 : 부산광역시 아토피·천식 교육정보센터).

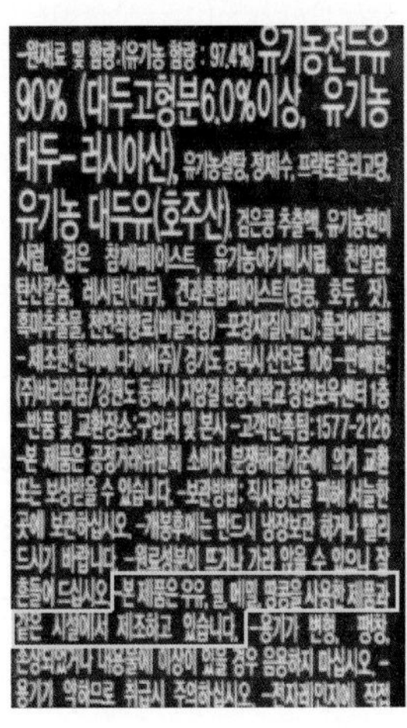

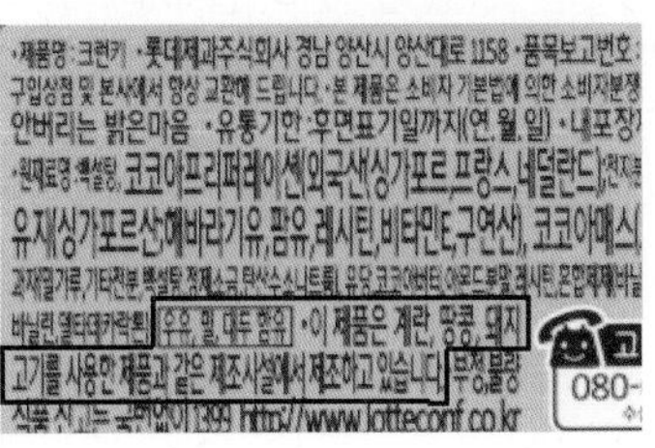

기본 사항

식품의 유형, 제조일(유통기한, 품질유지기한), 원재료명, 성분명 및 함량

기타사항

업소명 및 소재지, 영양성분, 주의사항표시

(2) 식품표시라벨 읽는 법

① 작은 글씨도 모두 읽는다.

② 알레르기 식품의 다른 표현도 알아둔다.

우유 → 카제인, 유청단백질/달걀 → 난백, 난황, 알부민 등으로 표기되어 있을 수 있다.

③ 교차반응 식품도 조심한다.

우유 → 산양유, 땅콩 → 견과류, 새우/게 → 바닷가재 등은 성분이 유사하다.

④ 알레르기 식품으로 만든 2차 식품도 주의해야 한다.

우유로 만든 유제품, 알레르기 식품 유래 비타민 등이 있다.

⑤ 건강식품과 일부 의약품에도 알레르기 식품 성분이 포함되어 있을 수 있다.

⑥ 제조과정에서 알레르기 식품 조리용기를 사용하는지도 확인해야 한다.

Digital Meal Management

부 록

02

어린이 건강식 레시피

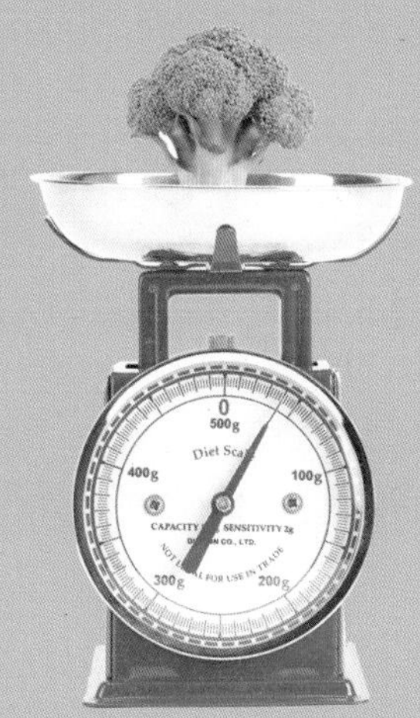

구름떡

만드는 방법

01 땅콩은 따뜻한 물에 잠시 불리고, 끓는 물에 삶는다. 다 삶아지면 물에 헹구고, 땅콩에 설탕을 뿌려서 김 오른 찜기에 찌고 다 쪄지면 식힌다.

02 밤은 껍데기를 제거한 후, 강낭콩 크기로 썰어 소금과 설탕 1T에 버무린다.

03 잣은 고깔을 뗀다.

04 호두는 끓는 물에 데친 후, 찬물에 헹구고 1/4조각으로 썬다.

05 대추의 반은 씨 제거 후 잘게 썰고, 나머지 반은 씨 제거 후 돌돌 만다.

06 찹쌀가루 5컵에 물 2~3T을 넣고 골고루 섞어서 체에 1번 내린다.

07 내린 찹쌀가루에 설탕 4~5T을 넣어 재빨리 섞고 땅콩, 밤, 잣, 호두, 반으로 자른 대추를 넣어서 잘 섞어준다.

08 시루보 바닥에 설탕이나 포도씨유를 바르고, 재료를 섞은 찹쌀가루를 담고 가운데에 구멍을 뚫은 후, 20분간 찌고 5분간 뜸들인다.

09 떡이 다 쪄지면 쟁반에 비닐을 깔고 위에 포도씨유를 고루 발라준다.

10 찐 떡을 위에 올리고 비닐을 반 덮어 젖은 행주로 눌러가며 평평하게 모양을 펴 주고 냉동실에서 식힌다.

11 성형틀에 포도씨유를 바른 비닐을 깔고 다 식은 떡을 적당한 크기로 한 덩어리씩 뚝 떼어낸다.

12 떡에 흑임자가루를 묻힌 후 성형틀에 넣는다. 떡을 떼서 놓을 때는 크기를 다 다르게 해서 넣는다.

13 한줄 다 놓고 나면 꿀을 바른 후, 돌돌만 대추를 일렬로 늘어 놓고 다시 떡을 떼어내 흑임자를 묻혀서 다시 그 위에 올린다.

14 떡을 다 올리고 나면 흰색이 보이지 않게 흑임자를 얇게 뿌리고 비닐을 덮어서 냉동실에 얼려 모양을 잡는다.

15 랩을 씌워 돌돌 만 후, 칼로 잘라 그릇에 담는다.

재료

재료	분량
찹쌀가루	5컵
설탕	5T
소금	1/4T
대추	15개
땅콩	1/4컵
밤	5개
잣	1/4컵
호두	5개
흑임자가루	1컵
꿀	1T
포도씨유	1T

준비물

성형틀, 포도씨유, 두꺼운 비닐, 시루보

규아상

만드는 방법

01 밀가루 1컵에 물 3T을 넣어 되직하게 반죽한다.

02 쇠고기는 기름 제거 후, 곱게 다진다.

03 마른표고버섯은 불린 후, 포를 떠서 가늘게 채 썬다.

04 오이는 4cm 길이로 돌려 깎은 후, 곱게 채 썰어 소금을 뿌리고, 오이가 다 절여지면 물에 헹구고 물기를 제거한다.

05 쇠고기와 표고버섯에 각각의 양념장을 만들어 양념한다.

06 팬에 식용유를 두르고 중불에 오이를 볶아서 접시에 펼쳐 식힌다.

07 쇠고기와 표고버섯을 볶아 접시에 담은 후, 식힌다.

08 볶은 오이와 쇠고기에 깨소금과 참기름을 넣어 버무린다.
(이 때 간이 약할 경우 소금을 넣어 간해준다.)

09 밀가루 반죽을 얇게 밀어 적당한 크기로 동그랗게 찍는다.

10 밀가루 반죽 위에 속 재료를 올리고 잣을 하나 넣어 오므린 후, 양끝을 삼각형으로 만들고, 양쪽 자락의 맞닿는 부분을 손가락으로 꼬집듯이 모양을 낸다.

11 김이 오른 솥에 10분간 찐다.

재료

재료	분량
밀가루	1컵
쇠고기(우둔살)	200g
마른표고버섯	3장
오이	1개
잣	10개
소금	1g
식용유	1T

쇠고기 양념

재료	분량
간장	2T
설탕	1T
다진 파	1T
다진 마늘	1/2T
깨소금	1/2T
참기름	1/2T
후춧가루	1g

표고버섯 양념

재료	분량
간장	1T
설탕	1/2T
다진 파	1/2T
다진 마늘	1/4T
깨소금	1/4T
참기름	1/4T
후춧가루	1g

오이 감정

만드는 방법

01 오이를 소금으로 문질러 씻어 돌려가면서 삼각지게 썬다.

02 고기를 납작하게 썰어 국간장, 참기름 1/2T, 후춧가루를 약간 넣고 주물러 밑간을 한다.

03 대파를 어슷 썬다.

04 청고추, 홍고추는 오이보다 작게 둥글게 어슷 썬 다음, 체에 밭쳐서 씻은 후 씨를 뺀다.

05 냄비에 양념한 쇠고기를 참기름을 두르고 볶다가 물 3컵을 넣고, 고추장, 된장을 넣고 풀어준 후, 후춧가루를 약간 넣는다.

06 끓으면 오이를 넣고, 다시 끓으면 어슷 썬 대파와 청고추, 홍고추, 다진 파, 다진 마늘을 넣어 펄펄 끓으면 불을 끈다.

재료

재료	분량
오이	1개
쇠고기	150g
청고추	1/2개
홍고추	1/2개
대파	1/2개
고추장	3T
된장	1/2T
국간장	1/2T
다진 마늘	1/2T
다진 파	1/2T
참기름	1T
후춧가루	2g
소금	2g

단호박식혜

만드는 방법

01 엿기름 가루는 따뜻한 물 5컵에 담가 바로 치댄다.

02 고운체에 밭쳐 한번 거르고 받은 엿기름 물은 앙금이 가라앉게 가만 둔다. 점점 물의 양을 2컵씩 늘려가면서 반복한다.

03 밥이 다 되면 동량으로 윗물만 따라 부어 골고루 섞고, 설탕 2T을 넣는다. 뚜껑을 닫고 보온으로 4시간 정도 삭힌다.

04 단호박은 껍질을 벗기고 찜기에 찐 후, 체에 내린다.

05 4시간 후 밥알이 1~2알 뜰 때 저어서, 3~4알이 뜨면 1개를 손으로 말아 또르르 밀리면 바로 냄비에 부어 끓인다.

06 끓일 때 으깬 단호박, 설탕 1/2컵을 넣는다.

07 다 끓으면 차갑게 식힌다.

재료

엿기름 가루 —— 180g
밥 —— 2컵
설탕 —— 1/2컵, 2T
단호박 —— 1/2개
물 —— 15컵

흑미식혜

재료

- 엿기름 가루 ——— 180g
- 흑미밥 ——— 2컵
- 설탕 ——— 1/2컵, 2T
- 물 ——— 15컵
- 저민 생강 ——— 20g

만드는 방법

01 엿기름 가루는 따뜻한 물 5컵에 담가 바로 치댄다.

02 고운체에 밭쳐 한번 거르고 받은 엿기름 물은 앙금이 가라앉게 가만 둔다. 점점 물의 양을 2컵씩 늘려가면서 반복한다.

03 흑미는 물에 충분히 불려서 밥을 고슬하게 짓는다.

04 밥이 다 되면 동량으로 윗물만 따라 부어 골고루 섞고, 설탕 2T을 넣는다. 뚜껑을 닫고 보온으로 4시간정도 삭힌다.

05 4시간 후 밥알이 1~2알 뜰 때 저어서, 3~4알이 뜨면 1개를 손으로 말아 또르르 말리면 바로 끓인다.

06 끓일 때 설탕 1/2컵, 저민 생강을 넣는다.

07 다 끓으면 차갑게 식힌다.

견과류 멸치 강정

재료

- 잔멸치 ——— 1컵
- 호두 ——— 1/2컵
- 잣 ——— 1/2컵
- 호박씨 ——— 1/2컵
- 아몬드 ——— 1/2컵
- 올리고당 ——— 5T
- 소금 ——— 1g
- 식용유 ——— 약간

만드는 방법

01 잔멸치와 견과류는 손질을 한다.

02 팬을 달구고 약한 불에서 고슬하게 볶아서 준비해둔다.

03 팬에 올리고당과 소금을 넣고 끓인다.

04 끓으면 볶아둔 잔멸치와 견과류를 재빨리 섞는다.

05 위생장갑에 식용유를 바르고 적당한 크기로 모양을 잡아준다.

오이 백김치

만드는 방법

01 오이는 깨끗이 씻어서 4등분을 한 후, 속을 파내고 소금에 절인다.

02 무와 홍고추는 5cm 길이로 가늘게 채 썬다.

03 실파는 5cm 길이로 자른다.

04 채 썬 무, 홍고추, 실파에 소 양념을 버무린다.

05 절인 오이는 물에 헹구고 물기를 제거한다.

06 오이에 양념된 소를 채운다.

07 국물 양념을 만든다.

08 오이를 통에 넣고 국물 양념을 붓는다.

09 냉장고에 넣고 하루 지난 후 먹는다.

재료

조선 오이 ― 2개
무 ― 100g
홍고추 ― 1개
실파 ― 3대
소금 ― 1/2T

소 양념

설탕 ― 1T
액젓 ― 1T
다진 마늘 ― 1/2T
다진 생강 ― 1/2T

국물 양념

물 ― 2컵
설탕 ― 1T
소금 ― 1/2T
식초 ― 1/2T

오징어링 채소전

만드는 방법

01 오징어는 배를 가르지 말고 손질해서 끓는 물에 살짝 데친 후, 동그랗게 썬다.

02 호박, 깻잎, 양파, 홍고추, 당근, 오징어 다리는 잘게 썬다.

03 그릇에 잘게 썬 재료를 담고, 소금, 부침가루, 달걀을 넣고 섞는다.

04 동그랗게 자른 오징어에 밀가루를 묻혀서 턴다.

05 팬에 식용유를 두르고 오징어를 동그랗게 놓는다.

06 오징어링 안에 속 재료를 1T씩 떠서 넣는다.

07 한 면이 구워지면 뒤집어서 나머지 한 면도 노릇하게 굽는다.

재료

재료	분량
오징어	1마리
호박	1/4개
깻잎	4장
양파	1/4개
홍고추	1개
당근	1/10개
달걀	1개
부침가루	1T
소금	약간
밀가루	3T
식용유	10g

단호박 영양밥

재료

단호박	1개
쌀	1/2컵
찹쌀	1/2컵
잡곡	1/2컵
소금	1g

만드는 방법

01 쌀, 찹쌀, 잡곡은 씻어서 30분간 불린다.

02 냄비에 불린 쌀, 찹쌀, 잡곡을 넣고 소금을 넣어 밥을 짓는다.

03 단호박은 꼭지를 제거하고 속을 파낸다.

04 단호박에 밥을 넣어 속을 채운다.

05 찜기에 25분간 찐다.

단호박 조림

재료

단호박	1/2개
간장	3T
올리고당	3T
맛술	1T
물	1T

만드는 방법

01 단호박은 껍질 채 한 입 크기로 썬다.

02 찜기에 단호박을 10분간 찐다.

03 냄비에 간장, 올리고당, 맛술, 물을 넣고, 단호박을 넣어 조린다.

04 거의 다 조려지면 불을 끈다.

도토리 묵밥

만드는 방법

01 냄비에 물 3컵과 육수 재료를 넣어 국물을 내고 거른다.

02 묵은 사방 1cm 이하로 가늘게 채 썬다.

03 김치는 국물을 짜고, 김치 양념과 조물조물 무친다.

04 실파는 잘게 썰고, 홍고추와 김은 가늘게 채 썬다.

05 육수는 국간장과 소금으로 알맞게 간을 한다.

06 그릇에 밥을 담고 채 썬 도토리묵을 올리고, 그 위에 양념한 김치를 올린다.

07 육수를 적당히 붓고 위에 채 썬 홍고추와 김, 실파를 올린다.

재료

도토리묵 ―― 1/2개
잡곡밥 ―― 1컵
김치 ―― 1/2컵
실파 ―― 1줄기
홍고추 ―― 1/4개
김 ―― 1/8장
국간장 ―― 1/2T
소금 ―― 1/2T

김치 양념

소금 ―― 1/2T
참기름 ―― 1T
깨소금 ―― 1T

육수

멸치 ―― 1컵
양파 ―― 1/2개
다시마 ―― 1장
파 ―― 1대
물 ―― 3컵

삼색 설기 미니 케이크

재료

백설기
멥쌀가루 — 1컵
소금 — 1/4T
설탕 — 1T
물 — 약간

녹차설기
멥쌀가루 — 1컵
소금 — 1/4T
설탕 — 1T
물 — 3T
녹차가루 — 15g

단호박설기
멥쌀가루 — 1컵
소금 — 1/4T
설탕 — 1T
물 — 1T
단호박 — 약 1/8개

준비물
면보, 찜기

백설기 만드는 법

01 멥쌀가루 1컵에 물을 적당히 넣어 섞은 후, 손에 쥐었을 때 깨지지 않을 정도로 수분을 준다.
02 골고루 잘 섞은 후, 체에 3번 내린다.
03 3번 내린 멥쌀가루에 소금과 설탕을 넣고 손으로 돌리면서 재빨리 섞는다.

녹차설기 만드는 법

01 멥쌀가루 1컵에 녹차가루와 물을 적당히 넣어 섞은 후, 손에 쥐었을 때 깨지지 않을 정도로 수분을 준다.
02 골고루 잘 섞은 후, 체에 3번 내린다.
03 3번 내린 녹차 멥쌀가루에 소금과 설탕을 넣어 손으로 돌리면서 재빨리 섞어준다.

단호박설기 만드는 법

01 단호박 1/8개를 껍질을 벗기고 적당한 크기로 잘라 물기가 빠지도록 옆으로 뉘여서 10분간 김오른 찜통에 찐다.
02 다 찐 단호박에 소금을 약간 넣어서 으깨고 체에 내린다.
03 멥쌀가루 1컵에 으깬 단호박을 골고루 잘 섞은 후, 체에 3번 내려 준다.
04 3번 내린 단호박 멥쌀가루에 소금과 설탕을 넣어 손으로 돌리면서 재빨리 섞어준다.

찌는 과정

01 찜기에 면포를 깔고 그 위에 틀을 올린다.
02 틀 안에 녹차 멥쌀가루를 1/3가량을 채우고 평평하게 만든다.
03 그 위에 단호박 멥쌀가루를 1/3가량을 채우고 평평하게 만든다.
04 다시 그 위에 백설기 멥쌀가루를 틀 가득하게 채우고 평평하게 만든다.
05 김이 오른 찜기에 올리고 김이 올라오면, 뚜껑을 덮어 20분간 센 불에서 찌고 약 불에서 5분간 뜸 들인다.

Digital Meal Management

부 록

03

웰빙 드레싱 레시피

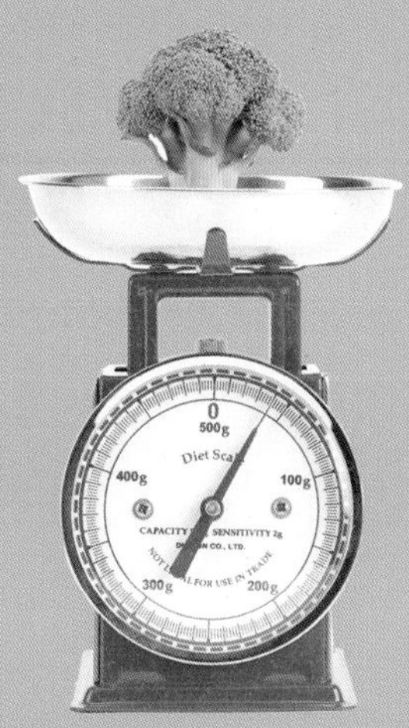

복분자 드레싱

재료

재료	분량
복분자 원액	60g
식초	30g
꿀	20g
마요네즈	30g

만드는 방법

01 복분자 원액, 식초, 꿀, 마요네즈를 믹서기에 넣고 갈아준다.

02 그릇에 담는다.

옥수수 드레싱

재료

재료	분량
옥수수	80g
셀러리	8g
양파	80g
올리브유	40g
식초	30g
꿀	25g
레몬즙	6g
소금	약간
파슬리	약간

만드는 방법

01 셀러리는 깨끗하게 씻어 껍질을 벗기고 잘게 썬다.

02 양파는 껍질을 벗기고 매운맛을 제거하기 위해 잘게 썰어 찬물에 담근다.

03 파슬리는 줄기를 제거하여 찬물에 담근다.

04 모든 재료를 믹서기에 넣고 갈아준다.

05 그릇에 담는다.

파프리카 드레싱

재료

파프리카	60g
올리브오일	70g
식초	70g
소금	3g
후춧가루	1g

만드는 방법

01 파프리카는 씨를 제거하고 두꺼운 껍질을 벗겨 썬다.

02 파프리카, 올리브오일, 식초, 소금, 후춧가루를 믹서기에 넣고 갈아준다.

03 그릇에 담는다.

감 드레싱

재료

홍시	120g
식초	50g
꿀	30g
레몬즙	5g
소금	2g

만드는 방법

01 깨끗하게 씻은 홍시의 껍질과 씨를 제거한다.

02 홍시, 식초, 꿀, 레몬즙, 소금을 믹서기에 넣고 갈아준다.

03 그릇에 담는다.

페퍼 와사비 드레싱

재료

재료	분량
와사비 가루	5g
마요네즈	30g
홍피망	30g
청피망	15g
와인식초	20g
파슬리	3g
양파	15g
레몬주스	15g
설탕	15g
소금	3g
후춧가루	1g

만드는 방법

01 홍피망, 청피망은 씨를 제거하고 껍질을 벗겨 썬다.

02 파슬리는 줄기를 제거하여 찬물에 담근다.

03 양파는 껍질을 벗겨 물에 담가 매운맛을 제거한 후, 적당한 크기로 썬다.

04 모든 재료를 믹서기에 넣고 갈아준다.

05 그릇에 담는다.

흑임자 드레싱

재료

재료	분량
흑임자가루	45g
올리브오일	80g
다진 홍고추	4g
머스타드	4g
화이트 와인식초	20g
참기름	15g
간장	6g
후춧가루	1g

만드는 방법

01 흑임자가루, 올리브오일, 다진 홍고추, 머스타드, 화이트 와인식초, 참기름, 간장, 후춧가루를 믹서기에 넣고 갈아준다.

02 그릇에 담는다.

들깨 드레싱

만드는 방법

01 들깨가루, 마요네즈, 식초, 오렌지주스, 참기름, 다진 마늘, 다진 생강, 간장, 후춧가루를 믹서기에 넣고 갈아준다.

02 그릇에 담는다.

재료

재료	분량
들깨가루	20g
마요네즈	30g
식초	15g
오렌지주스	15g
참기름	6g
다진 마늘	3g
다진 생강	3g
간장	10g
후춧가루	1g

참깨 드레싱

만드는 방법

01 참깨, 식초, 레몬즙, 다진 파, 물, 설탕, 소금, 청주를 믹서기에 넣고 갈아준다.

02 그릇에 담는다.

재료

재료	분량
참깨	60g
식초	30g
레몬즙	7g
다진 파	30g
물	45g
설탕	15g
소금	3g
청주	15g

미소 드레싱

재료

재료	분량
백된장	60g
식초	25g
설탕	25g
맛술	4g
마늘	1g
생강	2g
참기름	2g
참깨	4g

만드는 방법

01 백된장은 믹서기에 잘 갈릴 수 있도록 약간의 맛술에 개어 놓는다.

02 마늘과 생강은 갈기 쉽도록 다진다.

03 모든 재료를 믹서기에 넣고 갈아준다.

04 그릇에 담는다.

두부 드레싱

재료

재료	분량
두부	60g
양파	30g
오이	15g
레몬즙	25g
물	70g
꿀	10g
소금	3g

만드는 방법

01 두부는 갈기 쉽게 으깬다.

02 양파는 껍질을 벗긴 후, 매운맛을 없애기 위해 찬물에 담군 후 썬다.

03 오이는 껍질을 벗기고 씨를 제거한 다음 썬다.

04 모든 재료와 물을 믹서기에 넣고 갈아준다.

05 그릇에 담는다.

어니언 드레싱

재료

양파	40g
올리브오일	40g
오렌지주스	10g
머스타드	7g
꿀	15g
레몬주스	7g
소금	3g
후춧가루	1g

만드는 방법

01 양파는 껍질을 벗긴 후, 매운맛을 없애기 위해 찬물에 담군 후 썬다.

02 모든 재료를 믹서기에 넣고 갈아준다.

03 그릇에 담는다.

수삼 레몬 드레싱

재료

수삼	40g
레몬즙	50g
꿀	50g
마늘절임 간장	40g
겨자	5g
소금	3g
후춧가루	1g

만드는 방법

01 수삼을 흐르는 물에 수세미로 깨끗하게 씻어서 흙을 털어내고, 껍질을 벗겨 알맞은 크기로 썬다.

02 모든 재료를 믹서기에 넣고 갈아준다.

03 그릇에 담는다.

Digital Meal Management

부 록

04

학교급식 식단 활용의 예 (초등학교 기준)

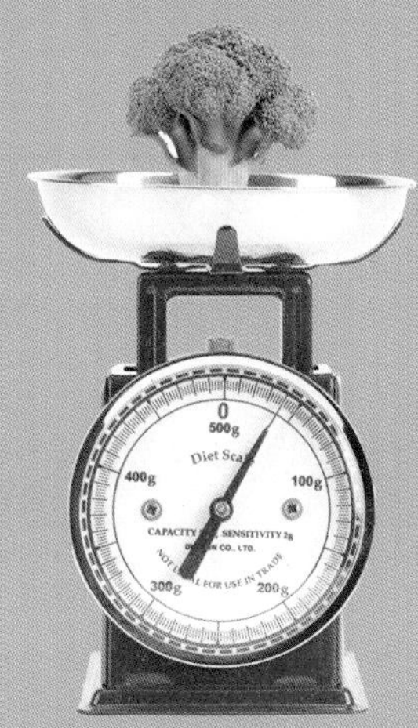

1. 아삭건강비빔밥과 무지개 오색채소피자 식단

한 끼 영양량

에너지(kcal)	탄수화물(g)	단백질(g)	지질(g)	비타민 A(RAE)
766	122.9	34.1	17.1	237.7
티아민(mg)	리보플라빈(mg)	비타민 C(mg)	칼슘(mg)	철(mg)
0.8	0.5	62.1	269.6	7

대상 '아삭건강비빔밥'
〈2016년도 부산시 교육감배 학교밥상경진대회 대상〉

(1) 아삭건강비빔밥

만드는 방법

1 백미, 찹쌀, 보리를 섞어서 밥을 짓는다.
2 콩나물을 살짝 데쳐서 찬물에 담가둔다.
3 파프리카 3색과 양파는 채를 썰어서 준비한다.
4 다진 쇠고기는 팬에 볶다가 고추장, 국간장, 참기름, 매실청, 쌀엿, 참깨를 넣고 한번 더 볶은 뒤 낙지를 넣어 양념장으로 마무리한다.
5 그릇에 밥을 담고 콩나물, 파프리카, 새싹, 상추를 돌려 담고 양념장은 따로 담아준다.

재료

보리 6g, 백미 45g, 찹쌀 15g, 쌀엿 3g, 참깨 0.3g, 양파 3g, 콩나물 22g, 적색 파프리카 2.5g, 주황색 파프리카 2.5g, 황색 파프리카 2.5g, 새싹 1g, 상추 4g, 매실청 0.7g, 쇠고기(다짐) 4g, 낙지 8g, 참기름 0.5g, 국간장 1g, 고추장 14g

(2) 시금치 바지락국

만드는 방법

1 대파, 큰멸치, 건다시마를 넣고 육수를 만든다.
2 시금치는 한 입 크기로 썰고 바지락은 깨끗이 씻어서 준비한다.
3 육수에 시금치와 바지락을 넣고 한소끔 끓인다.
4 조선된장, 들깨가루, 마늘, 소금, 고춧가루로 간을 한다.

재료

들깨가루 1.7g, 마늘 0.4g, 시금치 17g, 대파 3.2g, 큰멸치 3.2g, 바지락 6g, 건다시마 0.4g, 고춧가루 0.1g, 조선된장 5.6g, 소금 0.3g

(3) 오색채소피자

재료

부침가루 16g, 설탕 3.5g, 아몬드슬라이스 1g, 가지 10g, 다진 마늘 1g, 브로콜리 8g, 시금치 1.7g, 양파 14g, 토마토페이스트 5g, 주황색 파프리카 3g, 황색 파프리카 6g, 애호박 3g, 당근 2g, 방울토마토 6g, 베이컨 5g, 모짜렐라 치즈 20g, 파마산 치즈가루 0.8g, 버터 1g, 올리브오일 2g, 우스터소스 1g, 토마토케첩 5g

만드는 방법

1 토마토케첩, 우스터소스, 토마토페이스트, 설탕, 다진 마늘, 버터를 넣고 소스를 끓여 놓는다.
2 가지, 양파, 파프리카, 애호박, 당근은 잘게 다져 팬에 살짝 볶아 수분을 제거한다.
3 물기를 제거한 각종 채소에 부침가루를 섞어 반죽한 뒤 팬에 피자도우 모양으로 부친다.
4 피자도우 위에 올리브오일을 바르고 끓여 놓은 토마토소스를 바른다.
5 브로콜리, 시금치, 방울토마토, 베이컨, 아몬드슬라이스를 소스 위에 토핑하고 모짜렐라 치즈와 파마산 치즈가루를 뿌려 노릇하게 구워낸다.

(4) 녹차고등어조림

재료

고등어살 28g, 무 15g, 감자 15g, 양파 5g, 녹차가루 0.01g, 생강 0.3g, 참기름 0.3g, 붉은고추 0.5g, 고춧가루 0.8g, 설탕 0.2g, 대파 1.5g, 진간장 1.5g, 맛술 1g, 된장 1g

만드는 방법

1 고등어는 조림용으로 토막내서 준비한다.
2 무와 감자는 큼직하게 썰고 양파는 두껍게 채를 썬다.
3 냄비에 무, 감자를 깔고 고등어와 양파 채를 올린다.
4 된장, 맛술, 진간장, 설탕, 고춧가루, 생강, 녹차가루를 넣고 양념장을 만들어 풀어준다.
5 한번 끓인 뒤 참기름을 두르고 대파, 붉은고추를 올린다.

(5) 단호박식혜

재료

엿기름 18g, 찹쌀 2.6g, 쌀 4g, 황설탕 4g, 생강 2g, 단호박 8g, 소금 0.01g

만드는 방법

1 쌀, 찹쌀을 이용하여 밥을 고슬하게 짓는다.
2 엿기름에 물을 부어 잠시 불렸다가 조물조물 씻어 뿌연 엿기름물이 나오면 체에 걸러 엿기름물만 냄비에 받는다.
3 2의 과정을 2~3회 반복하여 엿기름물을 만든다.
4 받아둔 엿기름물에 고슬하게 지은 밥을 넣고 약불에서 3~4시간 띄운다(압력솥의 보온기능과 동일).
5 단호박은 껍질을 제거하고 삶은 뒤 으깨서 준비한다.
6 밥알이 뜨면 센불에서 끓이다 황설탕, 생강, 소금을 넣고 으깨 놓은 단호박도 넣어 한소끔 끓인다.
7 한 김 식힌 후 냉장 보관한다.

2. 웰빙 장어매실채소 겉절이와 전통 궁중오이선 식단

한 끼 영양량

에너지(kcal)	탄수화물(g)	단백질(g)	지질(g)	비타민 A(RAE)
593	80.4	29	16.4	226
티아민(mg)	리보플라빈(mg)	비타민 C(mg)	칼슘(mg)	철(mg)
0.3	0.4	21.7	149	3.5

최우수상 '웰빙장어매실'
〈2016년도 부산시 교육감배 학교밥상경진대회 최우수상〉

(1) 닭조랭이떡무국

재료

닭고기 토막 60g, 조랭이떡 8.5g, 다진 마늘 2.5g, 조선무 21.5g, 양파 2.5g, 대파 2.4g, 팽이버섯 0.1g, 청양고추 0.4g, 참기름 1.2g, 국간장 1.7g, 고춧가루 1g

만드는 방법

1 닭고기 토막을 깨끗이 손질한 뒤 끓는 물에 살짝 데쳐 첫 물은 버리고 한 김 식힌다.

2 조선무, 양파는 한 입 크기로 썰어서 준비한다.

3 대파, 청양고추는 어슷썰기하고 팽이버섯은 손으로 찢어서 준비하고 마늘은 다져놓는다.

4 식혀둔 닭고기와 조선무, 다진 마늘, 국간장, 고춧가루를 넣고 센불에서 볶아준다.

5 조선무가 어느 정도 익으면 물을 붓고 끓인다.

6 푹 끓고 나면 조랭이떡과 전처리 해놓은 채소를 넣고 참기름으로 간을 한다.

(2) 장어매실채소 겉절이

만드는 방법

1 손질해 놓은 장어에 맛술, 생강으로 밑간하여 감자전분을 묻혀 콩기름에 한번 튀겨낸다.
2 깻잎, 피망, 대파 채, 김치는 채 썰어서 준비한다.
3 장어의 양념소스는 진간장, 데리야끼소스, 양파 채를 넣고 푹 끓여 농도가 나오면 튀겨 놓은 장어를 넣고 조린다.
4 채 썰어 놓은 채소에 백설탕, 깨, 다진 마늘, 절임매실, 매실청, 고춧가루를 넣고 겉절이를 무쳐낸다.

재료

장어(냉동) 55g, 감자전분 5g, 백설탕 1.3g, 깨 0.3g, 김치 6.3g, 깻잎 2.5g, 다진 마늘 1.3g, 생강 0.5g, 양파 3.7g, 피망 3.2g, 대파 채 2.5g, 절임매실 2g, 매실청 2g, 고춧가루 0.2g, 맛술 2.5g, 데리야끼소스 4g, 콩기름 5g, 진간장 1.2g

(3) 궁중오이선

만드는 방법

1 오이는 길쭉하게 사각스틱으로 잘라서 소금에 절인 후 물기를 뺀다.
2 물기를 제거한 오이는 팬에 살짝 볶아낸다.
3 생표고버섯, 쇠고기는 채를 썰어 불고기양념해서 재워둔 뒤 팬에 볶아낸다.
4 달걀은 황백지단을 구워 채 썰어 둔다.
5 식초, 소금, 설탕, 물을 넣고 초물을 만든 뒤 식힌다.
6 오이, 쇠고기, 생표고버섯, 황백지단을 섞고 초물을 부어 버무려내고 참깨로 마무리한다.

재료

오이 30g, 쇠고기(우둔채) 3.5g, 생표고버섯 0.5g, 달걀 1.8g, 참깨 0.1g, 식초 2g, 설탕 2g, 물 2g, 소금 0.1g

불고기양념

파 1g, 마늘 1g, 간장 2g, 설탕 1g, 후추 0.1g, 깨 0.1g, 참기름 0.2g

(4) 포도

포도 30g

3. 탱글탱글 새우마늘종볶음밥과 닭안심가지구이 식단

한 끼 영양량

에너지(kcal)	탄수화물(g)	단백질(g)	지질(g)	비타민 A(RAE)
580.4	80	27.6	15	162.4
티아민(mg)	리보플라빈(mg)	비타민 C(mg)	칼슘(mg)	철(mg)
0.3	0.3	29	201.9	5.5

최우수상 '새우마늘종볶음밥'
〈2016년도 부산시 교육감배 학교밥상경진대회 최우수상〉

(1) 새우마늘종볶음밥

만드는 방법

1 백미와 찹쌀을 넣고 밥을 고슬하게 짓는다.
2 꽃새우살은 씻어서 뚜껑을 덮고 용기에 담아 냉장 보관한다.
3 달걀은 소금으로 간을 하여 소량씩 볶아낸다.
4 감자, 당근은 깍둑 썰어서 살짝 데치고, 양파는 썰어둔다.
5 마늘종은 소금을 넣고 데친다.
6 밥에 2,3,4,5를 함께 넣고 소금으로 간을 하여 콩기름으로 볶으며 참깨를 뿌려 마무리한다(참기름은 기호에 따라 넣어도 된다).

재료

찹쌀 18g, 백미 45g, 감자 20g, 당근 20g, 양파 20g, 달걀 40g, 꽃새우살 28g, 콩기름 3g, 소금 0.1g, 참깨 0.2g, 마늘종 5g

(2) 두부새송이장국

만드는 방법

1 건멸치, 건새우, 건다시마로 육수를 우려낸다.
2 두부는 물기를 빼고 적당한 크기로 깍둑하게 썬다.
3 애호박, 양파, 새송이버섯은 깍둑하게 썬다.
4 홍고추는 채 썰고, 마늘은 갈고, 대파는 잘게 썬다.
5 바지락은 껍질이 들어가지 않게 잘 씻어서 냉장고에 넣어 둔다.
6 우린 육수에 된장을 풀고 바지락을 넣고 1,2,3을 넣어 끓인다.

재료

두부 13g, 육수(건멸치, 건새우, 건다시마) 3.5g, 새송이버섯 8.5g, 양파 7g, 바지락살 2.1g, 애호박 7g, 대파 1.7g, 마늘 1g, 홍고추 0.2g, 된장 3g

(3) 닭안심가지구이

만드는 방법

1 닭고기(안심)는 씻은 후 끓는 물에 양파, 대파, 마늘을 함께 넣고 삶은 후 건져내고, 칼집을 내어 소금, 후춧가루로 간을 한다.
2 가지, 마늘은 통째로 얇게 썰어둔다
3 팬에 열을 올려 닭고기(안심)를 콩기름에 구워내고 가지, 마늘도 함께 구워낸다.
4 다 구워진 닭고기(안심)와 가지에 기호에 따라 바질을 살짝 뿌리고 담아낸다.

재료

가지 10g, 마늘 0.1g, 양파 5g, 대파 5g, 닭고기(안심) 35g, 콩기름 2g, 소금 0.01g, 후춧가루 0.01g, 바질 0.01g

(4) 양상추샐러드/소스

만드는 방법

1 양상추를 손으로 뜯어서 찬물에 담그고 세척한 후 썬다.
2 오이, 체리토마토, 마늘은 씻어서 세척 후 썬다(마늘은 갈아둔다).
3 후르츠, 옥수수는 세척 후 개봉하여 물기를 뺀다.
4 레몬은 설탕에 절여 일주일 숙성된 액기스와 식초, 참깨, 올리브유, 갈은 마늘, 진간장과 함께 소스를 만든다(레몬 엑기스는 레몬과 설탕의 비율을 1:1 로 하여 일주일 전 유리병에 절여둔다).
5 1,2,3에 소스를 넣고 버무려 내거나 소스와 따로 낸다.

재료

양상추 12.6g, 오이 7.2g, 체리토마토 5.2g, 옥수수 4.4g, 후르츠 6.3g, 진간장 2.2g, 올리브유 2.1g, 레몬 2.1g, 참깨 0.2g, 설탕 0.2g, 마늘 0.3g 식초 2g

(5) 수박

수박 60g

4. 알록달록 두부스테이크와 브로콜리 애느타리 채소 식단

최우수상 '알록달록두부스테이크'
〈2016년도 부산시 교육감배 학교밥상경진대회 최우수상〉

한 끼 영양량

에너지(kcal)	탄수화물(g)	단백질(g)	지질(g)	비타민 A(RAE)
745	123.7	29	16.6	246.6
티아민(mg)	리보플라빈(mg)	비타민 C(mg)	칼슘(mg)	철(mg)
0.4	0.7	100.2	360.5	6.4

(1) 청국장찌개

만드는 방법

1 건멸치, 건표고버섯, 건다시마, 건새우로 국물을 우려낸다.
2 조선무, 새송이버섯은 나박썰기, 애호박, 양파는 1/4 크기로 썰어준다(양파크기 조절 가능).
3 청양고추, 대파는 통썰기한다.
4 1에 조선무를 넣고 청국장을 풀어 넣는다.
5 끓으면 애호박과 양파를 넣고 끓인다.
6 5에 마늘과 청국장 넣고 한번 더 끓여 준다.
7 마지막에 청량고추, 대파를 넣는다.

재료

육수(건멸치, 건새우, 건다시마, 건표고버섯 등) 3.5g, 마늘 1g, 청국장 10g, 조선무 10g, 양파 5g, 새송이버섯 5g, 애호박 5g, 대파 2g, 청양고추 2g

(2) 두부스테이크/소스

만드는 방법

1 두부는 소금물에 살짝 데친 후 물기를 제거하고 소금과 후춧가루로 간을 한다.
2 감자, 당근은 썰어서 소금물에 살짝 데친 후 물기를 제거한다.
3 청색 파프리카, 적색 파프리카, 황색 파프리카는 다져서 준비한다.
4 1, 2, 3에 마늘을 넣고 밀가루와 달걀, 빵가루로 반죽하고 동그랗게 만든다.
5 콩기름을 두르고 4를 지져낸다.

재료

두부 50g, 감자 20g, 당근 5g, 양파 5g, 청색 파프리카 3g, 적색 파프리카 3g, 황색 파프리카 3g, 마늘 1g, 빵가루 20g, 밀가루 10g, 달걀 10g, 콩기름 2g, 소금 0.1g, 후추 0.1g

간장소스

1 양파, 마늘은 다져서 준비한다.
2 양파와 마늘은 콩기름에 볶다가 진간장과 물을 넣어서 끓인다.
3 하이스가루를 넣고 간장소스를 만든다.
4 두부스테이크에 파인애플을 올리고 간장소스를 뿌려준다.

간장소스
파인애플 15g, 진간장 5g, 하이스가루 2g, 양파 5g, 마늘 2g, 콩기름 2g

(3) 브로콜리애느타리무침

만드는 방법

1 브로콜리를 다듬어서 썬다.
2 애느타리버섯은 다듬고 브로콜리와 함께 살짝 데친다.
3 초고추장(고추장, 식초, 마늘, 매실엑기스, 황설탕, 통깨)으로 무친다.

재료
브로콜리 30g, 애느타리버섯 20g, 고추장 7g, 식초 1.5g, 매실액기스 1g, 마늘 0.5g, 황설탕 0.6g, 통깨 0.25g

(4) 옥수수전

만드는 방법

1 옥수수를 체에 밭쳐서 물기를 짠 후 볼에 담는다.
2 튀김가루와 우유을 넣고 반죽한다(우유와 튀김가루는 2:3 비율로 맞춰 반죽).
3 모짜렐라 치즈가루를 넣고 반죽한다.
4 팬에 콩기름을 두르고 한 숟가락(30~50g) 정도로 부쳐 낸다.

재료
옥수수통조림 20g, 우유 12g, 모짜렐라 치즈가루 15g, 튀김가루 8g, 콩기름 2g

(5) 저당요구르트

요구르트 80g

참고문헌

- 권순자 외. 식생활 관리. 파워북, 2011.
- 차연수 외. 실천을 위한 식생활 관리와 운동방법(2판). 라이프사이언스, 2011.
- 최혜미 외. 21세기 식생활 관리(4판). 교문사, 2012.
- 백재은 외. 식생활 관리와 글로블 음식문화. 교문사, 2016.
- 이애랑 외. 식생활 관리(2판). 교문사, 2016.
- 편집국. 핵심 식생활 관리. 은하출판사, 2012.
- 박춘란 외. 식생활 관리. 대가, 2006.
- 한재숙. 식생활 관리. 형설출판사, 1998.
- 강현주 외. 식생활 관리. 효일, 2001.
- 안명수 외. 식생활 관리. 수학사, 2008.
- 노희경 외. 식생활 관리. 대경북스, 2007.
- 노희경 외. 식생활 관리 : 이상적인 식생활의 실천을 위한. 지식인, 2013.
- 유영상 외. 과학적인 식생활 관리. 광문각, 2005.
- 장명숙 외. 식생활 관리. 신광출판사, 2006.
- 임양순 외. 식생활 관리. 교문사, 2011.
- 서정숙 외. 식생활 관리. 신광출판사, 2010.
- 김현오. 식생활 관리. 광문각, 2010.
- 편집부. (요점)식생활 관리. 예하미디어, 2006.
- 현기순 외. 식생활 관리. 교문사, 2003.
- 김미정 외. 식생활 관리. 광문각, 2012.
- 윤옥현 외. 최신 식생활 관리. 광문각, 2012.
- 백옥희 외. 식품 구매. 파워북, 2012.
- 양일선 외. 식품 구매. 교문사, 2010.
- 김장익 외. (알기 쉽고 쉽게 배우는) 식품 구매론. 백산출판사, 2013.
- 홍기윤. 식품 구매론(최신). 대왕사, 2010.
- 김금란 외. 실무 식품 구매론. 형설출한사, 2012.
- 박정숙. 식품 구매론(2011). 효일, 2011.

- 김동승 외, 식품 구매론. 광문각, 2003.
- 곽성호 외, 실무 식품 구매론. 형설출판사, 2011.
- 이진영 외, 식품 구매론(현대). 효일문화사, 1996.
- 강두희, 생리학. 신광출판사, 1997.
- 곽한식 외 역(Mary K. Campbell) 생화학 제 8 판. 라이프사이언스, 2015
- 구재옥 외, 고급영양학, 파워북, 2015
- 김선희 외 역(Nelson, Cox) Lehninger 생화학 제 3판, 서울 외국서적, 2002
- 김숙희 외, 개정영양학. 신광출판사, 1995
- 이응호 외, 식품가공 및 저장. 동명사, 1984.
- 김영진 역, 조선시대전기농서. 동명사, 184
- 정양완 역, 규합총서. 보진재, 1992
- 김재옥 외, 식품가공저장학. 광문각, 1994.
- 김정원 외, 건강한 식품선택을 위한 식품라벨 꼼꼼가이드. 우듬지, 2012.
- 김진숙 외, 테이블 코디네이트, 백산출판사, 2010
- 김혜영, 푸드코디네이션 개론, 도서출판 효일, 2004
- 문창희 외, 테이블 코디네이트, 수학사, 2007
- 식공간연구회, 테이블 & 푸드 코디네이트, ㈜교문사, 2009
- 오경화 외, 테이블코디네이트, 교문사, 2005
- 이영옥 외, 푸드코디네이션, 광문각, 2012
- 황규선, 소중한 날의 상차림, ㈜교문사, 2007
- 황규선, 한국식탁문화프로젝트팀, 풍요로운 날의 상차림, ㈜교문사, 2007
- 황규선, 테이블디자인, ㈜교문사, 2007
- 황규선 외, 세계의 식문화와 식공간, 교문사, 2014
- 보건복지부, 질병관리본부. 2015 국민건강영양조사, 2016
- 五明紀春, 長谷川恭子, アミノ酸&脂肪酸組成表, 女子栄養大學出版部, 1995
- 이양자, 한국상용 식품의 지방산 조성표, 신광 출판사, 1995
- 백영호, 운동영양학, 진영문화사, 1990
- 대한영양사회, 식사계획을 위한 식품교환표, 대한영양사회, 2010
- 곽동경, 유아를 위한 영양과 식단, 양서원, 1995
- 박태선 외, 현대인의 생활영양, 교문사, 2011
- 김숙희 외, 기초영양학, 신광출판사, 2011
- 이양자 외, 고급영양학, 신광출판사, 2010
- 구재옥 외, 식사요법 원리와 실습, 교문사, 2012
- 장유건 외, 임상영양학, 신광출판사, 2011
- 최혜미 외, 21세기영양학, 교문사, 2011

- Kinder, F. et al. Meal Management, Macmillan, 1984
- 농촌진흥청, 국립농업과학원. 2011 식품성분표 제 8개정판, 농촌진흥청, 2011
- 농촌진흥청, 국립농업과학원. 2011 표준 식품성분표 제 8개정판, ㈜교문사, 2011
- 강현주 외, 급식관리자를 위한 컴퓨터프로그램 활용 식단 작성실무, 도서출판 에토, 2013
- 강현주 외, 식품교환군을 이용한 식단 작성 프로그램 개발에 대한 연구. 한국영양학회지 31(7), 1192, 1998
- 강현주 외, 식사 및 운동종목에 대한 영양상담 프로그램 개발 연구, 한국영양학회지 32(5), 598, 1999
- 정미라 외, 유아들의 간식 중식 식단 계획, 사단법인 한국어린이육영회, 1996
- 강근호 외, 달걀의 콜레스테롤은 심장질환과 무관 : 총설, 한국가금학회지 40(4) 337~349. 2013.

- 강근호 외, 달걀의 콜레스테롤은 심장질환과 무관 : 총설, 한국가금학회지 40(4) 337~349. 2013.

- 정남식 외, 최고의 고혈압 식사가이드, 비타북스, 2012
- 정남식 외, 최고의 당뇨 식사가이드, 비타북스, 2011
- 영양교사와 함께하는 건강하고 행복한 학교밥상, 부산학교급식연구회, 2015
- 교육행정정보시스템 www.neis.pen.go.kr/급식/식단작성/1식단가, 2016
- 보건복지부·한국인 영양학회 2015 한국인 영양소 섭취기준, 2015
- 대한영양사회, 식사계획을 위한 식품교환표, 2010
- 교육부, 학교급식위생관리지침서, 제4차 개정판, 2016
- 식품의약품안전처
- 축산물품질평가원

찾아보기

ㄱ

ㄴ

ㄷ

ㄹ

ㅁ

ㅂ

ㅅ

ㅇ

저자소개

강현주

연세대학교 가정대학 식품영양학과 졸업
연세대학교 대학원 식품영양학과 석사과정 졸업
동아대학교 대학원 식품영양학과 박사과정 졸업(이학박사)
現) 동부산대학교 식품영양과 교수
해운대구 어린이급식관리지원센터 센터장

강희정

신라대학교 가정대학 식품영양학과 졸업
부산대학교 대학원 식품영양학과 석사과정 졸업
부산대학교 대학원 식품영양학과 박사과정 졸업(이학박사)
現) 동부산대학교 바리스타&소믈리에과 교수

송진선

부산대학교 가정대학 식품영양학과 졸업
부산대학교 대학원 식품영양학과 석사과정 졸업(이학석사)
現) 부산교대부설 초등학교 영양교사

최영택

기장군 어린이급식관리지원센터 영양팀장

정일향

해운대구 어린이급식관리지원센터 영양팀장

유갑석

해운대구 어린이급식관리지원센터 위생팀장